21世纪高等学校规划教材｜电子信息

数字电子技术基础实用教程

韩桂英　李锡祚　主编

U0248408

清华大学出版社

北京

内 容 简 介

数字电子技术是研究数字逻辑问题和数字电路应用的一门技术。通过学习,能够熟悉数字电路的基础理论知识,理解基本数字逻辑电路的工作原理,掌握数字逻辑电路的基本分析和设计方法,培养应用数字逻辑电路初步解决数字逻辑问题的能力,为以后学习有关专业课程及进行电子电路设计打下坚实的基础。

全书共分 10 章,主要内容有数制和码制、逻辑代数基础、半导体基础知识及逻辑门电路、组合逻辑电路、锁存器、触发器、时序逻辑电路、脉冲信号的产生和整形电路、半导体存储器、可编程逻辑器件、数模和模数转换器、VHDL 语言和 Multisim 仿真软件介绍及应用。附录中给出了常用芯片功能索引。

本书可作为高等学校电气信息类专业、自动化类专业和计算机类专业的教材,也可作为相关理工科专业科技人员和广大电子爱好者的参考书。

图书在版编目(CIP)数据

数字电子技术基础实用教程/韩桂英,李锡祚主编. —北京:清华大学出版社,2011.9(2017.1 重印)
(21 世纪高等学校规划教材 · 电子信息)
ISBN 978-7-302-26187-2

Ⅰ. ①数… Ⅱ. ①韩… ②李… Ⅲ. ①数字电路—电子技术教材 Ⅳ. ①TN79

中国版本图书馆 CIP 数据核字(2011)第 136971 号

责任编辑:魏江江
责任校对:李建庄
责任印制:李红英

出版发行:清华大学出版社
  网 址:http://www.tup.com.cn,http://www.wqbook.com
  地 址:北京清华大学学研大厦 A 座   邮 编:100084
  社 总 机:010-62770175   邮 购:010-62786544
  投稿与读者服务:010-62776969,c-service@tup.tsinghua.edu.cn
  质量反馈:010-62772015,zhiliang@tup.tsinghua.edu.cn
印 装 者:虎彩印艺股份有限公司
经 销:全国新华书店
开 本:185mm×260mm 印 张:19.5   字 数:484 千字
版 次:2011 年 9 月第 1 版   印 次:2017 年 1 月第 3 次印刷
印 数:4501～5100
定 价:36.00 元

产品编号:041401-02

编审委员会成员

西南交通大学	冯全源	教授
金炜东	教授
重庆工学院	余成波	教授
重庆通信学院	曾凡鑫	教授
重庆大学	曾孝平	教授
重庆邮电学院	谢显中	教授
张德民	教授
西安电子科技大学	彭启琮	教授
樊昌信	教授
西北工业大学	何明一	教授
集美大学	迟　岩	教授
云南大学	刘惟一	教授
东华大学	方建安	教授

出 版 说 明

　　随着我国改革开放的进一步深化,高等教育也得到了快速发展,各地高校紧密结合地方经济建设发展需要,科学运用市场调节机制,加大了使用信息科学等现代科学技术提升、改造传统学科专业的投入力度,通过教育改革合理调整和配置了教育资源,优化了传统学科专业,积极为地方经济建设输送人才,为我国经济社会的快速、健康和可持续发展以及高等教育自身的改革发展做出了巨大贡献。但是,高等教育质量还需要进一步提高以适应经济社会发展的需要,不少高校的专业设置和结构不尽合理,教师队伍整体素质亟待提高,人才培养模式、教学内容和方法需要进一步转变,学生的实践能力和创新精神亟待加强。

　　教育部一直十分重视高等教育质量工作。2007年1月,教育部下发了《关于实施高等学校本科教学质量与教学改革工程的意见》,计划实施"高等学校本科教学质量与教学改革工程"(简称"质量工程"),通过专业结构调整、课程教材建设、实践教学改革、教学团队建设等多项内容,进一步深化高等学校教学改革,提高人才培养的能力和水平,更好地满足经济社会发展对高素质人才的需要。在贯彻和落实教育部"质量工程"的过程中,各地高校发挥师资力量强、办学经验丰富、教学资源充裕等优势,对其特色专业及特色课程(群)加以规划、整理和总结,更新教学内容、改革课程体系,建设了一大批内容新、体系新、方法新、手段新的特色课程。在此基础上,经教育部相关教学指导委员会专家的指导和建议,清华大学出版社在多个领域精选各高校的特色课程,分别规划出版系列教材,以配合"质量工程"的实施,满足各高校教学质量和教学改革的需要。

　　为了深入贯彻落实教育部《关于加强高等学校本科教学工作,提高教学质量的若干意见》精神,紧密配合教育部已经启动的"高等学校教学质量与教学改革工程精品课程建设工作",在有关专家、教授的倡议和有关部门的大力支持下,我们组织并成立了"清华大学出版社教材编审委员会"(以下简称"编委会"),旨在配合教育部制定精品课程教材的出版规划,讨论并实施精品课程教材的编写与出版工作。"编委会"成员皆来自全国各类高等学校教学与科研第一线的骨干教师,其中许多教师为各校相关院、系主管教学的院长或系主任。

　　按照教育部的要求,"编委会"一致认为,精品课程的建设工作从开始就要坚持高标准、严要求,处于一个比较高的起点上。精品课程教材应该能够反映各高校教学改革与课程建设的需要,要有特色风格、有创新性(新体系、新内容、新手段、新思路,教材的内容体系有较高的科学创新、技术创新和理念创新的含量)、先进性(对原有的学科体系有实质性的改革和发展,顺应并符合21世纪教学发展的规律,代表并引领课程发展的趋势和方向)、示范性(教材所体现的课程体系具有较广泛的辐射性和示范性)和一定的前瞻性。教材由个人申报或各校推荐(通过所在高校的"编委会"成员推荐),经"编委会"认真评审,最后由清华大学出版社审定出版。

目前,针对计算机类和电子信息类相关专业成立了两个"编委会",即"清华大学出版社计算机教材编审委员会"和"清华大学出版社电子信息教材编审委员会"。推出的特色精品教材包括:

(1) 21世纪高等学校规划教材·计算机应用——高等学校各类专业,特别是非计算机专业的计算机应用类教材。

(2) 21世纪高等学校规划教材·计算机科学与技术——高等学校计算机相关专业的教材。

(3) 21世纪高等学校规划教材·电子信息——高等学校电子信息相关专业的教材。

(4) 21世纪高等学校规划教材·软件工程——高等学校软件工程相关专业的教材。

(5) 21世纪高等学校规划教材·信息管理与信息系统。

(6) 21世纪高等学校规划教材·财经管理与应用。

(7) 21世纪高等学校规划教材·电子商务。

(8) 21世纪高等学校规划教材·物联网。

清华大学出版社经过三十多年的努力,在教材尤其是计算机和电子信息类专业教材出版方面树立了权威品牌,为我国的高等教育事业做出了重要贡献。清华版教材形成了技术准确、内容严谨的独特风格,这种风格将延续并反映在特色精品教材的建设中。

清华大学出版社教材编审委员会
联系人:魏江江
E-mail:weijj@tup.tsinghua.edu.cn

前 言

当今数字技术已成为新技术发展的一个标志,无论是手机、数码相机、收音机等消费电子产品,彩电、DVD 等家用电器,血压计、CT 等医疗器械,还是微型计算机、互联网、机器人、航天飞机、宇宙探测仪等,其应用已经渗透到各行各业,影响着人们的工作和生活。

数字电子技术是研究数字逻辑问题和数字电路应用的一门技术。课程知识丰富,内容抽象,方法多样。编者根据目前大众化高等教育对电子技术基础课程教材更新的需要,纵观国内外相关课程教材,分析国内教育模式的特点,在总结多年教学经验的基础上,编写了适合大众化教育的"电子技术基础"系列规划教材。

1. 本书特点

(1) 以应用为主,剪裁教材内容

本书定位在大众化高等教育背景下应用型、创新型人才培养目标,根据学生可能具备的认知状况、学生素质及能力要求,对相关内容进行选择,并把典型案例融入学科理论之中,剪裁纯学术研究内容。

由此,大幅度删减了器件内部电路的结构分析和工作原理,如译码器、编码器、多路选择器、触发器、计数器等中规模集成器件内部电路分析的有关内容,通过逻辑功能表和逻辑函数等描述方法,讲述器件的逻辑功能及器件的外部特性,以便能够正确地使用器件。

(2) 融合前沿知识,开阔读者视野

增加一些新技术内容,拓展相关知识,如 FPGA 可编程器件、在系统可编程器件、快闪存储器等,将用 VHDL 语言描述典型器件及应用电路穿插到各章里,为后续课程起铺垫作用,并为学生进一步探究留有空间。

(3) 加大计算机仿真软件使用,开辟第二课堂

笔者认为:作为现代电子电路设计者,首先应该掌握计算机辅助设计工具,并能够在实际工作中灵活运用。因此在本书第 2 章就介绍了 Multisim 仿真软件的使用,并将其应用贯穿全书,以加强计算机辅助设计工具的应用能力。

(4) 以项目做驱动,构筑知识应用框架

以实际项目作为驱动,使其贯穿全书,并从小到大循序渐进地展开项目实践,学习者能够联系知识产生的背景及应用情境,加深对知识的理解,应用上也更加灵活,以期达到最优教学效果。

2. 本书内容

本书以逻辑代数作为工具,以门电路为基本组成单元,构筑小规模、中规模和大规模(ROM)组合逻辑电路知识框架;以触发器为基本组成单元,构筑小规模、中规模和大规模(RAM)时序逻辑电路知识框架;以时序逻辑电路的时钟信号为切入点,构筑波形产生及整

形的知识框架;以数字电路和模拟电路的接口为目的,构筑 A/D、D/A 电路知识框架;以 VHDL 语言为扩展知识,以 Multisim 软件为工具,构筑电子电路设计和仿真的知识框架。由此建构出基本数字系统的整体知识框架。

本书由浅入深,内容丰富,工程应用突出,便于自学。对较难理解的问题采用"图"、"表"形式讲解;每一章的开头有"内容提要",结尾有"本章小结";对常用专业术语标注了汉英双语对照并在章尾列表索引,以便于学生及时学习和阅读国外教材;例题典型,习题丰富,学生可通过习题,巩固学习效果;书后附有常用器件功能表,方便查阅。

3. 本书作者

本书共分 10 章,1 个附录。第 1 章和第 2 章由李锡祚编写,第 3 章～第 8 章和附录 A 由韩桂英编写,第 9 章由王立明和李锡祚编写,第 10 章由逄凌滨编写,穿插到部分章节末尾的 VHDL 语言描述及应用由李春杰编写,全书常用专业术语双语对照由韩桂英编写,全书课后习题由薛原收集编写。全书由韩桂英和李锡祚负责统编定稿。

本书根据编者多年从事理论教学和实践教学的经验,将多年的教学心得与体会总结出来编撰成书。但由于水平有限,加之时间仓促,书中难免有不妥之处,恳请广大读者特别是讲授此课程的老师们批评和指正。

本书 * 号标注章节为参考选读内容。

编　者

2011 年 7 月于大连

目 录

第 1 章

绪论

内容提要

- 数字电子技术的发展及其应用。
- 数字系统中常用的二进制、八进制和十六进制,以及不同数制之间的相互转换。
- 常用的二-十进制码和格雷码。
- 补码的概念及二进制算术运算。

1.1 数字电子技术的发展及其应用

1.1.1 模拟电路和数字电路

在自然界中,存在着许多形形色色的物理量,有的物理量是连续变化的,例如温度、压力、速度、液位、流速等,它们在时间和数值上都是连续变化的,这些物理量称为**模拟量**;而有的物理量是断续变化的,例如用自动监测仪统计某一公路上通过的车辆数、用温度计测量某一天的温度变化等,它们在时间和数值上都是离散的、不连续的,其数值大小和增减变化量都是一个最小单位的整数倍,这种物理量称为**数字量**。

在电子电路中,表示模拟量的信号称为**模拟信号**(analog signals),如图 1.1.1(a)所示,处理模拟信号的电子电路称为**模拟电路**(analog circuits)或**模拟系统**(analog system)。与之相对应,表示数字量的信号称为**数字信号**(digital signals),如图 1.1.1(b)所示,处理数字信号的电子电路称为**数字电路**(digital circuits)或**数字系统**(digital system)。

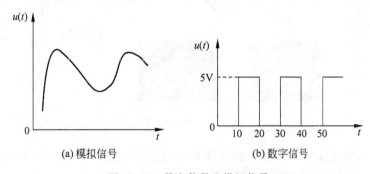

(a) 模拟信号   (b) 数字信号

图 1.1.1 数字信号和模拟信号

模拟电路能够实现模拟信号的产生、放大、变换、处理、运算等,而数字电路能够实现数字信号的产生、整形、编码、译码、存储、运算、分配、测量和传输等。

实际上,大多数物理量是模拟量,应用系统中被检测、处理的输入、输出信号通常是模拟信号,但是现在广泛使用的计算机是数字式的,因此为了充分发挥现代计算机在信号处理方面的优势,通常把模拟信号转换为相应的数字信号,交给计算机处理,然后再把处理结果根据需要转换为相应的模拟信号。

1.1.2   数字电子技术的发展

电子技术是 19 世纪末、20 世纪初开始发展起来的新兴技术,现在已经成为近代科学技术发展的一个重要标志。

在电子技术中,被传递、加工和处理的信号可以分为两大类:模拟信号和数字信号。模拟信号无论从时间上还是从信号的大小上都是连续变化的,而数字信号无论从时间上还是从信号的大小上都是离散的,或者说都是不连续的。用以传递、加工和处理模拟信号的技术称为**模拟技术**,而用以传递、加工和处理数字信号的技术称为**数字技术**。

数字电子技术是研究数字逻辑问题和数字电路应用的一门技术。在近几十年来发展令人瞩目,无论是手机、数码相机、收音机等消费电子产品,彩电、DVD 等家用电器,血压计、CT 等医疗器械,还是微型计算机、互联网、机器人、航天飞机、宇宙探测仪等,其应用渗透到各行各业(如图 1.1.2 所示),并在工业、农业、交通、科技、环保、国防、文教卫生、人民生活等各方面都发挥着巨大的作用。

图 1.1.2   数字电子技术的应用

数字技术的发展经历了分立元器件和集成电路(Integrated Circuit,IC)两个阶段。时至今日,集成电路的集成度和复杂度还在提高,在线可编程(In-System Programmable,ISP)技术广泛应用,电子设计自动化(Electronic Design Automatic,EDA)技术日益成熟和完善。

其中,分立元件阶段可分为电子管(vacuum tube)时代和晶体管(transistor)时代;集成电路阶段按其集成度可分为小规模集成电路(Small Scale IC,SSI)、中规模集成电路(Medium Scale IC,MSI)、大规模集成电路(Large Scale IC,LSI)、超大规模集成电路(Very Large Scale IC,VLSI)、特大规模集成电路(Ultra Large Scale IC,ULSI)、巨大规模集成电路(Gigantic Scale IC,GSI)。

1. 分立元器件阶段(1905—1959,真空电子管、半导体晶体管)

1904年英国物理学家弗莱明发明了世界上第一只电子管,从此标志着人类迈进了电子时代。

电子管是一种在气密性封闭容器(一般为玻璃管)中产生电流传导,利用电场对真空中的电子流的作用以获得信号放大或振荡的电子器件,其外形如图1.1.3(a)所示。早期应用于电视机、收音机和扩音机等电子产品中,但因体积大、功耗大、发热厉害、寿命短、电源利用效率低、结构脆弱而且需要高压电源等缺点,其应用受到限制。

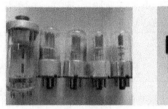

(a) 电子管外形　　　　(b) 晶体管外形

图1.1.3　电子管和晶体管

20世纪40年代末世界上诞生了第一只半导体三极管,它以小巧、轻便、省电、寿命长等特点,很快被各国应用起来,在很大范围内取代了电子管,其外形如图1.1.3(b)所示。

但是,随着电子技术应用的不断推广和电子产品发展的日趋复杂,电子设备中应用的晶体管数量不断增加,不仅体积越来越大,功耗也不断提高,而且可靠性也越来越低,因此单个晶体管的应用,已经不能满足电子技术飞速发展的需要。为确保电子设备的可靠、稳定运行,解决日益增长的体积、功耗等问题,人们迫切需要新的数字技术。

2. 集成电路阶段(1959—)

20世纪50年代末期,开始了数字技术的第二阶段,即集成电路阶段。集成电路是在一块几平方毫米的极其微小的半导体晶片上,将成千上万的晶体管、电阻、电容,包括连接线做在一起,其外形如图1.1.4所示。有了集成电路,计算机、电视机、照相机等与人类社会生活密切相关的电子设备不仅体积小、成本低、可靠性高,功能也越来越齐全了,给现代人的工

图1.1.4　集成电路外形

作、学习和娱乐带来了极大便利。

自 1958 年第一块集成元件问世以来，在电子电路中普遍使用了集成电路。一般地，集成电路按集成度跨越了小、中、大、超大、特大、巨大规模等几个阶段，集成度平均每 2 年提高近 3 倍。随着集成度的提高，器件尺寸也不断减小。

1985 年，1 兆位 ULSI 的集成度达到 200 万个元件，器件条宽仅为 $1\mu m$；1992 年，16 兆位的芯片集成度达到了 3200 万个元件，条宽减到 $0.5\mu m$，而后的 64 兆位芯片，其条宽仅为 $0.3\mu m$。表 1.1.1 所示为集成电路的发展历程。

表 1.1.1　集成电路的发展历程

时　　　期	规　　　模	集成度（元件数）	典型集成电路
20 世纪 50 年代末	小规模集成电路（SSI）	10^2 以内	门电路
20 世纪 60 年代	中规模集成电路（MSI）	$10^2 \sim 10^3$	译码器、计数器
20 世纪 70 年代	大规模集成电路（LSI）	$10^3 \sim 10^5$	小型存储器、门阵列
20 世纪 70 年代末	超大规模集成电路（VLSI）	$10^5 \sim 10^7$	大型存储器、可编程逻辑器件
20 世纪 80 年代	特大规模集成电路（ULSI）	$10^7 \sim 10^9$	单片机
20 世纪 90 年代以后	巨大规模集成电路（GSI）	$>10^9$	片上系统

3. 广泛使用 EDA 技术

EDA 是 20 世纪 90 年代初从计算机辅助设计（CAD）、计算机辅助制造（CAM）、计算机辅助测试（CAT）和计算机辅助工程（CAE）的概念发展而来的。它是将计算机技术应用于电子电路设计过程而产生的一门技术。随着电子电路的复杂程度日益提高，产品周期不断缩短，人们对电子电路的设计质量、速度和成本都提出了更高的要求，EDA 技术开始广泛地应用于电子电路结构设计和运行状态仿真、集成电路板图设计、印刷电路板图设计以及可编程逻辑器件的编程设计等环节。

1.1.3　集成电路的分类

随着集成电路制造技术的不断发展，种类越来越多。以下介绍几种常用的集成电路分类方法。

1. 按功能结构分类

集成电路按其结构和功能的不同，可以分为**模拟集成电路和数字集成电路**两大类。其中，模拟集成电路用来产生、放大和处理各种模拟信号，模拟集成电路主要是指由电容、电阻、晶体管等组成的模拟电路集成在一起用来处理模拟信号的集成电路；而数字集成电路用来产生、放大和处理各种数字信号，数字集成电路是将元器件和连线集成于同一半导体芯片上而制成的数字逻辑电路或系统。

2. 按制作工艺分类

集成电路按制作工艺可分为**半导体集成电路**和**膜集成电路**。膜集成电路又分为厚膜集成电路和薄膜集成电路。

3. 按集成度高低分类

集成电路按集成度高低的不同可分为小规模集成电路(SSI)、中规模集成电路(MSI)、大规模集成电路(LSI)、超大规模集成电路(VLSI)和特大规模集成电路(ULSI)。

4. 按导电类型不同分类

集成电路按导电类型可分为**双极型集成电路**和**单极型集成电路**。

双极型集成电路的制作工艺复杂,功耗较大,典型的有 TTL、ECL、HTL、LST-TL、STTL 等类型。单极型集成电路的制作工艺简单,功耗也较低,易于制成大规模集成电路,典型的有 CMOS、NMOS、PMOS 等类型。

5. 按应用领域分类

集成电路按应用领域可分为专用型集成电路和标准通用型集成电路,其中标准通用型集成电路又有逻辑功能固定的标准化、系列化产品和可编程逻辑器件(Programmable Logic Device,PLD)。目前在一片高密度的 PLD 中可以集成数十万个基本逻辑单元,可以实现一个相当复杂的数字电路,形成所谓的"片上系统"。

1.1.4 数字电路的特点

在数字电路中,信息的传输和处理一般采用二进制,并用数字电路中元器件的两个稳定状态来表示 0 和 1(例如,"高电平"表示 1,"低电平"表示 0)。对于数字电路,人们只关心输入信号的状态(0 或 1)和输出信号的状态(0 或 1)之间的逻辑关系,从而可知该数字电路的逻辑功能,所以数字电路的研究内容一般可以分为两类问题,一类是对已有电路分析逻辑功能,称为逻辑分析;另一类是按逻辑功能要求设计出满足逻辑功能的电路,称为逻辑设计。

与模拟电路相比较,数字电路具有如下一些特点。

1. 易于分析与设计

数字电路能够可靠地区分 0 和 1 两种状态就可以正常工作,精度要求不高。因此,数字电路的分析与设计相对简单。数字电路的分析工具,不需要复杂的数学知识,通常使用逻辑代数。

2. 成本低廉

数字电路结构简单,体积小,通用性强,便于集成化,因此可批量生产,成本低廉。

3. 抗干扰能力强、精度高

由于数字技术传递加工和处理的是二值信息,不易受外界的干扰,因而抗干扰能力强。另外,它还可以通过增加二进制数的数位来提高精度。

4. 便于存储

数字信号便于长期存储,使大量有用的信息资源得以保存。大规模存储技术能在相对较小的物理空间上存储几十亿位信息,而模拟电路的存储能力是相当有限的。

5. 保密性好

在数字电路中可以进行加密处理,使一些有用的信息资源不易被窃取。

6. 通用性强、可编程性好

可以采用标准化的逻辑部件,也可以采用 PLD 来设计各种各样的数字系统。

7. 速度高、功耗低

集成电路工艺技术的发展使得数字器件的工作速度越来越高,而功耗越来越低。

1.1.5　数字电路的分析工具及描述方法

数字电路是以二值数字逻辑为基础的,电路的输入、输出信号为离散的数字信号,电路中电子元器件工作在开关状态。由于每种数字电路都服从一定的逻辑规律,所以数字电路又称为逻辑电路(logic circuit)。

在数字电路中,人们关心的是输入、输出信号之间的逻辑关系,输入信号通常称为输入逻辑变量,输出信号通常称为输出逻辑变量,输入逻辑变量与输出逻辑变量之间的因果关系通常用逻辑函数(logic function)来描述。

一般地,分析数字电路的数学工具是逻辑代数,而描述数字电路逻辑功能的常用方法包括真值表、逻辑表达式、波形图、逻辑电路图等。此外,随着可编程逻辑器件(PLD)的广泛应用,硬件描述语言(Hardware Description Language,HDL)已成为数字系统设计的主要描述方式,目前较为流行的硬件描述语言有 VHDL、Verilog HDL 等。

1.2　数制和码制

1.2.1　数制

数制就是计数的方法,是人们对数量计数的一种统计方法,它是计数进位制的总称。人们在日常生活中习惯用十进制数,而在数字系统,例如计算机中,进行数字的运算和处理采用的是二进制数、八进制数、十六进制数。

首先介绍一些有关数制的基本概念。

(1) 进位制:表示数时,仅用一位数码往往不够用,必须用进位计数的方法组成多位数码。一般地,多位数码每一位的构成以及从低位到高位的进位规则称为进位计数制,简称进位制。

(2) 基数:进位制的基数就是在该进位制中可能用到的数码个数。一般地,某一进位制的基数为 N 就说这种数制是 N 进制,且"逢 N 进一",它包括 $0,1,\cdots,N-1$ 等数码。

(3) 位权:在一个进位计数制表示的数中,处在不同数位上的数码,代表着不同的数值。某一个数位上的数值是由这一位上的数字乘以这个数位的位权得到的。不同的数位上有不同的位权。例如,十进制百位的位权是 100,千位的位权是 1000,百分位的位权值是 0.01。位权是一个幂。

下面介绍数的表示。任何一个数都可以将其数值按位权展开,一个 N 进制的数 D 展开的普遍形式为:

$$D = \sum_i k_i N^i \tag{1.2.1}$$

其中,k_i 是第 i 位的系数,它可以是 $0 \sim N-1$ 这 N 个数码中的任何一个。若整数部分的位数是 n,小数部分的位数是 m,则 i 包含从 $n-1$ 到 0 的所有正整数和从 -1 到 $-m$ 的所有负整数。此外,N 称为计数的**基数**,k_i 称为第 i 位的**系数**,N^i 称为第 i 位的**权**。

1. 十进制

日常生活中最常用的进位制是十进制(decimal system)。十进制的基数是 10,有 0、1、2、3、4、5、6、7、8、9 十个数码,进位规律为"逢十进一",所以称为十进制。

例如:

$$123.45 = 1 \times 10^2 + 2 \times 10^1 + 3 \times 10^0 + 4 \times 10^{-1} + 5 \times 10^{-2}$$

式中,10^2、10^1、10^0、10^{-1}、10^{-2} 是为十进制数百位、十位、个位和十分位、百分位的位权,都是基数 10 的幂,进位规律是"逢十进一"。

如用 k_i 表示数码,对于一个具有 n 位整数和 m 位小数的十进制数 $(D)_{10}$ 均可展开为:

$$(D)_{10} = \sum_i k_i \times 10^i \tag{1.2.2}$$

其中,k_i 是第 i 位的系数,它可以是 $0 \sim 9$ 这十个数码中的任何一个,i 包含从 $n-1$ 到 0 的所有正整数和从 -1 到 $-m$ 的所有负整数。

2. 二进制

在数字电路中应用最广的是二进制(binary system)。二进制的基数是 2,有 0 和 1 两个数码,进位规律为"逢二进一",所以称为二进制。

同样地,任意一个二进制数 $(D)_2$ 均可展开为:

$$(D)_2 = \sum_i k_i 2^i \tag{1.2.3}$$

其中,k_i 为 0 或 1。如

$$(101.11)_2 = 1 \times 2^2 + 0 \times 2^1 + 1 \times 2^0 + 1 \times 2^{-1} + 1 \times 2^{-2}$$

从高到低位,位权分别为 2^2、2^1、2^0、2^{-1}、2^{-2}。

3. 八进制

八进制(octal number system)的基数是 8,有 $0 \sim 7$ 八个数码,进位规律为"逢八进一",所以称为八进制。

同样地,任意一个八进制数 $(D)_8$ 均可表示为:

$$(D)_8 = \sum_i k_i 8^i \tag{1.2.4}$$

其中,k_i 可以是 $0 \sim 7$ 这八个数码中的任何一个。如

$$(507.14)_8 = 5 \times 8^2 + 0 \times 8^1 + 7 \times 8^0 + 1 \times 8^{-1} + 4 \times 8^{-2}$$

从高到低位,位权分别为 8^2、8^1、8^0、8^{-1}、8^{-2}。

4. 十六进制

十六进制(hexadecimal system)的基数是 16,有 $0\sim9$、A、B、C、D、E、F 这 16 个数码,进位规律为"逢十六进一",所以称为十六进制。

同样地,任意一个十六进制数 $(D)_{16}$ 均可表示为:

$$(D)_{16} = \sum_i k_i 16^i \tag{1.2.5}$$

其中,k_i 可以是 $0\sim$F 这 16 个数码中的任何一个。如

$$(A5B.F8)_{16} = 10 \times 16^2 + 5 \times 16^1 + 11 \times 16^0 + 15 \times 16^{-1} + 8 \times 16^{-2}$$

从高到低位,位权分别为 16^2、16^1、16^0、16^{-1}、16^{-2}。

将上述的二进制、八进制、十六进制数按位权展开,就可计算出对应的十进制数,如表 1.2.1 所示。

表 1.2.1   十进制、二进制、八进制、十六进制对照表

十进制	二进制	八进制	十六进制	十进制	二进制	八进制	十六进制
0	0000	0	0	8	1000	10	8
1	0001	1	1	9	1001	11	9
2	0010	2	2	10	1010	12	A
3	0011	3	3	11	1011	13	B
4	0100	4	4	12	1100	14	C
5	0101	5	5	13	1101	15	D
6	0110	6	6	14	1110	16	E
7	0111	7	7	15	1111	17	F

由表可以看出,4 位二进制数可以用 1 位十六进制数表示,也可以用 2 位八进制数或 2 位十进制数表示,所以在实际书写时,为了简化起见,经常用其他进制数表示二进制数。

1.2.2 数制之间的转换

日常生活中人们习惯使用十进制,而在数字系统中,普遍采用二进制。所以在实际操作中,往往先将十进制或其他进制数转换为二进制数后,再进入数字系统处理。处理后的二进制数再转换为人们熟悉的十进制或其他进制数,以便人们识别和应用。

1. 任意进制数转换为十进制数

将任意进制数按权展开,计算得到对应的值就是十进制数。

【例 1.2.1】   将二进制数 $(1101.01)_2$ 转换成十进制数。

$$(1101.01)_2 = 1 \times 2^3 + 1 \times 2^2 + 0 \times 2^1 + 1 \times 2^0 + 0 \times 2^{-1} + 1 \times 2^{-2} = (13.75)_{10}$$

【例 1.2.2】   将八进制数 $(168.25)_8$ 转换成十进制数。

$$(168.25)_8 = 1 \times 8^2 + 6 \times 8^1 + 8 \times 8^0 + 2 \times 8^{-1} + 5 \times 8^{-2} = (120.328)_{10}$$

【例 1.2.3】   将十六进制数 $(2B.6F)_{16}$ 转换成十进制数。

$$(2B.6F)_{16} = 2 \times 16^1 + 11 \times 16^0 + 6 \times 16^{-1} + 15 \times 16^{-2} = (43.43359)_{10}$$

2．十进制数转换为其他任意进制数

1）整数部分转换

将十进制整数转换为 N 进制数的方法是：将该十进制整数除 N 取余，然后逆序排列。具体来说就是，用十进制整数除以 N，得到一个商和余数，然后用商再除以 N，得到一个新的商和一个新的余数，再将新商除以 N，……，这样不断进行下去，直到所得的商为 0 为止。

【**例 1.2.4**】 将 $(25)_{10}$ 转换为二进制数。

解：

故 $(25)_{10} = (11001)_2$。

2）小数部分转换

将十进制小数转换为 N 进制数的方法是：将十进制小数乘 N 取整，顺序排列。具体来说就是将十进制的小数乘以 N，将其乘积的整数部分取出，剩下的小数部分继续乘以 N，得到一个新的乘积，再取出整数部分，将剩下的小数部分乘以 N，……，如此下去直到乘积的小数部分 N 为 0，或者达到了要求的精确位数。

【**例 1.2.5**】 将 $(0.8125)_{10}$ 转换成二进制数。

解：

故 $(0.8125)_{10} = (0.1101)_2$。

【**例 1.2.6**】 将十进制数 $(275)_{10}$ 转换为十六进制数。

解：因为 $N = 16$，所以采用除 16 取余，逆序排列的方法。运算过程为：

$$
\begin{array}{r|l}
16 & 275 \quad\cdots\cdots\cdots\cdots \text{余}3 = k_0 \\
\cline{1-2}
16 & 17 \quad\cdots\cdots\cdots\cdots \text{余}1 = k_1 \\
\cline{1-2}
16 & 1 \quad\cdots\cdots\cdots\cdots \text{余}1 = k_2 \\
\cline{1-2}
& 0
\end{array}
\qquad
\begin{array}{l}
\text{低位} \\
\\
\\
\text{高位}
\end{array}
$$

然后将余数逆序排列,得 113,所以转换结果是 $(275)_{10} = (113)_{16}$。

3. 二进制数转换成其他进制数

1）二进制数转换成八进制数

1 位八进制数可以表示 3 位二进制数,所以将二进制数以小数点为中心向两边每 3 位数为一组分组,将每 3 位二进制数转换成对应的八进制数即可。当小数点后边的数分组时,不够 3 位时低位补 0。

【例 1.2.7】 将 $(01101010.1101011)_2$ 转化为八进制数。

解:

$$
\begin{array}{cccccc}
(001 & 101 & 010. & 110 & 101 & 100)_2 \\
\downarrow & \downarrow & \downarrow & \downarrow & \downarrow & \downarrow \\
=(\quad 1 & 5 & 2. & 6 & 5 & 4\quad)_8
\end{array}
$$

所以,$(01101010.1101011)_2 = (152.654)_8$。

2）二进制数转换成十六进制数

1 位十六进制数可以表示 4 位二进制数,所以将二进制数以小数点为中心向两边每 4 位数为一组分组,将每 4 位二进制数转换成对应的十六进制数即可。当小数点后边的数分组时,不够 4 位时低位补 0。

【例 1.2.8】 将 $(11011010.110100101)_2$ 转换为十六进制数。

$$
\begin{array}{ccccc}
(1101 & 1010. & 1101 & 0010 & 1000)_2 \\
\downarrow & \downarrow & \downarrow & \downarrow & \downarrow \\
=(\quad D & A. & D & 2 & 8\quad)_{16}
\end{array}
$$

所以,$(11011010.110100101)_2 = (DA.D28)_{16}$。

4. 其他进制数转换成二进制数

此过程正好是将二进制数转换成其他进制数的逆过程,方法就是将八进制数或十六进制数以小数点为中心向两边依次将各位数码转换成对应的二进制数即可。

1）十六进制数转换成二进制数

例如,将 $(8FB.C5)_{16}$ 转换为二进制数时得到:

$$
\begin{array}{ccccc}
(8 & F & B. & C & 5)_{16} \\
\downarrow & \downarrow & \downarrow & \downarrow & \downarrow \\
=(1000 & 1111 & 1011. & 1100 & 0101)_2
\end{array}
$$

所以,$(8FB.C5)_{16} = (100011111011.11000101)_2$。

2）八进制数转换成二进制数

例如,将 $(7100.05)_8$ 转换成二进制数时得到:

$$(7 \quad 1 \quad 0 \quad 0. \quad 0 \quad 5)_8$$
$$\downarrow \quad \downarrow \quad \downarrow \quad \downarrow \quad \downarrow \quad \downarrow$$
$$(111 \quad 001 \quad 000 \quad 000. \quad 000 \quad 101)_2$$

所以，$(7100.05)_8 = (111001000000.000101)_2$。

1.2.3　码制

数码不仅可以表示数量的大小，而且还可以用来表示不同的事物或事物的不同状态。当用于表示事物或事物的状态时，这些数码通常称为代码（code）。例如，为了表示字符类信息，用一定位数的二进制数码表示，这个特定的二进制数码就称为代码。一般地，n 位代码可以组合成 2^n 个不同的数码，即可以代表 2^n 种不同的信息。为了方便记忆和处理，通常给每个数码规定它的含义，这就是编码。显然，对于一组给定的信息，编码的方法不是唯一的，而是存在多种方案。每种方案都是遵循一定的编码规则，我们把这些编码规则就称为码制（code system）。下面介绍几种常见的通用代码。

1. 二-十进制码

在数字系统中，人们习惯将 1 位十进制数用 4 位二进制数码来表示，以便数字系统能够识别，这种把十进制的每个数码用二进制代码表示的编码称为二-十进制码，又称为 BCD（Binary-Coded Decimal）码。表 1.2.2 列出了几种常用的 BCD 码，每种方案都有一定的编码规则和特点。

表 1.2.2　几种常见的 BCD 码

编码种类 / 十进制数	8421 码	余 3 码	2421 码	5211 码	余 3 循环码
0	0000	0011	0000	0000	0010
1	0001	0100	0001	0001	0110
2	0010	0101	0010	0100	0111
3	0011	0110	0011	0101	0101
4	0100	0111	0100	0111	0100
5	0101	1000	1011	1000	1100
6	0110	1001	1100	1001	1101
7	0111	1010	1101	1100	1111
8	1000	1011	1110	1101	1110
9	1001	1100	1111	1111	1010
权	8421		2421	5211	

此外，常用的 BCD 码可分为有权码和无权码两类。有权码用代码的位权值命名，如 8421 码自左至右的位权值为 8、4、2、1，可按位权展开式求得所代表的十进制数。此外，2421 码和 5211 码也是有权码。

在采用有权码的一些方案中，8421 码是最为常用的一种。

无权码的每位无确定的位权值，不能使用位权展开式，如余 3 码是无权码，如果把每一个余 3 码看成 4 位二进制数,则它的数值要比它所表示的十进制数码多 3,所以将这种代码称为余 3 码。余 3 循环码也是一种无权码,它的特点是任何两个相邻的代码只有一位取值不同。

2. 格雷码

格雷码(gray code)也是一种无权码,又称为循环二进制码,表 1.2.3 为典型的 4 位二进制数与格雷码的对照表。可以看出,格雷码的特点也是任何两个相邻的代码只有一位取值不同。上述的余 3 循环码可以看成是将格雷码首尾各 3 种状态去掉而得到的。

表 1.2.3　4 位二进制数与格雷码的对照表

十进制数	二 进 制 数				格 雷 码			
0	0	0	0	0	0	0	0	0
1	0	0	0	1	0	0	0	1
2	0	0	1	0	0	0	1	1
3	0	0	1	1	0	0	1	0
4	0	1	0	0	0	1	1	0
5	0	1	0	1	0	1	1	1
6	0	1	1	0	0	1	0	1
7	0	1	1	1	0	1	0	0
8	1	0	0	0	1	1	0	0
9	1	0	0	1	1	1	0	1
10	1	0	1	0	1	1	1	1
11	1	0	1	1	1	1	1	0
12	1	1	0	0	1	0	1	0
13	1	1	0	1	1	0	1	1
14	1	1	1	0	1	0	0	1
15	1	1	1	1	1	0	0	0

3. ASCII 码

ASCII 码是目前国际上最通用的一种字符代码,广泛地应用于计算机和通信领域中。它是由美国国家标准化协会制定的一种代码,由此被称为美国信息交换标准代码(American Standard Code for Information Interchange,ASCII)。

ASCII 码是一种 7 位二进制代码,一共有 128 个,分别用于表示数字 0～9、英文大小写字母、常用标点符号、运算符和控制符以及一些特殊符号。

此外,还可以根据不同的需要编制出具有不同特点的代码。

1.3　二进制算术运算和逻辑运算

1. 算术运算与逻辑运算的区别

当数码表示数量的大小时,数码之间的运算属于**算术运算**,而当数码为表示事物的代码时,数码之间的运算属于**逻辑运算**。

二进制的算术运算规则与人们习惯用的十进制运算规则基本相同,只是进(借)位规则不同。二进制数在运算中,进位时"逢二进一",借位时"借一当二"。二进制数值运算关系式如下:

算术加	算术乘
$0+0=0$	$0\times0=0$
$0+1=1$	$0\times1=0$
$1+0=1$	$1\times0=0$
$1+1=10$	$1\times1=1$

二进制的逻辑运算与算术运算不同,基本逻辑运算为与(逻辑乘)、或(逻辑加)、非,具有特定的逻辑运算规则。二进制的逻辑运算式如下:

逻辑加	逻辑乘
$0+0=0$	$0\cdot0=0$
$0+1=1$	$0\cdot1=0$
$1+0=1$	$1\cdot0=0$
$1+1=1$	$1\cdot1=1$

其中,算术加和逻辑加有质的不同。有关逻辑加的定义的运算规则详见第2章"逻辑代数基础"。

2. 算术运算中的减法运算

二进制算术运算中的减法运算由补码的加法运算实现。

以时钟为例,时钟为十二进制,计时规则为满12归零。若想把时间由9时调到5时有两种方法:一是把时针逆时针回拨(减法)4小时;二是把时针顺时针前拨(加法)8小时。由于表盘的最大读数为12,任一读数加12后仍回原值,即

$$9-4=5 \qquad\qquad 9+8=12+5=5$$

这里,12称为模,-4称为原码,8是-4的补码。这个例子表明,运用补码运算可以把减法运算变成加法运算,在运算时必须把参与运算的数变为补码(complement code)形式,然后相加,其和也为补码形式。

补码运算的基本步骤如下:

(1) 找到运算的模数。

n位二进制数的运算模数为2^n。运算中若出现向最高位以上的进位则被舍去(称为溢出)。例如4位二进制数,其模为$2^4=(10000)_2$,在实际电路中只显示低4位,最高位1被舍去,所以任何4位二进制数加其模数仍为原4位二进制数。如时钟中,计时的模为12,计分和秒的模均为60。

(2) 把运算数变为补码形式。

将减法运算转换成加法运算。即$A-B=[A]_补+[-B]_补$。

将运算数变换为带符号数,正数的符号位为0,负数的符号位为1。

正数的补码与原码相同;负数的补码可通过求反加1实现。

(3) 进行补码的加法运算。

进行加法运算时,符号位应参与运算。

(4) 结果仍为补码,对其求补码得到最终结果。

若结果的符号位为 0,则结果为正数,也就是原码;若结果的符号位为 1,则表明结果为负数,必须对和数求一次补码才能得到该负数的值。

【例 1.3.1】 计算 $(+1001)_2-(0101)_2$ 的值。

解:根据二进制数的运算规则可知

$$
\begin{array}{r}
1001 \\
-\ 0101 \\
\hline
0100
\end{array}
$$

在采用补码运算时,首先求出 $(+1001)_2$ 和 $(-0101)_2$ 的补码,它们是

$$[+1001]_{补}=\boxed{0}\ 1001$$

符号位

$$[-0101]_{补}=\boxed{1}\ 1011$$

符号位

然后将两个补码相加并舍去进位

$$
\begin{array}{r}
0\,1\,0\,0\,1 \\
+\,1\,1\,0\,1\,1 \\
\hline
舍去 \leftarrow 1\ 0\,0\,1\,0\,0
\end{array}
$$

得到最后运算结果为 4。

【例 1.3.2】 计算 $(+0101)_2-(1001)_2$ 的值。

$$
\begin{array}{r}
0101 \\
-\ 1001
\end{array}
$$

解:将减法运算转换为补码的加法运算。首先求出 $(+0101)_2$ 和 $(-1001)_2$ 的补码,它们是 $[0101]_{补}=0\ 0101$,$[-1001]_{补}=1\ 0111$。然后,将两个补码相加

$$
\begin{array}{r}
0\quad 0101 \\
1\quad 0111 \\
\hline
\boxed{1}\ \ 1100
\end{array}
$$

符号位

即

$$(+0101)_2-(1001)_2=[0101]_{补}+[-1001]_{补}=0\ 0101+1\ 0111=1\ 1100=-(0100)_2=-4$$

最后,得到运算的结果为 -4。

本章小结

数字电子技术是研究数字电路及其应用的一门科学,它的发展经历了分立元器件阶段和集成电路阶段,现在开始广泛使用 EDA 技术进行数字系统的设计。

数字电路是以二值数字逻辑为基础的,电路的输入、输出信号为离散信号,电路中电子元器件工作在开关状态。与模拟电路不同,数字电路的分析主要研究电路的输入与输出之间的逻辑关系,采用的分析工具是逻辑代数,而逻辑函数的描述方法为真值表、逻辑表达式、波形图、逻辑电路图等。

在数字系统,如计算机中,通常采用二进制,有时也用十六进制或八进制,而日常生活中

我们习惯用十进制数,因而往往需要进行进制之间的转换。二进制数可以用原码、反码或补码表示,并进行有关运算。

二-十进制编码或 BCD 码是数字系统常用的编码方案,其中 8421 码和格雷码是常用来表示十进制数的代码。

双语对照

模拟信号　analog signals
模拟电路　analog circuits
模拟系统　analog system
数字信号　digital signals
数字电路　digital circuits
数字系统　digital system
集成电路　Integrated Circuit(IC)
电子设计自动化　electronic design automatic(EDA)
电子管　vacuum tube
晶体管　transistor
小规模集成电路　Small Scale IC(SSI)
中规模集成电路　Medium Scale IC(MSI)
大规模集成电路　Large Scale IC(LSI)
超大规模集成电路　Very Large Scale IC(VLSI)

特大规模集成电路　Ultra Large Scale IC(ULSI)
巨大规模集成电路　Gigantic Scale IC(GSI)
可编程逻辑器件　programmable logic device(PLD)
逻辑电路　logic circuit
逻辑函数　logic function
硬件描述语言　hardware description language(HDL)
十进制　decimal system
二进制　binary system
八进制　octal number system
十六进制　hexadecimal system
码制　code system
二-十进制码　Binary-Coded Decimal(BCD)
格雷码　Gray code

习题

1. 举出 4 种模拟信号;以温度为例,试说明怎样把它转换为电信号。

2. 试给出下列逻辑值对应的数字波形。设高电平"1"电压为 5V,低电平"0"电压为 0V。

(1) 0011001　　(2) 100111001　　(3) 0011110001

3. 一个数字信号波形如图 1.1 所示,试写出该波形所代表的二进制数。

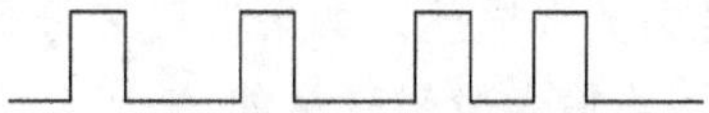

4. 将下列各数按权展开:

(1) $(10011)_2$　　　(2) $(1011.011)_2$

(3) $(2562)_{10}$　　　(4) $(24.57)_8$

图 1.1 习题 3 波形图

5. 以下代码中哪些为有权码?

(1) 8421BCD 码　　(2) 5421BCD 码　　(3) 余三码　　(4) 格雷码

6. 将下列各二进制数转换成十进制数、八进制数、十六进制数和 8421BCD 码(要求转换误差不大于 2^{-4}):

(1) 110101　　(2) 1010010　　(3) 0.01001　　(4) 10010.0101

7. 将下列十六进制数转换成二进制数:

(1) 24C.23　　(2) B340.46

8. 用补码进行下列二进制数的运算:

(1) 1101-0101　　(2) 0110-1001　　(3) 1,1100-1,1001(第一位为符号位)

第2章

逻辑代数基础

内容提要

- 分析和设计数字逻辑的重要数学工具——逻辑代数的基本概念、公式和定理。
- 逻辑函数的几种表示方法(真值表、函数表达式、逻辑图、卡诺图、波形图)及其相互转换。
- 逻辑函数的两种化简方法——公式化简法和卡诺图化简法。
- Multisim 10 电路仿真软件的用法。

2.1 逻辑代数的基本运算和复合运算

逻辑代数是英国数学家乔治·布尔(Geroge Boole)在 19 世纪中叶创立的,因而也称为布尔代数(又称为开关代数),它是分析和设计数字逻辑电路的数学工具。逻辑代数所研究的内容是逻辑函数与逻辑变量之间的关系以及逻辑变量及其相互之间按一定的逻辑规律进行的运算。逻辑代数的运算规则和普通代数既有相同之处,又有不同之处,学习时必须加以区别。

2.1.1 逻辑变量与逻辑函数

从整体上看,数字电路的输入量和输出量之间的关系是一种因果关系,它可以用逻辑函数来描述。如果以代表原因和条件的逻辑变量作为输入,以结果变量作为输出,那么,当输入逻辑变量如 A、B、C、…的值确定后,其输出变量 Y 的值也就被唯一地确定了,即 Y 与 A、B、C、…之间构成了函数关系,则称 Y 为 A、B、C、…的逻辑函数(logic function),记做

$$Y = f(A,B,C,\cdots)$$

这里,等式左边的 Y 称为输出逻辑变量,等式右边的 A、B、C 称为输入逻辑变量,且输入变量和输出变量的取值范围均为 0 和 1。0 和 1 不是用来表示数量的大小,而是用来表示对立的逻辑状态,如开关的通与断、灯的亮与灭、事情的成与败等。

逻辑函数与普通代数中的函数相比较,有以下不同:

(1) 逻辑变量和逻辑函数只能取两个值:0 和 1。这里的 0 和 1 只表示两种不同的状态,没有数量的含义。普通代数中的变量一般是连续量。

(2) 逻辑函数和逻辑变量之间的关系建立在与、或、非三种基本逻辑运算基础上。

2.1.2 基本逻辑运算

逻辑代数的基本逻辑运算有三种：与、或、非。其他逻辑运算是基于这三种运算组合而成的。

1. 与

"与"(and)逻辑定义：当决定某一事件的全部条件都具备时，该事件才会发生，这样的因果关系称为与逻辑关系，简称**与逻辑**，也称为**逻辑乘**。

与逻辑表达式为：

$$Y = A \cdot B \cdot C \cdots \tag{2.1.1}$$

为了简化表达式，一般把表示与逻辑关系的符号"·"去掉，写成：

$$Y = ABC\cdots \tag{2.1.2}$$

下面以简单的照明电路为例，说明与逻辑的含义。

在图 2.1.1 所示电路中，有两个相串联的开关 A、B 和一个灯泡 Y，构成一个照明电路。灯泡有两个状态——亮和灭，开关也有两个状态——闭合和断开。满足事件灯亮的条件是两个开关都应处于闭合的状态，否则灯灭。

我们将上述逻辑关系用逻辑代数的工具进一步分析。

首先确定输入逻辑变量：开关 A 和 B。

输出逻辑变量：灯泡 Y。

逻辑状态赋值：开关断开为 0，闭合为 1；灯泡灭为 0，亮为 1。

用表列出输入变量 A、B 的各种取值组合和输出变量 Y 的一一对应关系，如表 2.1.1 所示，这种表格称为真值表。真值表是逻辑函数的表格描述，表 2.1.1 是与真值表。

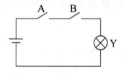

图 2.1.1 与逻辑的电路图

表 2.1.1 与真值表

A	B	Y	A	B	Y
0	0	0	1	0	0
0	1	0	1	1	1

与运算的逻辑表达式为：

$$Y = AB$$

工程应用中，实现与逻辑的电路称为与门，其逻辑符号用图 2.1.2 表示。

此外，能够实现与逻辑关系的具体电路很多，都可以用图 2.1.2 所示的逻辑符号表示。

通过与真值表的分析，可以得出**与运算规则**：有 0 出 0，全 1 出 1。

(a) 国际符号　　　(b) 美、日常用符号

图 2.1.2 与逻辑符号

2. 或

在决定某一事件的所有条件中，只要有一个条件具备，该事件就会发生，这样的因果关系称为或(or)逻辑关系，简称**或逻辑**，也称为**逻辑加**。

图 2.1.3 所示电路中,有两个开关 A 和 B 相并联,以及一个灯泡 Y。满足事件灯亮的条件是两个开关中至少有一个处于闭合的状态,否则灯灭。

同样,将上述逻辑关系用逻辑代数的工具进一步分析。

首先确定输入逻辑变量:开关 A 和 B。

输出逻辑变量:灯泡 Y。

逻辑状态赋值:开关断开为 0,闭合为 1;灯泡灭为 0,亮为 1。

用真值表列出输入变量 A、B 的各种取值组合和输出变量 Y 的对应关系,如表 2.1.2 所示。

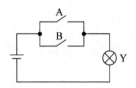

图 2.1.3　或逻辑的电路图

表 2.1.2　或真值表

A	B	Y
0	0	0
0	1	1
1	0	1
1	1	1

或运算的逻辑表达式为:

$$Y = A + B \tag{2.1.3}$$

工程应用中,实现或逻辑的电路称为或门,其逻辑符号用图 2.1.4 表示。

通过或真值表的分析,可以得出或运算规则:有 1 出 1,全 0 出 0。

3. 非

当某一条件具备时,事情不会发生;而此条件不具备时,事情反而发生。这种因果关系称为非(not)逻辑关系,简称**非逻辑**。非逻辑其实就是逻辑的否定。

图 2.1.5 所示电路中,有一个开关 A 和一个灯泡 Y 相并联。满足事件灯亮的条件是开关必须断开,否则灯灭。

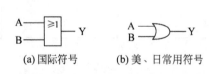

(a)国际符号　　　(b)美、日常用符号

图 2.1.4　或逻辑符号

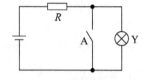

图 2.1.5　非逻辑的电路图

用逻辑代数的工具进一步分析。

首先确定输入逻辑变量:开关 A。

输出逻辑变量:灯泡 Y。

逻辑状态赋值:开关断开为 0,闭合为 1;灯泡灭为 0,亮为 1。

用真值表列出输入变量 A 的各种取值组合和输出变量 Y 的对应关系,如表 2.1.3 所示。

非运算的逻辑表达式为:

$$Y = \overline{A} \tag{2.1.4}$$

工程应用中,实现非逻辑的电路称为非门,其逻辑符号用图 2.1.6 表示。

表 2.1.3　非真值表

A	Y
0	1
1	0

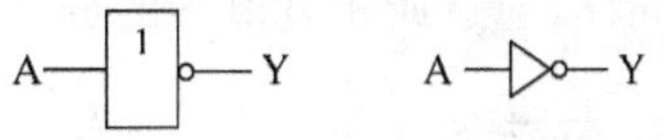

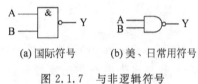

(a) 国际符号　　　(b) 美、日常用符号

图 2.1.6　非逻辑符号

通过非真值表的分析,可以得出**非运算规则**:入 0 出 1,入 1 出 0。

2.1.3　复合逻辑运算

在逻辑代数中,除了上述几个基本逻辑运算之外,根据电路设置的需要,还有许多不同的逻辑运算,如与非、或非、与或非、同或、异或等。

1. 与非

与非(nand)逻辑运算是与逻辑运算与非逻辑运算的结合,它是将输入变量先进行与的逻辑运算,再进行非逻辑运算。

与非运算的逻辑表达式为:

$$Y = \overline{AB} \tag{2.1.5}$$

其真值表如表 2.1.4 所示。

对应的逻辑符号如图 2.1.7 所示。

表 2.1.4　与非真值表

A	B	Y
0	0	1
0	1	1
1	0	1
1	1	0

(a) 国际符号　　　(b) 美、日常用符号

图 2.1.7　与非逻辑符号

同样,通过与非真值表的分析,可以得出**与非运算规则**:有 0 出 1,全 1 出 0。

2. 或非

或非(nor)逻辑运算是或逻辑运算和非逻辑运算的结合,它是将输入变量先进行或逻辑运算,再进行非逻辑运算。

或非运算的逻辑表达式为:

$$Y = \overline{A + B} \tag{2.1.6}$$

其真值表如表 2.1.5 所示。

对应的逻辑图如图 2.1.8 所示。

表 2.1.5　或非真值表

A	B	Y
0	0	1
0	1	0
1	0	0
1	1	0

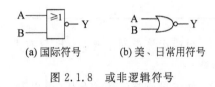

(a) 国际符号　　　(b) 美、日常用符号

图 2.1.8　或非逻辑符号

同样，通过或非真值表的分析，可以得出**或非运算规则**：有 1 出 0，全 0 出 1。

3. 与或非

与或非(and-or-invert)逻辑运算是与逻辑运算和或非逻辑运算的结合，它是将每组输入变量先进行与逻辑运算，然后再对所有组合的输出进行或非逻辑运算。

与或非运算的逻辑表达式为：

$$Y = \overline{AB + CD} \tag{2.1.7}$$

其真值表如表 2.1.6 所示。

表 2.1.6　与或非逻辑真值表

A	B	C	D	Y	A	B	C	D	Y
0	0	0	0	1	1	0	0	0	1
0	0	0	1	1	1	0	0	1	1
0	0	1	0	1	1	0	1	0	1
0	0	1	1	0	1	0	1	1	0
0	1	0	0	1	1	1	0	0	0
0	1	0	1	1	1	1	0	1	0
0	1	1	0	1	1	1	1	0	0
0	1	1	1	0	1	1	1	1	0

对应的逻辑符号如图 2.1.9 所示。

A
B
C
D
&
≥1
Y
(a) 国际符号
A
B
C
D
Y
(b) 美、日常用符号

图 2.1.9　与或非逻辑符号

4. 异或

异或(exclusive-or)逻辑运算是两个输入变量 A、B 各自先进行非的变换后，再与相对的原变量结合为与的关系，然后再进行或的逻辑运算。

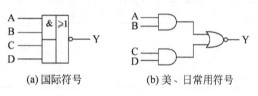

异或运算的逻辑表达式为：

$$Y = A\overline{B} + B\overline{A} = A \oplus B \tag{2.1.8}$$

式中，符号"⊕"表示异或运算，读作"异或"。相应的真值表如表 2.1.7 所示，逻辑符号如图 2.1.10 所示。

表 2.1.7　异或真值表

A	B	Y
0	0	0
0	1	1
1	0	1
1	1	0

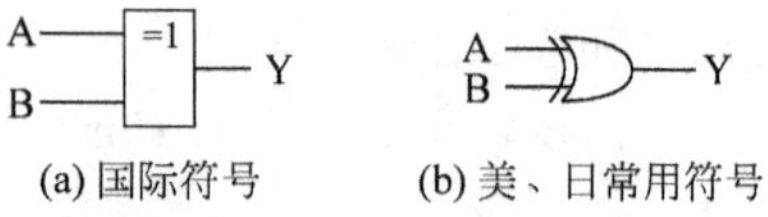

A
B
=1
Y
(a) 国际符号
A
B
Y
(b) 美、日常用符号

图 2.1.10　异或逻辑符号

异或运算有两个输入，且只有两个输入，它是用于找出两个输入取值的异同的逻辑运算。

通过异或真值表的分析，可以得出**异或运算规则**：不同出 1，相同出 0。

5. 同或

同或(exclusive-nor)逻辑运算是两个输入变量 A、B 先进行非的变换再进行与运算,然后原变量进行与运算后,最后对运算结果进行或运算。

同或运算的逻辑表达式为:

$$Y = \overline{A}\,\overline{B} + AB = A \odot B \tag{2.1.9}$$

其真值表如表 2.1.8 所示。

相应的逻辑符号如图 2.1.11 所示。

表 2.1.8 同或真值表

A	B	Y
0	0	1
0	1	0
1	0	0
1	1	1

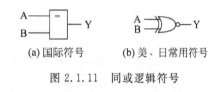

(a) 国际符号   (b) 美、日常用符号

图 2.1.11 同或逻辑符号

同样,同或运算也有两个输入,且只有两个输入,是用于找出两个输入取值的异同的逻辑运算。

通过同或真值表的分析,可以得出**同或运算规则**:相同出 1,不同出 0。

显然,异或和同或是互为相反的逻辑运算。即

$$\overline{A \odot B} = A \oplus B, \quad \overline{A \oplus B} = A \odot B \tag{2.1.10}$$

2.2 逻辑代数的基本公式和常用公式

2.2.1 基本公式

根据与、或、非三种基本逻辑运算法则,可以推导出逻辑代数的基本公式,如表 2.2.1 所示。这些公式给出了二进制逻辑运算的基本规则。

表 2.2.1 逻辑代数的基本公式

定　律	逻　辑　与	逻　辑　或	说　明
01 律	$0 \cdot 0 = 0$ $0 \cdot 1 = 0$ $1 \cdot 0 = 0$ $1 \cdot 1 = 1$	$0 + 0 = 0$ $0 + 1 = 1$ $1 + 0 = 1$ $1 + 1 = 1$	常量与常量的关系
01 律	$A \cdot 1 = A$ $A \cdot 0 = 0$	$A + 0 = A$ $A + 1 = 1$	变量与常量的关系
交换律 结合律 分配律	$A \cdot B = B \cdot A$ $A \cdot (B \cdot C) = (A \cdot B) \cdot C$ $A \cdot (B + C) = A \cdot B + A \cdot C$	$A + B = B + A$ $A + (B + C) = (A + B) + C$ $A + (B \cdot C) = (A + B) \cdot (A + C)$	和普通代数相似的定律

续表

定　　律	逻 辑 与	逻 辑 或	说　　明
互补律	$A \cdot \overline{A} = 0$	$A + \overline{A} = 1$	
重叠律	$A \cdot A = A$	$A + A = A$	
反演律	$\overline{A \cdot B} = \overline{A} + \overline{B}$	$\overline{A + B} = \overline{A} \cdot \overline{B}$	逻辑代数特殊规律
（摩根定理）			
对合律	$\overline{\overline{A}} = A$		

　　由于逻辑代数变量取值只能是 0 和 1,其基本公式与普通代数有相同之处,也有不同之处。如在普通代数中,$1+1=2$,这里的 1 表明数量,而逻辑代数中,$1+1=1$,这里的 1 不代表数量,而是逻辑值。

　　这些公式均可以通过列逻辑真值表的方法来验证其正确性。即列出等式左边函数与右边函数的真值表,如果等式两边的真值表相同,则说明等式成立。

2.2.2　常用公式

　　利用表 2.2.1 所示的基本公式,可以推出其他常用公式(见表 2.2.2)。利用这些常用公式有利于简化运算过程。

表 2.2.2　几个常用公式

定　律	常 用 公 式	证　　明
吸收律	$A \cdot B + A\overline{B} = A$	$A \cdot B + A\overline{B} = A \cdot (B + \overline{B}) = A \cdot 1 = A$
	$A + AB = A$	$A + AB = A \cdot (1 + B) = A \cdot 1 = A$
	$A + \overline{A}B = A + B$	$A + \overline{A}B = (A + \overline{A}) \cdot (A + B) = 1 \cdot (A + B) = A + B$
	$A \cdot B + \overline{A} \cdot C + B \cdot C = A \cdot B + \overline{A} \cdot C$	$A \cdot B + \overline{A} \cdot C + B \cdot C = A \cdot B + \overline{A} \cdot C + B \cdot C(A + \overline{A})$
		$= A \cdot B + \overline{A}C + AB \cdot C + \overline{A} \cdot B \cdot C$
		$= A \cdot B(1 + C) + \overline{A} \cdot C(1 + B) = AB + \overline{A}C$

　　分析表 2.2.2 可以得出,在与或式中:

　　(1) 若两个乘积项中分别包含同一因子的原变量和反变量,而其他因子相同时,如 $A \cdot B + A\overline{B}$,则可合并为一项 A,互为反变量的因子是多余的。

　　(2) 若一项是另一乘积项的因子,如 $A + AB$,则可合并为一项 A,另一乘积项 AB 是多余的。

　　(3) 若一项的反是另一个乘积项的因子,如 $A + \overline{A}B$,则该因子 $\overline{A}$ 是多余的。

　　(4) 若两项分别包含同一因子的原变量和反变量,如 $A \cdot B + \overline{A} \cdot C$,则两项的剩余因子 B 和 C 组成的乘积项 BC 在 $A \cdot B + \overline{A} \cdot C + B \cdot C$ 式中是多余的。

　　另外,还有同或和异或的关系公式,如表 2.2.3 所示。

表 2.2.3 同或和异或的关系公式

定 律	同 或	异 或	说 明
01 律	$A \odot 0 = \overline{A}$ $A \odot 1 = A$ $A \odot \overline{A} = 0$	$A \oplus 1 = \overline{A}$ $A \oplus 0 = A$ $A \oplus \overline{A} = 1$	变量与常量的关系
交换律	$A \odot B = B \odot A$ $A \cdot B = A \odot B \odot (A+B)$ $A \cdot B = A \oplus B \oplus (A+B)$	$A \oplus B = B \oplus A$ $A+B = A \oplus B \oplus (A \cdot B)$ $A+B = A \odot B \odot (A \cdot B)$	变量和变量的关系
结合律	$A \odot B \odot C = (A \odot B) \odot C$	$A \oplus B \oplus C = (A \oplus B) \oplus C$	
分配律	$A+(B \odot C) = (A+B) \odot (A+C)$	$A(B \oplus C) = AB \oplus AC$	
调换律	若 $A \odot B = C$,则有 $A \odot C = B$ $B \odot C = A$	若 $A \oplus B = C$,则有 $A \oplus C = B$ $B \oplus C = A$	逻辑代数特殊规律
重叠律	$A \odot A = 1$	$A \oplus A = 0$	
反演律	$\overline{A \odot B} = A \oplus B$	$\overline{A \oplus B} = A \odot B$	

2.3 逻辑代数的基本运算规则

逻辑代数的运算顺序和普通代数一样,应该先算括号里的内容,然后算乘法,最后算加法。对要先进行或运算,再进行与运算的式子,应对或运算加上括弧,如在表达式$(A+B) \cdot (C+D)$中,首先应分别算 A 和 B 的或、C 和 D 的或后,再将两式的结果相与。

2.3.1 代入规则

任何一个含有某变量的等式,如果等式中所有出现此变量的位置均代之以一个逻辑函数式,则等式依然成立。这一规则称为**代入规则**。

利用代入规则可以扩展公式和证明恒等式。

【例 2.3.1】 已知等式 $A(B+C) = AB+AC$,试证明将所有出现 C 的地方用$(D+E)$代入后,等式仍然成立。

证明:

左边 $= A[B+(D+E)] = AB+A(D+E) = AB+AD+AE$

右边 $= AB+A(D+E) = AB+AD+AE$

所以,左边 $=$ 右边。

必须注意的是,在使用代入规则时,一定要把所有出现被代替变量的地方都用同一函数代替,否则不正确。

【例 2.3.2】 试用代入规则,将摩根定理$\overline{A \cdot B} = \overline{A}+\overline{B}$推导为三变量$\overline{ABC}$公式。

解:因为$\overline{A \cdot B} = \overline{A}+\overline{B}$,若用 $Z=AC$ 代入等式两边的 A,则

$$\overline{Z \cdot B} = \overline{Z}+\overline{B}$$

即

$$\overline{AC \cdot B} = \overline{AC}+\overline{B} = \overline{A}+\overline{B}+\overline{C}$$

所以

$$\overline{ABC} = \overline{A} + \overline{B} + \overline{C}$$

同样,可证明$\overline{A+B+C} = \overline{A}\,\overline{B}\,\overline{C}$。

2.3.2 反演规则

对于任意一个逻辑函数式 Y,若把式中所有的"·"换成"+","+"换成"·",0 换成 1,1 换成 0,原变量换成反变量,反变量换成原变量,并保持原来的运算顺序,那么所得到的结果就是 Y 的反函数$\overline{Y}$。这一规则称为**反演规则**(complementary operation theorem)。

即

$$\left.\begin{array}{l} \cdot \to +,\ + \to \cdot \\ 0 \to 1,\ 1 \to 0 \\ 原变量 \to 反变量 \\ 反变量 \to 原变量 \end{array}\right\} \tag{2.3.1}$$

利用反演律可以十分方便地求出已知函数的反函数。但是,在使用反演规则时应注意:

(1) 不属于单个变量上的非号应保留不变。

(2) 变换时应保持原来的运算顺序。

(3) 在与逻辑变为或逻辑时,应在变化后的或逻辑上加括弧。

【例 2.3.3】 求函数 $Y = (AB+C) \cdot \overline{CD}$ 的反函数 $\overline{Y}$。

解:根据反演规则可以写出结果为:

$$\overline{Y} = (\overline{A} + \overline{B}) \cdot \overline{C} + \overline{\overline{C} + \overline{D}} = \overline{A}\,\overline{C} + \overline{B}\,\overline{C} + CD$$

2.3.3 对偶规则

如果两个逻辑式相等,则它们的对偶式也相等,这一规则称为**对偶规则**。

任何一个逻辑式 Y,若把 Y 中所有的"·"换成"+","+"换成"·",0 换成 1,1 换成 0,并保持原来的运算顺序,则得到新的逻辑式 Y',那么 Y 和 Y' 互为**对偶式**。

即

$$\left.\begin{array}{l} \cdot \to +,\ + \to \cdot \\ 0 \to 1,\ 1 \to 0 \end{array}\right\} \tag{2.3.2}$$

利用对偶规则可以证明恒等式。同样,在使用对偶规则时也应注意:

(1) 不属于单个变量上的非号应保留不变。

(2) 变换时应保持原来的运算顺序。

(3) 在与逻辑变为或逻辑时,应在变化后的或逻辑上加括弧。

此外,在使用反演规则和对偶规则时要注意:

(1) 反演规则用于一个函数式的反函数,而对偶规则只是求一个函数式的对偶式,用于公式的证明。

(2) 在变换的过程中,求反函数不仅要将逻辑运算符进行变换,还需要将单个变量变成反变量,而对偶式只要将运算符进行变换就行,单个变量照写,无须变换。

【例 2.3.4】 证明恒等式 $A+BC = (A+B)(A+C)$。

解:根据对偶规则,$A+BC$ 的对偶式为 $A(B+C) = AB+AC$;$(A+B)(A+C)$ 的对偶

式为 AB+AC,因对偶式相同,故 A+BC 与(A+B)(A+C)相等。

2.4　逻辑函数的描述方法

在现实世界中,任何一个具体的因果关系都可以用一个逻辑函数来描述。

【例 2.4.1】　3 个人表决一件事情,结果按"少数服从多数"的原则决定,试建立该逻辑函数。

解：

第一步：将实际问题进行逻辑抽象,确定输入逻辑变量和输出逻辑变量。进行表决的三个人的意见为条件,是输入逻辑变量,分别设为 A、B、C,表决结果为事件的结果,为输出逻辑变量,用 Y 表示。

第二步：状态赋值。对于输入变量 A、B、C,设同意为逻辑 1,不同意为逻辑 0。对于输出变量 Y,设事情通过为逻辑 1,没通过为逻辑 0。

第三步：根据题意及上述规定列出函数关系式。结果 Y 通过的条件是：

A 和 B 同意,即逻辑式：AB

B 和 C 同意,即逻辑式：BC

A 和 C 同意,即逻辑式：AC

A、B 和 C 都同意,即逻辑式：ABC

则结果 Y 可能通过的逻辑表达式为：

$$Y(A,B,C) = AB + BC + AC + ABC$$

由此,3 人表决少数服从多数的因果关系用一个逻辑函数表示了。下面,具体介绍几种常用的逻辑函数描述方法。

2.4.1　真值表描述

真值表(truth table)描述是一种用表格方式表示逻辑函数的方法。具体地就是用表格列出输入变量的所有可能取值组合与对应的输出变量取值的一一对应关系。

【例 2.4.2】　3 个人表决一件事情,结果按"少数服从多数"的原则决定,试画出该逻辑函数的真值表。

解：3 个人表决少数服从多数的真值表如表 2.4.1 所示。

表 2.4.1　3 个人表决真值表

A	B	C	Y	A	B	C	Y
0	0	0	0	1	0	0	0
0	0	1	0	1	0	1	1
0	1	0	0	1	1	0	1
0	1	1	1	1	1	1	1

如果输入和输出的函数关系确定,则真值表是唯一的。显然,用真值表表示逻辑函数比较直观、明了。从上述真值表可以看出,在 A、B、C 三个输入变量中,两个或两个以上取值为 1 时,输出变量 Y 为 1,否则为 0,由此可以判断 3 个人表决少数服从多数的逻辑函数。

2.4.2　函数表达式描述

函数表达式(functional expression)描述就是将逻辑函数的输入与输出关系用带有逻辑运算符的逻辑表达式来表示的方法。

例如,在例 2.4.1 中 3 个人表决少数服从多数的例子中,结果 Y 和 3 个人意见 A、B、C 的关系用函数式表示为

$$Y(A,B,C) = AB + BC + AC + ABC$$

实际上,逻辑函数式是逻辑关系的数学模型,便于推导和运算。但是,逻辑函数的一般形式可能含有多余乘积项,或不便于变换和简化,所以经常将一般函数式化为最简式或最小项之和的标准与或式两种。

1. 最简式描述

一般地,同一个逻辑函数可以写成不同形式的表达式。但是,在逻辑设计中,逻辑函数最终都要用逻辑电路来实现。因此,经过变换和化简后,同样的逻辑函数往往可以用较少的元器件来实现,并且各元器件间的连线也最少,达到简化电路、节省器件、便于维修调试、降低生产成本的效果。

最简式描述包括与或式、或与式、与非-与非式、与或非式、或非-或非式,每种形式都可以化成最简式。

(1) 最简与或式,它要求:

① 式中所含的与项最少。

② 各与项中所含的变量数最少。

例如,$Y(A,B,C,D)=AB+\overline{C}D$ 是最简与或式。

(2) 最简或与式,它要求:

① 式中所含的或项最少。

② 各或项中所含的变量最少。

例如,$Y(A,B,C,D)=(A+\overline{B})(C+D)$ 是最简或与式。

(3) 最简与非-与非式

最简与非-与非式由最简的与或式变换而来,它要求:

① 式中所含的与非项最少。

② 各与非项中所含的变量数最少。

例如,$Y(A,B,C,D)=AB+\overline{C}D=\overline{\overline{AB+\overline{C}D}}=\overline{\overline{AB}\cdot\overline{\overline{C}D}}$

如果将函数式化为最简的与非-与非式,就可以用门数量最少、引脚数最少的与非门实现该逻辑函数,如上例的逻辑函数可以用 3 个与非门来实现。

(4) 最简与或非式,它要求:

① 式中所含的与项最少。

② 各与项中所含的变量数最少。

如果得到该函数的反函数的最简与或式,经过变换就可以得到该函数的最简与或非式。

例如:

$$\overline{Y} = AB + \overline{C}D, 则, Y = \overline{AB + \overline{C}D}$$

（5）最简或非-或非式,它要求：

① 式中所含的或非项最少。

② 各或非项中所含的变量数最少。

如果得到该函数的最简与或非式,经过变换就可以得到该函数的最简或非-或非式。

例如：$Y = \overline{AB + \overline{C}D}$,则 $Y = \overline{\overline{AB} + \overline{\overline{C}D}} = \overline{\overline{A} + \overline{B}} + \overline{\overline{C} + D}$。

如果将函数式化为最简的或非-或非式,就可以用门数量最少、引脚数最少的或非门实现该逻辑函数,如上例的逻辑函数可以用 3 个或非门来实现。

2. 标准与或式描述

1）最小项

在含有 n 个变量的逻辑函数中,这 n 变量以原变量或反变量的形式在一个乘积项中出现,且仅出现一次,这个乘积项称为这个函数的一个最小项（minitem）。

由此可见,最小项有 n 个因子,而这 n 个因子是 n 个变量的原变量或反变量。含有 n 个变量的逻辑函数有 2^n 个最小项。如含有 A、B、C 三个变量的逻辑函数最小项有 $2^3 = 8$ 个,即 $\overline{A}\overline{B}\overline{C}$、$\overline{A}\overline{B}C$、$\overline{A}B\overline{C}$、$\overline{A}BC$、$A\overline{B}\overline{C}$、$A\overline{B}C$、$AB\overline{C}$、$ABC$,每个变量都以原变量或反变量形式在一个乘积项中出现一次,且仅出现一次。

为了记忆方便,对 2^n 个最小项对应起个编号。输入变量的任何一组取值都将使一个对应的最小项的值等于 1,则将这组取值转换成二进制数,与它等值的十进制数为这个最小项的编号。如在三变量 A、B、C 的逻辑函数中,当 $A = 0$、$B = 0$、$C = 1$ 时,则最小项 $\overline{A}\overline{B}C = 1$。如果把 $\overline{A}\overline{B}C$ 的取值 001 看成一个二进制数,那么它所表示的十进制数就是 1,$\overline{A}\overline{B}C$ 这个最小项记为 m_r。按照这一约定,就得到了三变量最小项的编号表,如表 2.4.2 所示。

表 2.4.2 三变量最小项的编号表

最 小 项	变 量 取 值			编 号
	A	B	C	
$\overline{A}\overline{B}\overline{C}$	0	0	0	m_0
$\overline{A}\overline{B}C$	0	0	1	m_1
$\overline{A}B\overline{C}$	0	1	0	m_2
$\overline{A}BC$	0	1	1	m_3
$A\overline{B}\overline{C}$	1	0	0	m_4
$A\overline{B}C$	1	0	1	m_5
$AB\overline{C}$	1	1	0	m_6
ABC	1	1	1	m_7

同样,把 A、B、C 这 3 个变量的 8 个最小项记为 $m_0 \sim m_7$。

从最小项的编号表得到一个规律：最小项的编号是将最小项的原变量变成 1,反变量变成 0,按顺序书写成二进制数,与之相对应的十进制数就是这个最小项的编号。

根据最小项的定义,可以证明它具有下列几个重要性质:

(1) 在输入变量的任何一组取值下,必有一个且仅一个最小项的值为 1,其余最小项的值均为 0。

(2) 全部最小项之和为 1。

(3) 任何两个不同的最小项的乘积为 0。

(4) 具有相邻性的 2 个最小项之和可以合并为一项,合并后的结果中只保留这两项公共因子。例如,ABC 和 $A\overline{B}C$ 只有 B 和 $\overline{B}$ 不同,具有相邻性,因此合并后得到:$ABC + A\overline{B}C = AC$。

2) 最小项之和形式——标准与或式

任何一个逻辑函数表达式都可以展开为若干个最小项相加的形式,我们把这种形式称为最小项之和形式,也称为标准与或表达式,简称标准与或式。

例如,在 3 个人表决少数服从多数的例子中,结果 Y 和 3 个人意见 A、B、C 的函数关系 $Y(A,B,C) = AB + BC + AC + ABC$ 不是最小项之和表达式。若想转换成最小项之和表达式,就对表达式中的非最小项利用公式 $A + \overline{A} = 1$ 化成最小项之和的形式。如:

$$Y(A,B,C) = AB + BC + AC + ABC$$
$$= AB(C + \overline{C}) + (A + \overline{A})BC + A(B + \overline{B})C + ABC$$
$$= \underline{ABC} + AB\overline{C} + \underline{ABC} + \overline{A}BC + \underline{ABC} + A\overline{B}C + \underline{ABC}$$
$$= ABC + AB\overline{C} + \overline{A}BC + A\overline{B}C$$
$$= m_3 + m_5 + m_6 + m_7$$

一般地,逻辑函数的标准与或式可以从真值表求得,也可以从函数表达式求得。

3) 从真值表求标准与或式

(1) 找出使逻辑函数 Y 为 1 的变量取值组合。

(2) 写出使函数 Y 为 1 的变量取值组合对应的最小项。

(3) 将这些最小项相或,即得到标准与或表达式。

例如,在真值表 2.4.3 中,使函数值 Y 为 1 取值组合有 4 个,每一个对应最小项,分别为 m_3、m_5、m_6、m_7,则标准与或式为

表 2.4.3　真值表

A	B	C	Y
0	0	0	0
0	0	1	0
0	1	0	0
0	1	1	1
1	0	0	0
1	0	1	1
1	1	0	1
1	1	1	1

$$Y(A,B,C) = \overline{A}BC + A\overline{B}C + AB\overline{C} + ABC = m_3 + m_5 + m_6 + m_7$$

4) 从逻辑函数表达式求标准与或式

从逻辑函数表达式求标准与或式的步骤如下:

(1) 检查表达式的每一个乘积项是否含有逻辑函数中所有的变量。

(2) 利用公式 $A + \overline{A} = 1$ 弥补乘积项中缺少的变量,然后展开化成最小项之和的形式。如:

$$Y(A,B,C) = AB + BC + AC + ABC$$
$$= AB(C + \overline{C}) + (A + \overline{A})BC + A(B + \overline{B})C + ABC$$
$$= \overline{A}BC + A\overline{B}C + AB\overline{C} + ABC$$
$$= m_3 + m_5 + m_6 + m_7$$

2.4.3　逻辑图描述

用逻辑图形符号画出输入变量和输出变量的逻辑关系来表示逻辑函数,所得到的连接图称为逻辑图(karnaugh map)。例如,上例中的三人表决器,函数表达式为 $Y(A,B,C)=AB+BC+AC$,其逻辑图如图 2.4.1 所示。

实际上,有了逻辑函数的逻辑图,就可以用具体的门电路来实现逻辑功能。由此可知,逻辑函数式是画逻辑图的重要依据,而逻辑图是具体电路的依据。

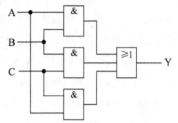

图 2.4.1　三人表决器逻辑图

2.4.4　卡诺图描述

1. 卡诺图的构成

如前所述,在含有 n 个变量的逻辑函数中,具有 n 个不重复的变量或反变量组成的乘积项就是最小项。

在具有 n 个变量的逻辑函数中,可以有 2^n 个最小项,其中有些最小项之间只有一个因子不同,这些最小项称为**逻辑相邻**的最小项。

例如,三变量最小项 $\overline{A}\overline{B}\overline{C}$ 和 $A B\overline{C}$,除了 $\overline{A}$ 和 A 不同以外,其他都相同,所以 $\overline{A}B\overline{C}$ 和 $AB\overline{C}$ 是逻辑相邻的。两个逻辑相邻项可以消去不同的因子,进行合并,如 $\overline{A}B\overline{C}+AB\overline{C}=B\overline{C}$,合并结果为两个相邻项中的共有变量,同时消去一个互补变量。

将 n 个变量的全部最小项各用一个小方格表示,并使具有逻辑相邻性的最小项放在几何相邻的位置上排列起来,所得到的图形称为 n 变量的卡诺图。卡诺图是美国工程师卡诺(Karnaugh)首先提出的,因此而得名。如图 2.4.2(a)、(b)、(c)、(d)所示分别为二到五变量的卡诺图。

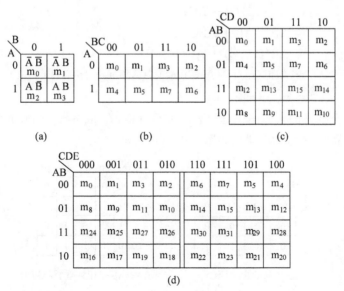

图 2.4.2　卡诺图

卡诺图两侧标注的 0 和 1 表示使对应方格内的最小项为 1 的变量取值。同时，这些 0 和 1 组成的二进制数所对应的十进制数大小也就是对应最小项的编号。

为了保证图中几何位置相邻的最小项具有相邻性，在制作卡诺图时每行（列）与相邻行（列）之间的变量组合值中，仅有一个变量发生变化（0→1 或 1→0）。相邻行（列）是指上下及左右相邻，也包括紧靠上下两边及紧靠左右两边的行、列相邻。因此，从几何位置上应当把卡诺图看成上下、左右封闭的图形。

综上所述，卡诺图的特点是：n 个变量的卡诺图具有 2^n 个小方格，它们分别与最小项相对应。相邻两个小方格中仅有一个因子发生变化，其余都相同；反过来，仅有一个因子发生变化的小方格是相邻的小方格。

在卡诺图中，如果用来表示函数关系的最小项逻辑相邻，则肯定会放在卡诺图上几何相邻的位置，因此，非常直观，便于逻辑函数化简。但是，由于函数的变量数和卡诺图中小方格数呈指数规律，当输入逻辑变量比较多时就不再具有这种直观性了，所以卡诺图一般用于描述少变量的逻辑函数。

2. 逻辑函数的卡诺图表示

既然任何一个逻辑函数都能表示为若干最小项之和的形式，那么应该设法用卡诺图来表示任意一个逻辑函数。具体方法是：首先把逻辑函数化为最小项之和的形式，然后在卡诺图上与这些最小项对应的位置填入 1，其余位置上填入 0，就得到了表示该逻辑函数的卡诺图。也就是说，任何一个逻辑函数都等于它的卡诺图中填入 1 的那些最小项之和。

【例 2.4.3】　用卡诺图表示下列逻辑函数：

(1) $Y_1 = (A + \overline{B})(B + AC)$

(2) $Y_2 = A\overline{B} + \overline{A}B\overline{D} + ACD + \overline{A}\overline{B}\overline{C}D$

解：

(1) 首先将函数 Y_1 变换成最小项之和的形式：

$$
\begin{aligned}
Y_1 &= (A + \overline{B})(B + AC) \\
&= AB + AC + A\overline{B}C \\
&= AB(C + \overline{C}) + AC(B + \overline{B}) \\
&= ABC(m_7) + AB\overline{C}(m_6) + ABC(m_7) + A\overline{B}C(m_5) \\
&= m_5 + m_6 + m_7
\end{aligned}
$$

然后，在 3 个变量的卡诺图中，画出 2^3 个小方格，在 $m_5 + m_6 + m_7$ 位置上填 1，其余位置上填 0（或不填）。相应的卡诺图如图 2.4.3(a) 所示。

AB\CD	00	01	11	10
00	0	1	0	0
01	1	0	0	1
11	0	0	1	0
10	1	1	1	1

A\BC	00	01	11	10
0	0	0	0	0
1	0	1	1	1

(a) $Y_1 = (A + \overline{B})(B + AC)$　　(b) $Y_2 = A\overline{B} + \overline{A}B\overline{D} + ACD + \overline{A}\overline{B}\overline{C}D$

图 2.4.3　例 2.4.3 的卡诺图

(2) 首先将 Y_2 变换为最小项之和的形式：

$$Y_2 = A\bar{B}(C+\bar{C})(D+\bar{D}) + \bar{A}B(C+\bar{C})\bar{D} + A(B+\bar{B})CD + \bar{A}\bar{B}CD$$
$$= A\bar{B}C\bar{D} + A\bar{B}\bar{C}\bar{D} + A\bar{B}C\bar{D} + A\bar{B}\bar{C}D + \bar{A}B\bar{C}\bar{D} + \bar{A}BC\bar{D} + ABCD + \bar{A}\bar{B}CD$$
$$= m_1 + m_4 + m_6 + m_8 + m_9 + m_{10} + m_{11} + m_{15}$$

然后，在 4 个变量的卡诺图中，画出 2^4 个方格的卡诺图，并在对应的方格中填 1，其余位置上填 0(或不填)，就得到 Y_2 的卡诺图如图 2.4.3(b)所示。

2.4.5 波形图描述

针对输入量的变化波形，根据输入变量和输出变量之间的逻辑关系，画出输出逻辑函数相应变化的波形称为逻辑函数的波形图(timing diagram)表示。波形图的特点是可以通过逻辑分析仪直接显示，便于用实验的方法分析数字电路的逻辑功能。

【例 2.4.4】 已知逻辑函数 $L = \bar{A}\bar{B}C + \bar{A}BC + A\bar{B}C + AB\bar{C} + ABC$，输入变量 A、B、C 波形图形，如图 2.4.4 所示，试按照逻辑关系画出输出变量 L 的波形。

解：根据输入变量和输出变量之间的逻辑关系可以画出输出波形，如图 2.4.5 所示。

图 2.4.4 例 2.4.4 输入波形图

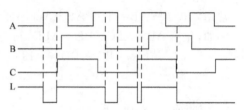

图 2.4.5 例 2.4.4 输入和输出波形对照图

2.5 逻辑函数的公式化简法

2.5.1 逻辑函数化简的意义

任何一个逻辑问题，都可以用逻辑函数表示，而且可用多种不同的逻辑函数表示，每种逻辑函数都可以用相应的门电路实现。如三人表决器：

$$Y(A,B,C) = AB + BC + AC + ABC = AB + BC + AC$$

分析可知，同一个逻辑关系可以用不同的逻辑表达式表示，后一个式子比前一个式子简单得多，为最简与或式。如果用最简式实现逻辑电路，逻辑关系就会简化，所需的逻辑器件的数量及种类就会少。所以，在设计电路时既要降低电路成本，又要兼顾电路工作的可靠性。

如前所述，逻辑函数有 5 种最简式。在与或式中，与项数目的多少决定设计电路中所用与门的个数，每个与项所含变量的多少，决定了所选用门电路输入端的数量，这些都直接关系着电路的成本及电路的可靠性。由于逻辑代数的基本公式和常用公式多以与或逻辑表达式给出，由真值表得出的逻辑函数表达式，也常以与或函数形式出现，而且简化与或逻辑函数表达式很方便；另外，与或逻辑函数表达式与其他任何形式的逻辑函数表达式之间的转换，通过公式也很容易实现，而且由最简与或逻辑函数表达式可以直接变换为最简与非-与非逻辑函数表达式，由反函数的最简与或式可以变换为最简与或非式，也可以得到最简或非-或非式,因此,与或逻辑函数表达式具有一般性,故下面主要讨论与或逻辑函数表达式的化简(simplification)。实际上,究竟应该将逻辑函数表达式变换成何种形式,要根据所选用的逻辑门电路的功能类型而定。

2.5.2 公式化简法的方法

公式化简法就是利用逻辑代数的基本公式和推导公式对逻辑函数进行运算,消去式中多余的乘积项和每个乘积项中多余的因子,求出逻辑函数的最简式。下面介绍最常用的 5 种方法。

1. 合并法

常用公式 $A+\bar{A}=1$,将两项合并为一项。

例如,化简 $A\overline{BC}+ABC$,利用合并法,可得到:
$$\overline{ABC} + ABC = A(\overline{BC} + BC) = A$$

2. 吸收法

常用公式 $A+AB=A$ 及 $AB+\bar{A}C+BC=AB+\bar{A}C$,消除多余项。

例如,化简 $AB+ABC+\bar{B}D+ABD$,利用吸收法,可得到:
$$AB + ABC + \bar{B}D + ABD = AB(1 + C) + \bar{B}D + ABD$$
$$= AB + \bar{B}D + ABD = AB + \bar{B}D$$

3. 消除法

常用公式 $A+\bar{A}B=A+B$,消除 $\bar{A}B$ 中的 $\bar{A}$ 项。

例如,化简 $AB+\bar{A}C+\bar{B}C$,利用消除法,可得到:
$$AB + \bar{A}C + \bar{B}C = AB + C(\overline{AB}) = AB + C$$

4. 配项法

利用公式 $A=A(B+\bar{B})$,产生与其他单元项配对的项,以消除多项。

例如,化简 $A\bar{B}+B\bar{C}+\overline{B}C+\bar{A}B$,利用配项法,可得到:
$$A\bar{B} + B\bar{C} + \overline{B}C + \bar{A}B = A\bar{B} + B\bar{C} + \overline{B}C(A + \bar{A}) + \bar{A}B(C + \bar{C})$$
$$= A\bar{B} + B\bar{C} + A\overline{B}C + \bar{A}\overline{B}C + \bar{A}BC + \bar{A}B\bar{C}$$
$$= A\bar{B} + B\bar{C} + \bar{A}C$$

5. 综合法

在一个多项复杂的逻辑函数表达式中,需要利用各种方法结合使用逐渐简化。

例如,化简 $A\bar{C}+ABC+AC\bar{D}+CD$,首先利用吸收法($A+\bar{A}B=A+B$),将原式化简:
$$原式 = A(\bar{C} + BC) + C(A\bar{D} + D)$$
$$= A(\bar{C} + B) + C(A + D)$$
$$= A\bar{C} + AB + AC + DC$$

再利用 $A+\bar{A}=1$ 和 $1+A=1$ 进行消元,可得到:
$$原式 = A(\bar{C} + C + B) + DC = A + DC$$

【例 2.5.1】 化简函数 $Y=ABC\bar{D}+ABD+BC\bar{D}+ABC+BD+B\bar{C}$

解:

(1) 利用吸收法，$ABC\overline{D} + ABC = ABC$，$ABD + BD = BD$

得到

$$Y = BC\overline{D} + ABC + BD + B\overline{C}$$

(2) 利用消去法：

$$BC\overline{D} + BD = B(C\overline{D} + D)$$
$$= BC + BD$$
$$ABC + B\overline{C} = B(AC + \overline{C})$$
$$= AB + B\overline{C}$$

得到

$$Y = BC + AB + BD + B\overline{C}$$

(3) 利用配项法，$BC + B\overline{C} = B$，得到：

$$Y = B + BD + AB$$

(4) 利用吸收法，$B + BD = B$ 和 $B + AB = B$，得到：

$$Y = B$$

通过这些方法可以看到，公式化简法需要我们熟悉代数公式，并具有一定的经验和技巧。而且，有些逻辑函数不易化简到最简式，也无法确定为最简式，其化简的结果不一定唯一。因此，公式化简法并不是一种非常简单方便的方法。

为了更方便地进行逻辑函数的化简，人们创造了更系统、更简单、更有规则可循的简化方法。卡诺图化简法就是其中最常用的一种。这种方法不需要特殊技巧，只需要按照简单的规则进行化简，就能得到最简结果。

2.6 逻辑函数的卡诺图化简法

2.6.1 卡诺图的特点

从卡诺图的构成可以得知，几何位置相邻的最小项在逻辑上也一定相邻，即两个最小项只有一个变量不同。所以，从卡诺图上能够直观地判断出哪些最小项可以合并。

2.6.2 卡诺图化简法

逻辑函数的卡诺图化简法，是根据卡诺图的特点，即几何相邻与逻辑相邻一致的特点，在卡诺图中直观地找到具有逻辑相邻性的最小项，并进行合并，消去不同的因子，保留公共因子。下面介绍具体方法。

1. 合并最小项规则

在逻辑函数的卡诺图中，合并最小项规则是：

(1) 2^n 个相邻并排成矩形的最小项可以合并成一项，并消去 n 个因子。即：

① 2 个相邻的最小项可以消去不同因子，保留公因子，合并成一项。

② 4 个相邻并排成矩形的最小项可以合并成一项，并消去两个因子。

③ 8 个相邻并排成矩形的最小项可以合并成一项,并消去三个因子。

(2) 要合并的对应方格必须排列成矩形或正方形。

图 2.6.1 分别画出 2 个、4 个和 8 个最小项合并的情况。

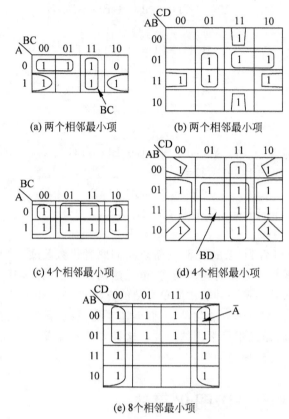

(a) 两个相邻最小项　　　　(b) 两个相邻最小项

(c) 4个相邻最小项　　　　(d) 4个相邻最小项

(e) 8个相邻最小项

图 2.6.1　卡诺图的几种相邻项

从图 2.6.1(a) 中可以看出,m_3 和 m_7 两个相邻,可以合并为一项。即

$$m_3 + m_7 = \overline{A}BC + ABC = (\overline{A} + A)BC = BC$$

从图 2.6.1(d) 中可以看出,m_5、m_7、m_{13}、m_{15} 四个相邻,可以合并为一项。即

$$m_5 + m_7 + m_{13} + m_{15} = \overline{A}B\overline{C}D + \overline{A}BCD + AB\overline{C}D + ABCD$$
$$= \overline{A}BD(\overline{C} + C) + ABD(\overline{C} + C)$$
$$= \overline{A}BD + ABD = BD$$

从图 2.6.1(e) 中可以看出,m_0、m_1、m_2、m_3、m_4、m_5、m_6、m_7 八个相邻可以合并为一项。即

$$m_0 + m_1 + m_2 + m_3 + m_4 + m_5 + m_6 + m_7$$
$$= \overline{A}\,\overline{B}\,\overline{C}\,\overline{D} + \overline{A}\,\overline{B}\,\overline{C}D + \overline{A}\,\overline{B}C\overline{D} + \overline{A}\,\overline{B}CD + \overline{A}B\overline{C}\,\overline{D} + \overline{A}B\overline{C}D + \overline{A}BC\overline{D} + \overline{A}BCD$$
$$= \overline{A}\,\overline{B}\,\overline{C}(\overline{D} + D) + \overline{A}\,\overline{B}C(\overline{D} + D) + \overline{A}B\overline{C}(\overline{D} + D) + \overline{A}BC(\overline{D} + D)$$
$$= \overline{A}\,\overline{B}\,\overline{C} + \overline{A}\,\overline{B}C + \overline{A}B\overline{C} + \overline{A}BC$$
$$= \overline{A}\,\overline{B}(\overline{C} + C) + \overline{A}B(\overline{C} + C)$$
$$= \overline{A}\,\overline{B} + \overline{A}B$$
$$= \overline{A}$$

2. 画包围圈规则

在逻辑函数的卡诺图中,画包围圈规则是:

(1) 圈里包围的小方格数为 2^n 个($n=0,1,2,\cdots$)。

(2) 圈里包围的小方格数(圈内变量)应尽可能得多,化简消去的变量就多;圈的个数尽可能的少,则化简结果中的与项个数就少。即圈越大越好,圈数越少越好。

(3) 允许重复圈小方格,但每个圈里至少应有一个新的小方格。

(4) 圈内的小方格必须满足相邻关系。

【例 2.6.1】 化简逻辑函数表达式:
$$Y = \overline{A}\overline{B}\overline{C}\overline{D} + \overline{A}\overline{B}C\overline{D} + \overline{A}B\overline{C}D + \overline{A}BCD + A\overline{B}CD + A\overline{B}\overline{C}D +$$
$$\overline{A}B\overline{C}\overline{D} + AB\overline{C}\overline{D} + AB\overline{C}D + ABC\overline{D} + ABCD$$

解:

(1) 画出卡诺图。

(2) 将函数表达式中所有项以 1 的形式填入,如图 2.6.2 所示。

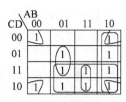

图 2.6.2 例 2.6.1 的 卡诺图

(3) 合并相邻的最小项,采用最小的圈数,尽量将相邻的项数圈入内。

(4) 写出化简后的逻辑函数表达式。
$$Y = \overline{A}BD + \overline{B}\overline{D} + A\overline{B} + BC + AC$$

【例 2.6.2】 用卡诺图化简逻辑函数表达式:
$$Y = \overline{A}BCD + \overline{A}B\overline{C}\overline{D} + A\overline{C}D + ABC + BD$$

解:(1) 画四变量卡诺图,有最小项的方格填 1,如图 2.6.3 所示。

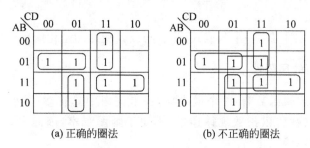

(a) 正确的圈法   (b) 不正确的圈法

图 2.6.3 例 2.6.2 的卡诺图

(2) 画包围圈。按照画圈规则,每个圈里至少应有一个新的小方格,所以图 2.6.3(b)图画圈的方法是错误的,应画成图 2.6.3(a)图,否则就会有多余的乘积项。

(3) 写出包围圈的表达式,得出逻辑函数表达式的最简与或表达式:
$$Y = \overline{A}B\overline{C} + \overline{A}CD + A\overline{C}D + ABC$$

如果按图 2.6.3(b)图所示画出包围圈,则多了一个与项 BD。因此,在卡诺图画完后应仔细观察一下有无多余的包围圈。

【例 2.6.3】 用卡诺图化简函数表达式:
$$Y = A\overline{C} + \overline{A}C + B\overline{C} + \overline{B}C$$

解：

（1）画出 Y 的卡诺图，如图 2.6.4 所示。

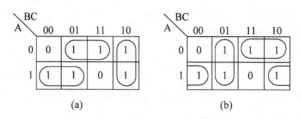

图 2.6.4　例 2.6.3 的卡诺图

（2）画包围圈。由卡诺图可见，画圈法有两种，图 2.6.4(a)和图 2.6.4(b)，两种方案均可取。由此可知，圈包围圈的方案不是唯一的。

（3）写出包围圈的表达式，得出逻辑函数表达式的最简与或表达式。

按图 2.6.4(a)的画圈法，可得

$$Y = A\overline{B} + \overline{B}C + B\overline{C}$$

按图 2.6.4(b)的画圈法可得

$$Y = A\overline{C} + \overline{B}C + \overline{A}B$$

由此可知，同一个逻辑函数由于画包围圈的方案不唯一，所以对应的表达式也不唯一，最终化简结果不是唯一的。

总结起来，用卡诺图化简逻辑函数有以下步骤：

（1）写出逻辑函数的最小项之和形式。

（2）画逻辑函数的卡诺图。

（3）按照合并最小项规则和画包围圈规则，将几何相邻的最小项圈起来；没有相邻项的最小项单独画圈。

（4）将每个包围圈写出一个与或式，将各与或式相加即是化简后的最简与或表达式。

3. 卡诺图化简的局限性

由于 n 变量的逻辑函数有 2^n 个最小项，在卡诺图中具有 2^n 个小方格，当变量数增多时，卡诺图中小方格数将以指数规律递增，不便于画图观察，因此卡诺图化简法一般局限于 5 变量以下的逻辑函数化简。

2.6.3　具有无关项的逻辑函数化简

1. 无关项的概念

在数字系统中，在某些逻辑函数最小项之和的表达式中，有些最小项可以写进去，也可以不写进去，都不影响输出函数的逻辑功能。这些最小项叫无关最小项(don't care minitem)，简称无关项，在逻辑函数中，通常用"d"表示，在卡诺图相应方格中填入"×"或"∅"。

无关项包含两种，即**约束项**和**任意项**。

在有些逻辑函数中，对输入变量的取值有一定的限制，即某些变量的取值组合不可能出现，或不允许出现，具有约束的含义。在这些不可能出现的输入变量取值组合下等于 1 的最小项,称为约束项。所以在函数中,约束项的取值永远是 0。通常,把这种类型的逻辑函数称为"具有约束项的逻辑函数"。这里,输入变量取值的限制用"约束条件"表示,一般为某些输入变量的取值组合恒等于 0,或者某些最小项的取值恒等于 0。

例如,如果有一个逻辑函数:

$$Y(A,B,C) = \overline{A}\,\overline{B}C + \overline{A}B\overline{C} + A\overline{B}\,\overline{C}$$

若其约束项为 $\overline{A}\,\overline{B}C$、$ABC$,则可以写成约束条件 $\overline{A}\,\overline{B}C + ABC = 0$,或将约束项用相应的编号表示,写成

$$\sum (d_1, d_5) = 0$$

或简写成

$$\sum d(1,5) = 0$$

例如,在 8421BCD 码中,1010,1011,1100,1101,1110,1111 这 6 种组合是不使用的代码,它不会出现,而是受到约束。因此,这 6 种组合对应的最小项称为约束项,即

$$\sum d(10,11,12,13,14,15) = 0$$

而在有些情况下,逻辑函数在某些变量取值组合出现时,对逻辑函数值并没有影响,其值可以是 1,也可以是 0,这些变量取值组合对应的最小项称为任意项。约束项和任意项统称为无关项。这里所说的无关是指是否把这些最小项写入逻辑函数表达式无关紧要,可以写入,也可以删除。

2. 具有无关项的逻辑函数化简

实际上,合理利用无关项,可以使逻辑函数得到进一步简化。

1) 无关项的公式法化简

当用公式法化简时,由于无关项在逻辑函数最小项之和的表达式中,写进去或不写进去,都不影响输出函数的逻辑功能,所以,如果把无关项写进去能使式子更简化,就把无关项写到逻辑函数表达式里参与化简。

【例 2.6.4】 试化简逻辑函数 $Y(A,B,C) = \sum m(1,2,4) + \sum d(0,3,6,7)$。

解:如果不用无关项,函数 $Y(A,B,C) = \sum m(1,2,4)$ 已为最简,但是加上无关项的条件,可使函数更加简化,所以有:

$$
\begin{aligned}
Y(A,B,C) &= \sum m(1,2,4) + \sum d(0,3,6,7) \\
&= \overline{A}\,\overline{B}C + \overline{A}B\overline{C} + \underline{\overline{A}\,\overline{B}\,\overline{C} + \overline{A}BC} + A\overline{B}\,\overline{C} + \overline{A}B\overline{C} + \underline{\overline{A}BC + ABC} \\
&\quad\quad\quad\quad\quad\quad\quad\; \text{无关项} \quad\quad\quad\quad\quad\quad\quad\quad \text{无关项} \\
&= \overline{A} + \overline{C}
\end{aligned}
$$

这里,利用 d_0,d_3,d_6 无关项,利用配项的方法,使函数达到简化。

2) 无关项的卡诺图法化简

利用公式法化简具有无关项的逻辑函数不是很直观,如果用卡诺图化简就能直观地判断约束项的取舍。

由于无关项在逻辑函数的卡诺图中既可看成 0,也可看成 1,所以无关项相邻其他最小项时,如果能使包围圈变得更大,可以把某些表示无关项的"×"当作 1 对待,如果某些无关项的存在不能使包围圈更大,则把对应的无关项"×"当作 0 对待,以便减少冗余项。

这样,卡诺图法化简的步骤如下:

(1) 写出逻辑函数的最小项之和形式。

(2) 画出卡诺图,将函数的最小项在对应方格中填1,无关项填×。

(3) 画包围圈,将 2^n 个($n=0,1,2,\cdots$)几何相邻的方格圈在一起,如果无关项能使包围圈变得更大就当作 1 对待圈在一起,否则就当作 0 处理放在圈外。

(4) 将每个包围圈写出一个与或式,将各与或式相加即是化简后的与或表达式。

【例 2.6.5】 化简函数式 $Y = \overline{A}\overline{B}\overline{C}D + A\overline{B}\overline{C}\overline{D} + \overline{A}B\overline{C}D + \overline{A}\overline{B}C\overline{D} + ABCD$,其约束项为 $\overline{A}BCD + AB\overline{C}D + A\overline{B}\overline{C}D + AB\overline{C}\overline{D} = 0$。

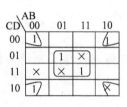

图 2.6.5 例 2.6.5 的
卡诺图

解:

(1) 画出卡诺图,将函数的最小项和约束项填入方格中,如图 2.6.5 所示。

(2) 画包围圈。利用 d_{10} 画出外围的含 4 个乘积项的一个大圈,再利用 d_7 和 d_{13} 画出中间的含 4 个乘积项的一个大圈。

(3) 每个包围圈写出与或式,得到:

$$Y = \overline{B}\overline{D} + BD$$

从此例中可以看出,若不利用约束项,函数式很难化得简单。将约束项作为化简项,能使函数表达式化得更简单。

【例 2.6.6】 某逻辑电路输入信号 A、B、C、D 为 8421BCD 码,又知当 ABCD 对应十进制数为奇数时,输出函数 Y 为 1。求该电路输出函数的最简与或表达式。

解: ABCD 为 8421BCD 码,且为奇数,即 0001、0011、0101、0111、1001 时输出为 1,又因为 8421BCD 码有 6 个输入取值组合 1010、1011、$\cdots$、1111 不会出现,故约束项为:$A\overline{B}\overline{C}\overline{D}$、$A\overline{B}C\overline{D}$、$A\overline{B}C\overline{D}$、$AB\overline{C}\overline{D}$、$AB\overline{C}D$、$ABCD$。

(1) 画出函数卡诺图,并在约束项方格中填"×",如图 2.6.6 所示。

(2) 画包围圈。利用约束项 m_{11}、m_{15}、m_{13} 画出 8 个乘积项为一圈,其余的约束项 m_{10}、m_{12}、m_{14} 不能使含有最小项的包围圈更大,当作 0 处理。

CD\AB	00	01	11	10
00		1	1	
01		1	1	
11	×	×	×	×
10		1	×	×

图 2.6.6 例 2.6.6 的
卡诺图

(3) 写出包围圈的与或式,得到最简与或式为:

$$Y = D$$

本题如果不利用约束项,输出简化式只能得到:

$$Y = \overline{A}D + \overline{B}CD$$

可见,利用约束项可以使化简结果进一步简化。但值得注意的是,必须保证输入信号 ABCD 为 8421BCD 码,否则出现输出逻辑错误。本题实际上为 8421BCD 码的判奇电路。

2.7 Multisim 10 电路仿真软件使用简介

2.7.1 Multisim 10 概述

Multisim 是美国国家仪器(NI)有限公司推出的以 Windows 为操作平台的适用于电子

电路仿真与设计的 EDA 工具。它是用软件的方法模拟电子与电工元器件,利用虚拟电子与电工仪器和仪表,交互式地搭建电路原理图,并对电路进行仿真。通过 Multisim 和虚拟仪器技术,可以完成从理论到原理图捕获与仿真再到原型设计和测试这样一个完整的综合设计流程。

目前,在各高校教学中普遍使用 Multisim 10.0。Multisim 10 的元器件库提供数千种电路元器件供实验选用,同时也可以新建或扩充已有的元器件库,有齐全的虚拟测试仪器仪表,有一般实验用的通用仪器,如万用表、函数信号发生器、双踪示波器、直流电源;而且还有一般实验室少有或没有的仪器,如波特图仪、字信号发生器、逻辑分析仪、逻辑转换器、失真仪、频谱分析仪和网络分析仪等。

Multisim 10 易学易用,可以很方便地把理论知识用计算机仿真真实地再现出来,便于课外自学,以及开展综合性的设计和实验。

2.7.2　Multisim 10 基本操作界面

在完成 Multisim 10 的安装之后,运行程序并进入操作界面。基本操作界面包括:菜单栏,工具栏,缩放栏,设计栏,仿真栏,工程栏,元件栏,仪器栏,电路绘制平台等。此基本操作界面模拟了实验室工作平台,基本操作界面如图 2.7.1 所示。

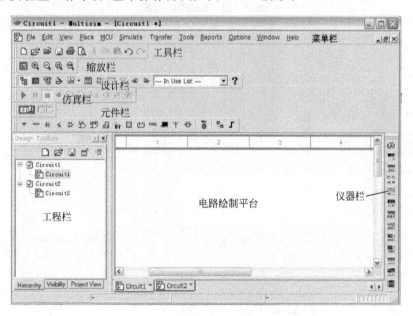

图 2.7.1　Multisim 10 基本操作界面

1. 菜单栏

Multisim 10 的基本操作界面提供了文件操作、文本编辑、放置元件等选项,操作方法与 Windows 操作界面极其相似,在这里介绍几种特殊的选项。

1) Place 菜单

此菜单提供绘制仿真电路所需的元器件、节点、导线、各种连接接口,以及文本框、标题栏等文字内容。各菜单命令的功能如表 2.7.1 所示。

表 2.7.1   Place 菜单

命　　令	功　　能
Place Component	放置元器件
Place Junction	放置连接点
Place Bus	放置总线
Place Input/Output	放置输入输出接口
Place Hierarchical Block	放置层次模块
Place Text	放置文字
Place Text Description Box	打开电路图描述窗口，编辑电路图描述文字
Replace Component	重新选择元器件替代当前选中的元器件
Place as Subcircuit	放置子电路
Replace by Subcircuit	重新选择子电路替代当前选中的子电路

2）Simulate 菜单

通过 Simulate 菜单执行仿真分析命令，各菜单命令功能如表 2.7.2 所示。

表 2.7.2   Simulate 菜单

命　　令	功　　能
Run	执行仿真
Pause	暂停仿真
Default Instrument Settings	设置仪表的预置值
Digital Simulation Settings	设定数字仿真参数
Instruments	选用仪表（也可通过工具栏选择）
Analyses	选用各项分析功能
Postprocess	启用后处理
VHDL Simulation	进行 VHDL 仿真
Auto Fault Option	自动设置故障选项
Global Component Tolerances	设置所有器件的误差

2．工程栏

工程栏如图 2.7.2 所示，位于基本工作界面的左下部，主要用于层次电路的显示，在 Multisim 10 刚刚启动时，默认文件名为 Circuit1，当编辑完电路以后存文件时可以改名。单击工程栏上部图标 New 时，生成 Circuit2，并以分层的形式展开。

3．元件栏

元件栏位于基本工作界面的上部，图标的含义如图 2.7.3 所示。

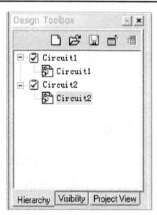

图 2.7.2   工程栏界面

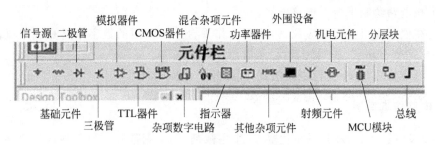

图 2.7.3 元件栏界面示意图

4. 仪器栏

此部分位于基本工作界面的右侧，如万用表、函数信号发生器、双踪示波器、直流电源、波特图仪、字信号发生器、逻辑分析仪、逻辑转换器、失真仪、频谱分析仪和网络分析仪等，界面分布如图 2.7.4 所示。

5. 电路绘制平台

此部分模拟实验室操作台，用于放置元器件、仪器仪表、连接线路和观察仿真结果，界面分布如图 2.7.5 所示。

图 2.7.4 仪器栏界面

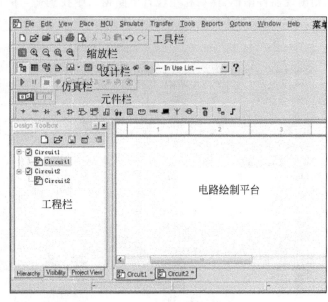

图 2.7.5 电路绘制平台

2.7.3 电路原理图的绘制和仿真举例

1. 电路原理图绘制和仿真步骤

在进行电路原理图绘制和仿真时，基本步骤如下：

（1）在器件库里选择电路原理图对应的逻辑器件放在电路绘制平台上。通常数字电路应该具备供电电源、逻辑功能器件和人机交互器件，如开关、显示器等。

（2）在电路绘制平台上连接电路。

（3）在仪器库里找出相应仪器，放到操作平台上。常用的数字电路测试用仪器为字信号发生器、逻辑分析仪、逻辑转换仪、示波器和万用表等。

（4）打开仿真开关，进行电路仿真，观察效果，记录参数。

2．电路仿真举例

【例 2.7.1】 三人裁判举重比赛，一个主裁判，两个副裁判。当裁判认为选手试举杠铃合格时，按下自己面前的按钮，否则不按。当两个以上（包含两个，其中必含主裁判）按下按钮时，表明选手试举成功。试设计满足上述逻辑关系的控制电路。

解： 设 A、B、C 分别为主裁判和两个副裁判，输出变量为 Y，在输出端接一灯表示结果，裁判按下为 1，不按为 0，结果合格为 1，不合格为 0。则有

$$Y = AB + AC$$

按步骤画出电路原理图，并仿真，具体操作如下。

（1）在器件库里找器件，放在电路绘制平台上。

① 查找元件，放到操作台。

打开 TTL 元件库工具栏，弹出如图 2.7.6 所示界面，查找需要的元件型号，单击 OK 按钮，则出现器件图标，然后在主设计电路窗口中找到适当的位置，再次单击鼠标左键，所需要的元件即可出现在该位置上，如图 2.7.7 所示。

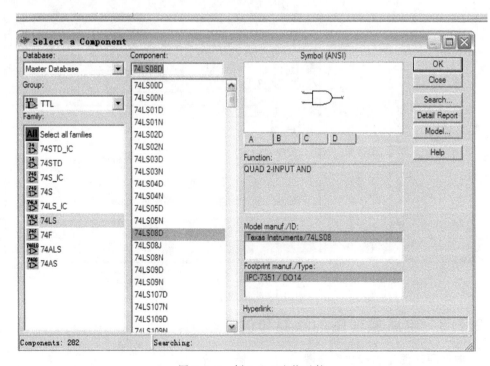

图 2.7.6 例 2.7.1 查找元件

双击此元件，会出现该元件的参数设置对话框，如图 2.7.8 所示，可以设置元件的标签、编号、数值和模型参数。

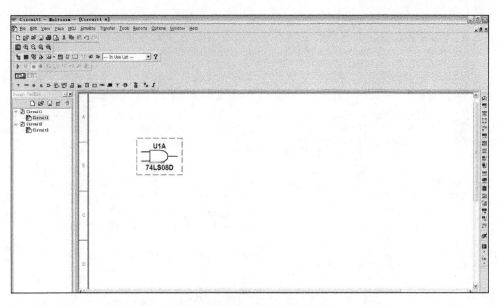

图 2.7.7 例 2.7.1 放置元件

图 2.7.8 例 2.7.1 设置元件参数

② 放置电源和接地元件。

单击"信号源"按钮,弹出如图 2.7.9 所示的对话框,可选择电源和接地元件。

③ 放置开关和指示器。

- 在基础元件库中找到单刀双掷开关,开关的键值默认为 Space,若要修改键值,则双击开关图标,弹出如图 2.7.10 所示的对话框,选择合适的键值,单击 OK 按钮就可以了。
- 在指示器库中找到合适的指示灯,放置到操作台上,如图 2.7.11 所示。

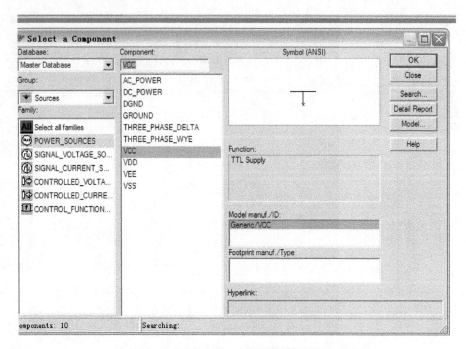

图 2.7.9　例 2.7.1 查找电源和接地元件

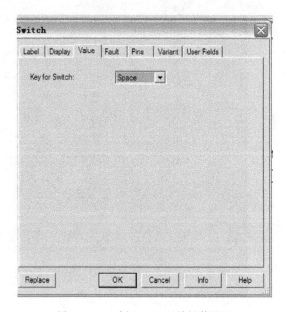

图 2.7.10　例 2.7.1 开关键值设置

④ 元件的移动。

选中元件,直接用鼠标拖曳要移动的元件,放到适当的位置。

⑤ 元件的复制、删除与旋转。

选中元件,用相应的菜单、工具栏或单击鼠标右键弹出的快捷菜单,进行需要的操作。

使最终在操作台上放置的元件如图 2.7.11 所示。

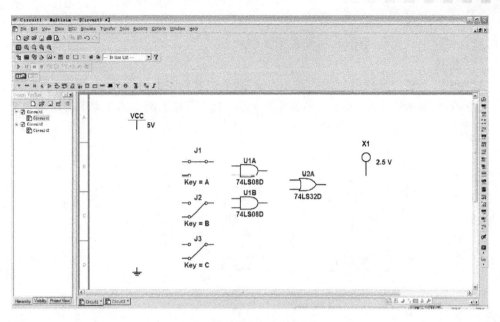

图 2.7.11 例 2.7.1 放置指示灯

（2）连接电路。

① 连接。

鼠标指向某元件的端点，出现小圆点后按下鼠标左键拖曳到另一个元件的端点，出现小圆点后松开鼠标左键。

② 拆线。

选定该导线，单击鼠标右键，在弹出的快捷菜单中单击 Delete。

绘制好的电路如图 2.7.12 所示。

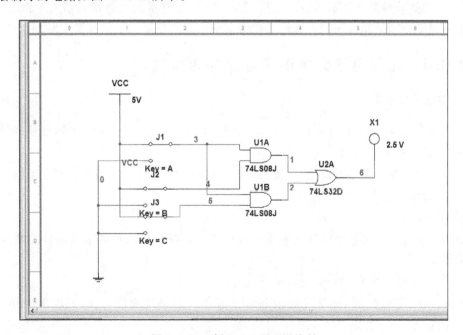

图 2.7.12 例 2.7.1 原理图绘制

（3）添加仪器。

在仪器库中找到合适的仪器，拖动到操作台上。

（4）仿真。

在界面左上角仿真栏中找到仿真开关按钮，单击鼠标左键仿真开关，就开始实时仿真。仿真结果如图 2.7.13 所示。仿真结果表明，电路实现了例 2.7.1 要求的逻辑功能。

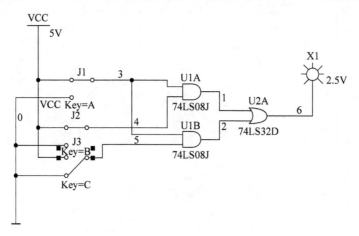

图 2.7.13　例 2.7.1 仿真结果

（5）保存文件。

在仿真结束后，执行菜单栏中的 File→Save 命令可以自动按原文件名将该文件保存在原来的路径中。若要修改文件名，则单击左上角菜单栏中的 File→Save as 命令，弹出对话框，在对话框中选定保存路径，并修改文件名即可。

值得注意的是，实际上输入逻辑电平电路应该附加电阻才能保证输入低电平和高电平的转换，但仿真软件对此不敏感，所以可以用图 2.7.13 所示的电路作为输入逻辑电平电路以省去电路绘制的繁琐。还有一种输入逻辑电平的方法是采用字信号发生器。

2.7.4　几种用于数字逻辑电路的虚拟仪器

1. 字信号发生器

字信号发生器（Word Generator）可以采用不同方法产生 32 位同步逻辑信号，可作为数字电路的测试信号输入。

在仪器栏中找到字信号发生器，拖到工作台，图标如图 2.7.14 所示。双击图标，弹出如图 2.7.15 所示的控制面板。

1）Controls 区

Controls 区用来设置字信号发生器的最右侧的字符编辑显示区字符信号的输出方式，有 3 种模式。

- Cycle：初始值和终止值之间循环模式。
- Burst：单页模式，即从初始值和终止值之间的字符输出一次，当输出到终止值时截止。

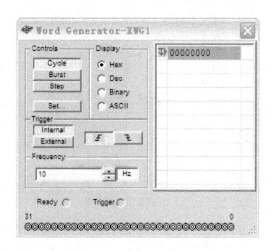

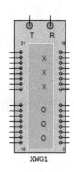

图 2.7.14　字信号发生器图标　　　　　　图 2.7.15　字信号发生器控制面板

- Step：单步模式，即每单击一次，输出一条字信号。

Set 按钮用来设置字信号的变化规律。如初始值、终止值、递增、递减等。

2) Display 区

Display 区用于设置字符的显示规律，如十六进制、十进制、二进制和 ASCII 码等计数规律，如图 2.7.16 所示。

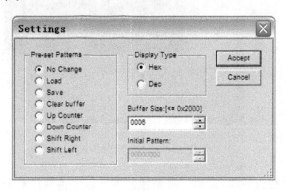

图 2.7.16　字信号发生器设置

3) Frequency 区

Frequency 区用于设置字符信号的输出频率。

图 2.7.17(a)所示电路为多数表决电路。其中，输入信号从字发生器给出，变化规律如图 2.7.17(b)所示，同时用指示灯 A、B、C 指示字发生器输出的状态。仿真结果表明，电路实现了要求的逻辑功能。

2. 逻辑分析仪

逻辑分析仪(logic analyzer)的功能类似于示波器，只不过逻辑分析仪可以同时显示 16 路信号，而示波器最多可以显示 4 路信号。逻辑分析仪的图标符号和参数设置面板如图 2.7.18 所示。

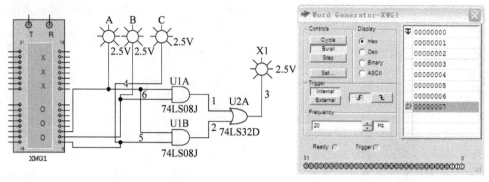

(a) 多数表决电路   (b) 字发生器

图 2.7.17 字信号发生器使用举例

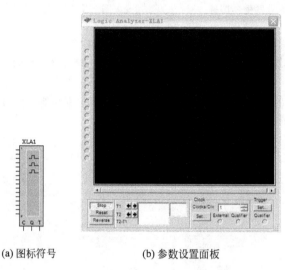

(a) 图标符号   (b) 参数设置面板

图 2.7.18 逻辑分析仪

由于其参数设置较为简单,这里不再赘述。下面以十进制计数器为例,用逻辑分析仪分析时钟脉冲和输出状态的关系。

图 2.7.19 所示电路为用 74LS161 做成的十进制计数器,输入时钟脉冲频率为 10kHz,将输出的状态接到逻辑分析的 4 个输入端。从输出波形可以观察到,4 个输出端分别将输入时钟脉冲 2 分频、4 分频、8 分频和 16 分频。

3. 逻辑转换仪

逻辑转换仪(logic converter)可以在组合逻辑电路的几种表示方法之间任意转换,是用于分析组合逻辑电路的很有用的仪器,但它只是虚拟仪器,实际上没有与之对应的仪器。

逻辑转换仪图标符号如图 2.7.20(a)所示,双击得到图 2.7.20(b)所示的对话框。

图 2.7.20(a)从左到右有 9 个接线端,其中前 8 个为输入端,最右为输出端,对应图 2.7.20(b)上从左到右的 A、B、C、D、E、F、G 和 H 等 8 个端口和右上角 out 输出端。由此可以得知,逻辑转换仪可以转换 8 个(包括 8 个)以内的输入逻辑变量,输出为一个变量的

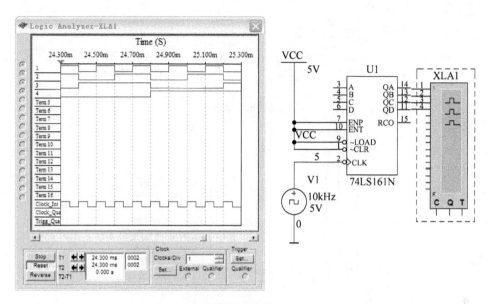

图 2.7.19　用逻辑分析仪观察计数器输出波形

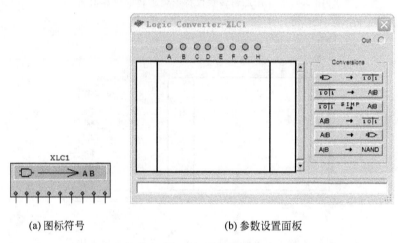

(a)图标符号　　　　　　　　　　(b)参数设置面板

图 2.7.20　逻辑转换仪

组合逻辑函数。

1) 将逻辑电路图转换成真值表

将前面所介绍的例题表决电路画成原理图,并将 3 个输入端分别接到 A、B、C 接口,并将输出端对应相连,得到如图 2.7.21(a)所示电路图。单击 ⊏⊐ → ͳͲͳ 就会将电路图转换成真值表显示在参数设置面板上,如图 2.7.21(b)所示。

2) 将真值表转换成逻辑表达式

单击 ͳͲͳ → ᴬΙᴮ 就会将真值表转换成标准与或表达式 $AB'C+ABC'+ABC$,如图 2.7.22 所示。

3) 将真值表转换成最简与或表达式

单击 ͳͲͳ ᔆᴵᴹᴾ ᴬΙᴮ 就将真值表转换成最简与或表达式 $AB+AC$,如图 2.7.23 所示。

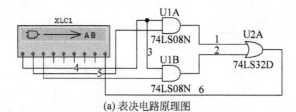

(a) 表决电路原理图

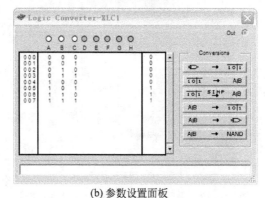

(b) 参数设置面板

图 2.7.21　用逻辑转换仪将逻辑图转换成真值表

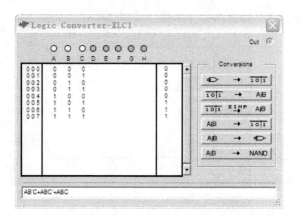

图 2.7.22　用逻辑转换仪将真值表转换成逻辑表达式

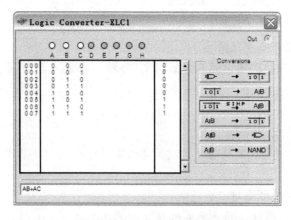

图 2.7.23　用逻辑转换仪将真值表转换成最简与或式

4）将逻辑表达式转换成真值表

单击 AIB → 1011 就会将逻辑表达式转换成真值表。

5）将表达式转换成逻辑电路图

单击 AIB → ▷ 就会将逻辑表达式转换成逻辑电路图。

6）将逻辑表达式转换成由与非门组成的逻辑电路

单击 AIB → NAND 就会将逻辑表达式转换成由与非门组成的逻辑电路图，如图 2.7.24 所示。

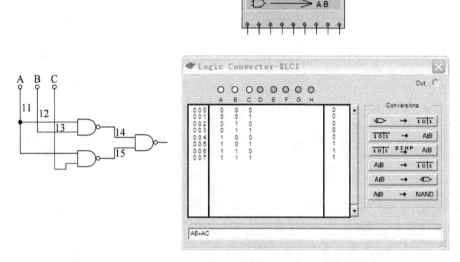

图 2.7.24　用逻辑转换仪将表达式转换成与非门组成的逻辑电路

Multisim 虚拟仿真功能强大，除了以上介绍的数字电路常用的虚拟仪器以外，还有万用表、函数信号发生器、双踪示波器、波特图仪、频谱分析仪和网络分析仪等仪器，读者可以查阅有关书籍熟悉和使用相关仪器，这里不再赘述。

本章小结

逻辑代数是分析和设计数字电路的重要工具。利用逻辑代数，可以把实际逻辑问题抽象为逻辑函数来描述，并且可以用逻辑运算的方法，解决逻辑电路的分析和设计问题。

逻辑函数的表示方法有5种——真值表、函数式、逻辑图、卡诺图和波形图。这几种方法各有特点，它们之间可以互相转换。

与、或、非是逻辑代数的最基本的三种逻辑运算，由这三种运算派生出与非、或非、与或非、同或、异或等复合逻辑运算。进行逻辑运算时利用基本公式、常用公式和定理规则可以简化运算过程。逻辑代数的公式和定理是推演、变换及化简逻辑函数的依据。

对逻辑函数进行化简能够使与之对应的逻辑电路更加简化。化简的方法有公式法和卡诺图法。卡诺图化简是针对少变量逻辑函数化简的有效手段。

逻辑函数的最简式有多种，如最简与或式、与非-与非式、或非-或非式、与或非式等，化成每种最简式的目的就是为了使与之对应的门电路组成的逻辑电路更加简单。

利用无关项化简能使逻辑表达式更加简化,但应保证输入满足无关的条件。

Multisim 软件是一个专门用于电子电路仿真与设计的 EDA 工具软件。利用 Multisim 仿真软件可以实现逻辑函数的各种表示方法之间的相互转换,即真值表、逻辑图、函数表达式、波形图之间的相互转换。除此之外,该软件能够提供虚拟实验室空间,能够仿真电子电路的各种实验效果和参数测试,是非常有效的学习工具和手段。

双语对照

与	and	真值表	truth table
或	or	函数式	functional expression
非	not	最小项	minitem
与非	nand	波形图	timing diagram
或非	nor	化简	simplification
与或非	and-or-invert	卡诺图	karnaugh map
异或	exclusive-or	无关最小项	don't care minitem
同或	exclusive-nor		

习题

1. 用逻辑符号表示图 2.1 所示开关电路的逻辑关系(设开关闭合和灯亮为 1,否则为 0)。

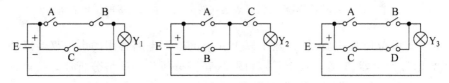

图 2.1　习题 1 电路图

2. 设 A、B、C 为逻辑变量,试回答:

(1) 已知 $A+B=A+C$,则 $B=C$ 对吗?

(2) 已知 $AB=AC$,则 $B=C$ 对吗?

(3) 已知 $A+B=A+C$,且 $AB=AC$,则 $B=C$ 对吗?

3. 利用基本公式和定律证明下列恒等式:

(1) $AB+\bar{A}C+\bar{B}C=AB+C$

(2) $BC+D+\bar{D}(\bar{B}+\bar{C})(AD+B)=B+D$

(3) $A+AB\bar{C}+\bar{A}CD+(\bar{C}+\bar{D})E=A+CD+E$

(4) $\bar{A}\bar{B}+\bar{A}B+A\bar{B}+AB=1$

(5) $AB+BC+AC=(A+B)(B+C)(A+C)$

4. 写出下列函数的对偶式:

(1) $L=(A+B)(\bar{A}+C)(C+DE)+E$

(2) $L=\overline{\overline{AC}+\overline{ABC}+\overline{BC}+AB\overline{C}}$

(3) $L=\overline{AB+\overline{\overline{A}+\overline{B}}}$

5. 写出下列函数的反函数:

(1) $L=(A+BC)\overline{C}D$

(2) $L=\overline{\overline{\overline{A+C}+\overline{B+C}}+\overline{\overline{A}+B}+\overline{B+C}}$

(3) $L=\overline{B}+\overline{A}B\overline{C}+ACD+\overline{A}BC$

6. 用真值表证明下列恒等式:

(1) $\overline{A+B+C}=\overline{A}\cdot\overline{B}\cdot\overline{C}$

(2) $A\overline{B}+\overline{A}B=(\overline{A}+\overline{B})(A+B)$

(3) $A(B\oplus C)=AB\oplus AC$

(4) $A\oplus B\oplus C=A\odot B\odot C$

7. 用与非门实现下列函数:

(1) $L=AB+AC+BC$

(2) $L=\overline{ABC}(B+\overline{C})$

(3) $L=\overline{A}B+B\overline{C}+AC$

8. 给定逻辑函数 $L=A+\overline{B}C$,试完成下列问题:

(1) 用两级与或门实现之;(2) 用两级与非门实现之;

(3) 用两级或非门实现之;(4) 用与或非门实现之。

9. 用代数法化简下列函数:

(1) $Y=AB(BC+A)$

(2) $Y=A\overline{B}+BD+BC\overline{D}+\overline{A}B\overline{C}D$

(3) $Y=AB+ABD+\overline{A}C+BCD$

(4) $\overline{\overline{AC}+\overline{A}BC+\overline{B}C+AB\overline{C}}$

(5) $\overline{B}+ABC+\overline{A}C+\overline{A}B$

(6) $AC(\overline{C}D+\overline{A}B)+BC(\overline{\overline{B}+AD+CE})$

10. 将下列函数展开为最小项表达式:

(1) $L=D(\overline{A}+B)+\overline{B}D$

(2) $L=AB+AC+BC$

(3) $L=(\overline{A}+B+\overline{C})(A+\overline{B}+C)$

11. 把下列函数写成另一种标准形式:

(1) $L(X,Y,Z)=\sum m(1,2,6,7)$

(2) $L(A,B,C,D)=\sum m(0,2,3,6,10,12)$

12. 给定逻辑函数真值表如图 2.2 所示,请完成以下工作:

(1) 写出 L_1、L_2 的最大项之积;(2) 写出 L_1、L_2 的最简与或表达式;(3) 写出 L_1、L_2 的最简或与表达式。

A	B	C	L_1	L_2
0	0	0	1	0
0	0	1	0	1
0	1	0	1	0
0	1	1	0	1
1	0	0	1	0
1	0	1	1	1
1	1	0	0	0
1	1	1	0	1

图 2.2　习题 12 逻辑真值表

13. 用卡诺图化简下列函数:

(1) $L(A,B,C) = \sum(0,1,2,4,5,6,7)$

(2) $L(A,B,C,D) = \sum(1,3,8,9,10,11,14,15)$

(3) $L(A,B,C,D) = \sum(0,2,5,7,8,10,13,15)$

14. 用卡诺图化简下列函数:

(1) $L = \bar{A}B + B\bar{C} + \bar{B}C$

(2) $L = BC + D + \bar{D}(\bar{B} + \bar{C})(AD + B)$

(3) $L = A\bar{C}\bar{D} + BCD + \bar{B}D + A\bar{B} + B\bar{C}D$

(4) $L = \bar{X}Z + \bar{W}X\bar{Y} + W(\bar{X}Y + X\bar{Y})$

15. 利用函数的任意项化简函数:

(1) $L = \bar{B}\bar{C}\bar{D} + BC\bar{D} + AB\bar{C}D$;　$d = \bar{B}C\bar{D} + \bar{A}B\bar{C}D$

(2) $L(A,B,C,D) = \sum m(0,1,4,9,12,13) + \sum d(2,3,6,7,8,10,11,14,15)$

(3) $L(A,B,C,D) = \sum m(3,6,8,9,11,12) + \sum d(0,1,2,13,14,15)$

(4) $L(A,B,C,D) = \sum m(0,1,5,7,8,13) + \sum d(2,3,9,10,11,15)$

第3章

逻辑门电路

内容提要

- 半导体器件的开关特性。
- TTL、CMOS 集成门电路结构、逻辑功能和外特性。
- TTL 与 CMOS 集成门电路使用注意事项。

3.1 二极管和 BJT 的开关特性

3.1.1 二极管的开关特性

1. 二极管结构

二极管(diode)是最简单的半导体器件,它具有单向导电性。常用二极管的外形及电路符号如图 3.1.1 所示。二极管有两个极,分别为**阳极**(anode)和**阴极**(cathode)。

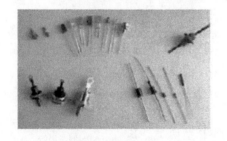

(a) 各种二极管的外形　　　　　　(b) 二极管电路符号

图 3.1.1　二极管的外形和电路符号

二极管的分类方式很多,通常有以下几种:

(1) 按照材料的不同,分为硅二极管和锗二极管等。

(2) 按照二极管 PN 结面积的不同,分为点接触型、面接触型和平面型等。

(3) 按照用途的不同,分为普通管、整流管、稳压管、开关管、检波管等。

(4) 按功率分:有大功率二极管、中功率二极管、小功率二极管等。

(5) 按封装形式分:有金属封装二极管和塑料封装二极管等。

2. 二极管的开关特性

当二极管的阳极电位高于阴极电位时,称为二极管加正向电压;相反,当二极管的阳极电位低于阴极电位时,称为二极管加反向电压。在数字逻辑电路中,二极管的工作状态与开关的通、断状态相似。根据二极管的单向导电性,当外加正向电压大于死区电压时,二极管导通,相当于开关闭合;当外加电压加反向电压时,二极管截止,相当于开关断开。由于硅二极管具有良好的单向导电性,也即具有良好的开关特性(switching characteristics),数字逻辑电路中常用硅开关二极管作为电压控制开关。理想二极管的开关特性如图 3.1.2 所示。

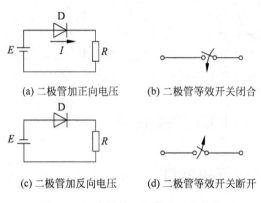

(a) 二极管加正向电压　　　(b) 二极管等效开关闭合

(c) 二极管加反向电压　　　(d) 二极管等效开关断开

图 3.1.2　半导体二极管的开关特性

3.1.2　BJT 开关特性

1. BJT 类型及符号

双极型晶体管(Bipolar Junction Transistor, BJT)是一种半导体三极管。它在线性电路中具有电流放大的作用,而在逻辑电路中具有开关特性,可作为开关之用。

BJT 按其结构可分为 NPN 型和 PNP 型两类。其符号如图 3.1.3 所示。三极管的三个电极分别称为基极 b(base)、发射极 e(emitter)和集电极 c(collector)。

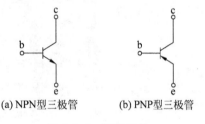

(a) NPN型三极管　　　(b) PNP型三极管

图 3.1.3　BJT 符号

NPN 型和 PNP 型三极管的电路符号区别在于发射极的箭头方向,不管是 NPN 还是 PNP,发射极箭头方向表示发射结正偏时发射极电流的实际方向。

2. BJT 开关特性

BJT 在电路中有三个工作区,即截止区、饱和区和放大区,其中,截止区和饱和区为逻辑电路的工作区。

在图 3.1.4(a)所示电路中,三极管相当于受电压控制的开关,开关的状态靠 b 和 e 之间的电压控制。对 NPN 型三极管来说,当 $V_b - V_e < V_{ON}$ 时,三极管工作在截止区,其中 V_{ON}

为三极管的开启电压,硅型管大约在 0.5V 左右;当 $V_b > V_e$,且足够大时,c 区吸引电子的能力下降,使得三极管工作在饱和区。三极管工作在截止区时,相当于 c 与 e 之间断开,犹如开关断开,如图 3.1.4(b)所示;三极管工作在饱和区时,相当于 c 与 e 之间接通,犹如开关闭合,如图 3.1.4(c)所示。

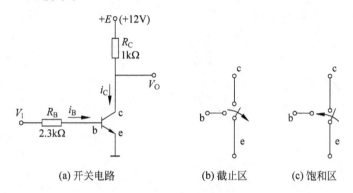

(a) 开关电路   (b) 截止区   (c) 饱和区

图 3.1.4 BJT 的开关特性

BJT 的截止和饱和的非线性状态与开关断、通相似,由此就出现了数字逻辑电路。

3. BJT 的动态开关特性

当输入信号 v_I 变化时,BJT 在截止与饱和导通两种状态间迅速转换,其内部电荷的建立和消散都需要一定的时间,集电极电流 i_C 的变化将滞后于输入电压 v_I 的变化,开关电路的输出电压 v_O 的变化也必然滞后于输入电压 v_I 的变化,其动态过程如图 3.1.5 所示。

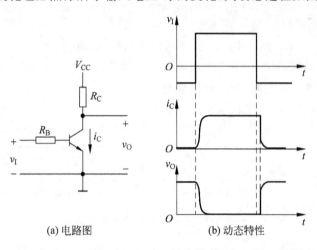

(a) 电路图   (b) 动态特性

图 3.1.5 BJT 动态开关特性

3.2 BJT 反相器

在数字系统中,具有一定逻辑运算功能的电路叫**逻辑门**(logic gate)**电路**,它是数字电路的基本单元电路,电路的高电平和低电平用来表示逻辑值 1 和 0。

1. 电路结构

在图 3.2.1(a)所示电路中,输入电平和输出电平成反相的关系,即输入低电平时,输出高电平;输入高电平时,输出低电平,这种电路称为反相器(inverter),它其实就是逻辑非门电路,逻辑符号如图 3.2.1(b)所示。

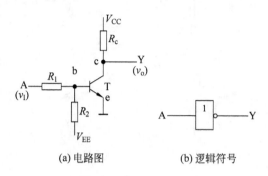

(a) 电路图　　　　　　　　(b) 逻辑符号

图 3.2.1　BJT 反相器

2. 逻辑功能分析

1) 输入为低电平时

当输入信号电压 v_I 为低电平即 $v_I = 0$ 时,由于接入了电阻 R_2 和负电源 V_{EE},基极电位为负值,使 $V_{be} < 0$,从而使三极管能可靠地截止,输出为高电平,v_O 近似为 5V,即逻辑电平输出 $v_O = V_{OH} = 5V$。

由此得出,当输入为低电平时,输出高电平。

2) 输入为高电平时

当输入信号电压 v_I 为 3V 时,适当地选择 R_1、R_2 的阻值,使 $V_{be} > 0$,且基极电流足够大,使晶体管工作于饱和状态,输出电压为 0.3V,即逻辑电平输出 $v_O = V_{OL} \approx 0V$。

由此得出,当输入为高电平时,输出低电平。

图 3.2.2 列出了电路的逻辑电平和真值表。

v_I/V	v_O/V
0	5
3	0.3

A	Y
0	1
1	0

（a) 电路逻辑电平　　　　　　　　（b) 电路真值表

图 3.2.2　电路的逻辑电平和真值表

由表可知,电路的输入和输出关系为非运算规律,所以可得出: $Y = \overline{A}$。

3.3　TTL 集成门电路

在前一节介绍的门电路 BJT 组成的分立元件门电路,它虽然电路简单,但使用元件较多,体积大,可靠性差,现已很少使用。随着半导体技术的发展,已把电路中的半导体器件、电阻、电容及连线都制作在一个半导体基片上,构成一个完整的电路,封装在一个管壳内,引出便于外部接线的引脚,称为**集成电路**。

TTL(Transistor Transistor Logic)型内部由 BJT 构成,根据应用领域的不同,TTL 型分为 54 系列和 74 系列,前者为军品,一般工业设备和消费类电子产品多用后者。74 系列数字集成电路是国际上通用的标准电路。其品种分为六大类:74××(标准)、74S××(肖特基)、74LS××(低功耗肖特基)、74AS××(先进肖特基)、74ALS××(先进低功耗肖特基)、74F××(高速),不管是哪种,如果型号相同,则其逻辑功能完全相同。

3.3.1 TTL 与非门

TTL 与非门是推拉式 TTL 门电路的基本结构形式。本节以与非门电路为例,分析 TTL 门电路的结构与工作原理。

1. 电路结构

一般地,TTL 与非门由三部分组成,包括:输入级、中间级、输出级,如图 3.3.1(a)所示。

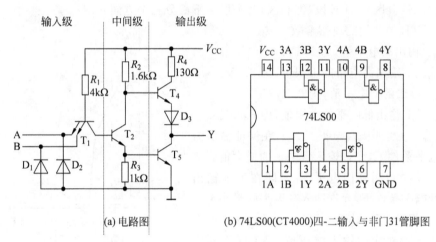

(a) 电路图　　(b) 74LS00(CT4000)四-二输入与非门31管脚图

图 3.3.1　TTL 与非门

1) 输入级

由多发射极三极管 T_1、二极管 D_1、D_2 及电阻 R_1 组成输入级,相当于多个晶体三极管基极和集电极连接在一起,实现与的功能。在输入端 A、B 与地之间分别接入二极管 D_1、D_2,防止输入端可能出现的负脉冲,起到箝位保护作用。

2) 中间级

由一级三极管 T_2、电阻 R_2、R_3 构成中间级,起到倒相的作用。

3) 输出级

由三极管 T_4、T_5、二极管 D_3、电阻 R_4 构成输出级,晶体管 T_4、T_5 交替导通,推拉式驱动负载,提高门电路的带负载能力。

2. 逻辑功能

设电源电压为 5V,输入信号的高、低电平分别为 $V_{IH}=3.6V$,$V_{IL}=0.3V$,晶体三极管

开启电压 V_{on} 为 0.7V。

分析内部工作原理可以得知,当输入有 0 时,输出为 1;输入全 1 时,输出为 0。也就是,它的逻辑关系满足"有 0 出 1,全 1 出 0"的与非关系,输入输出之间的逻辑函数表达式可写为 $Y=\overline{AB}$。

74LS00 为四-2 输入与非门,芯片外部引脚图如图 3.3.1(b)所示,它的内部有 4 组与非门,每组为两输入与非门。作为有源器件,在使用的时候应外加直流电源电压 V_{CC}。

还有其他逻辑功能的门电路,如反相器、或非门、与或非门等,其内部结构及工作原理在此不做赘述。

3. 主要电气特性

1) 电压传输特性

输出电压 V_O 与输入电压 V_I 的对应关系的曲线称为**电压传输特性**(voltage transfer characteristics)曲线。

TTL 与非门的电压传输特性曲线如图 3.3.2 所示,分为 AB 段(截止区)、BC 段(线性区)、CD 段(过渡区)和 DE 段(饱和区)四个段。下面分三个方面介绍。

(1) TTL 与非门的典型参数。

V_{OH}:输出高电平值,为 3.6V。

$V_{OH(min)}$:输出高电平的下限值,为 2.4V。

V_{OL}:输出的低电平值,为 0.3V。

$V_{OL(max)}$:输出低电平的上限值,为 0.4V。

$V_{IL(max)}$:(也叫关门电平 V_{OFF}),在保证输出为额定高电平条件下,允许输入低电平的最大值。

$V_{IH(min)}$:(也叫开门电平 V_{ON})即在保证输出为额定低电平条件下,允许输入高电平的最小值。

V_{TH}:阈值电压(threshold voltage),输出电平发生状态转换对应的输入电压值,是 CD 段的中点。即当输入电压 $V_i > V_{TH}$ 时与非门开启,输出低电平;当输入电压 $V_i < V_{TH}$ 时与非门关闭,输出高电平。$V_{off} < V_{TH} < V_{on}$,$V_{TH}$ 典型值为 1.4V。

上述均为 TTL 与非门的典型参数值,不同型号的参数值各不相同,以生产厂家提供的资料为准。

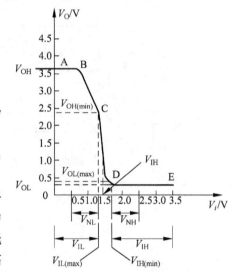

图 3.3.2　电压传输特性曲线

(2) 噪声容限。

噪声容限(noise margin)指门电路的抗干扰能力,代表在输入信号中允许叠加的最大噪声幅度。在多级门电路组成的数字电路中,前一级为驱动门,后一级为负载门,如图 3.3.3 所示,驱动门输出的高、低电平应满足负载门允许输入的高、低电平,同时,还应具备一定的噪声容限,具体要求如下。

① V_{NH}:输入高电平噪声容限,即驱动门输出高电平的最小值仍能满足负载门输入高电平最小值时的输入高电平噪声容限。

② V_{NL}:输入低电平噪声容限,即驱动门输出低电平的最大值仍能满足负载门输入低

电平最大值时的输入低电平噪声容限。

上述几种参数的示意图如图 3.3.4 所示。

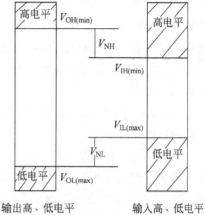

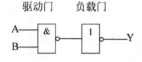

图 3.3.3　驱动门和负载门的连接

图 3.3.4　特性参数示意图

(3) 电路可靠输出高、低电平条件。

当 $v_I < V_{IL(max)}$ 时,电路可靠输出高电平,$v_o = V_{OH}$,与非门处于关门状态。

当 $v_I > V_{IH(min)}$ 时,电路可靠输出低电平,$v_o = V_{OL}$,与非门处于开门状态。

其中,$V_{IH(min)} \leqslant 1.8\text{V}$,$V_{IL(max)} \geqslant 0.8\text{V}$。

2) 输入端负载特性

与非门在应用时,输入端经常外接电阻 R,如图 3.3.5(a)所示。电阻 R_P 上的压降会使与非门输入端的电位发生变化,可能导致输出状态发生变化。

当电阻 R_P 由 0 增至 ∞,由于门电路的内部特性,v_I 从 0 开始增加,刚开始输出高电平,当增加到 $v_I = 1.4\text{V}$ 以后,输出低电平,V_{B1} 被箝位在 2.1V,从此,v_I 不再随 R_P 的增大而升高,如图 3.3.5(b)所示。我们把对应于关门电平的电阻称为关门电阻 R_{OFF}(约 700Ω),而把相当于高电平输入的最小电阻称为开门电阻 R_{ON}(约 1.5kΩ)。

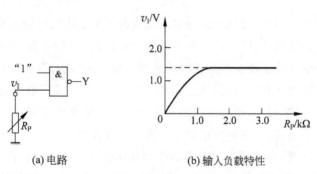

(a) 电路　　　　　　　　　　　　(b) 输入负载特性

图 3.3.5　TTL 与非门输入端接电阻电路及输入负载特性

由此可知,当 $R < R_{OFF}$ 时,相当于该输入端为低电平,此时与非门处于关态,输出高电平;当 $R > R_{ON}$ 时,相当于该输入端为高电平,此时与非门处于开态,输出低电平。在 TTL 门电路中,如果输入端悬空,相当于 $R_P = \infty$,等效于输入高电平。

3) 输出端负载特性

当推拉式 TTL 与非门输出高电平时,形成拉电流负载,随着负载电流的增加,输出的高电平将逐渐下降,但不能低于 $V_{OH(min)}$;当推拉式 TTL 与非门输出低电平时,形成灌电流负载,随着负载电流的增加,输出的低电平却逐渐上升,但不能高于 $V_{OL(max)}$,这样才能保证逻辑关系正确。有关门电路电流的定义如下:

(1) $I_{OH(max)}$:门电路输出高电平时流出该输出端的电流的上限值,它反映了门电路带拉电流负载的能力。

(2) $I_{OL(max)}$:门电路输出低电平时灌入该输出端的电流的上限值,它反映了门电路带灌电路负载的能力。

(3) $I_{IH(max)}$:作为负载的门电路,当某一输入端接高电平、其余输入端都接低电平时,流入该输入端的电流的上限值,即拉出前级门电路输出端的电流。

(4) $I_{IL(max)}$:作为负载的门电路,当某一输入端接低电平、其余输入端都接高电平时,从该输入端流出的电流的上限值,即灌入前级输出端的电流。

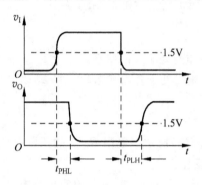

图 3.3.6　TTL 门电路传输延迟时间

由此可知,TTL 与非门所能提供的负载电流是有限的,通常,把一个门最多能够驱动的同类门的数目称为扇出系数 N,用此来衡量一个门的带负载能力。

4) 传输延迟时间

当输入信号加在 TTL 的与非门时,由于 TTL 门电路中各级三极管需要存储电荷的积累和消散时间,输出信号不能立即响应输入信号的变化,而存在一定的延迟,这个时间叫传输延迟时间(transmission delay time),简称**传输时间**。图 3.3.6 中 t_{PHL} 和 t_{PLH} 为传输延迟时间。

3.3.2　TTL OC 门

数字电路中往往含有多个门电路,经常需要将若干个逻辑门的输出相与,如果能把它们的输出端直接并联在一起,完成"与"的逻辑功能,将会省去与门电路,使电路更加简化。这种将输出端直接利用导线连接实现与逻辑功能的方法称为"线与"(wire-and)。

前面介绍的推拉式 TTL 门电路无法实现线与,这些推拉式门电路,无论输出高电平还是低电平,其输出电阻都很小,当一个门截止而另一个门导通时,会有很大电流流过输出级,导致导通门的低电平抬高,还有可能把截止门的输出级烧坏。

为了解决这个问题,引入了一种特殊结构的门电路——集电极开路(Open Collector,OC)门电路,简称 OC 门。图 3.3.7 所示为集电极开路与非门的电路结构和逻辑符号。

由图 3.3.7(a)可知,OC 门正常工作时需要外加电源和电阻。N 个 OC 门线与时可共用一个电阻,其阻值的选择既保证线与以后的输出高、低电平,又不致使电流过大而损坏器件。

实际应用中,OC 门的线与连接如图 3.3.8 所示。

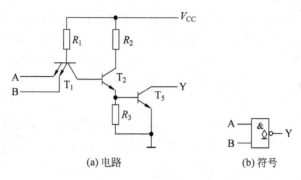

(a) 电路   (b) 符号

图 3.3.7 OC 门电路及符号

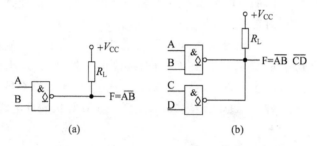

(a)   (b)

图 3.3.8 OC 门的线与连接

3.3.3 TTL 三态门

在实际应用中,有时需要输出电平信号,如高电平或低电平,有时不需要输出电平信号,输出端为开路状态。为了满足这种要求,在门电路中增加一个使能端,并通过控制使能端的状态达到要求。三态门电路如图 3.3.9(a)所示。

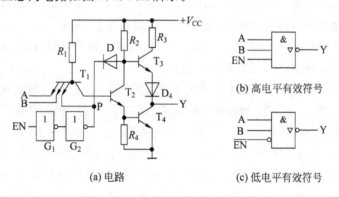

(a) 电路   (c) 低电平有效符号

图 3.3.9 三态门结构及逻辑符号

分析电路的内部工作原理可以得出以下结论:

(1) 当控制端 EN 为高电平时,电路实现与非逻辑功能,即 $Y = \overline{AB}$。

(2) 当控制端 EN 为低电平 0 时,输出端呈现高阻状态,相当于输出端 Y 开路。

这种电路的输出具有三种状态:高阻态、低电平和高电平,具有这种功能的电路叫三态门(three state gate),其符号如图 3.3.9(b)和图 3.3.9(c)所示。

电路在使能端 EN=1 时为正常逻辑工作状态,称为 EN 高电平有效,用图 3.3.9(b)所示符号表示；电路在使能端EN＝0时为正常逻辑工作状态，称为$\overline{\text{EN}}$低电平有效，用图3.3.9(c)所示符号表示，两种符号的区别在于低电平有效时在使能端引线处用空心圈标注。

三态门因其特有的三态输出功能，经常用于数字系统中，实现在一条或一组数据线上分时传递各个电路的输出信号，而这条(或组)公用的数据线称为总线(bus)。

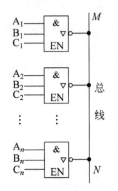

图3.3.10　三态门的总线传输结构

和OC门一样，多个三态门的输出端也可以直接相连，但不同的是，一方面不需要加电源和电阻，另一方面在任何时候至多只能有一个三态门处于工作状态，不允许两个或两个以上三态门同时工作，否则会出现逻辑混乱或烧坏门电路。所以，需要对各个三态门的使能端EN或$\overline{\text{EN}}$进行相应控制，保证使连在一起的三态门分时工作。

在图3.3.10所示的总线连接中，如果分别使各个三态门的使能端$C_1, C_2, \cdots, C_n$分时接高电平控制信号，则由多个三态门输出的多组数据，会分时送到总线上，便于数字系统分时处理数据。这种利用总线传输方法，广泛用于计算机硬件电路中。

3.4　CMOS集成门电路

3.4.1　MOS开关特性

1. MOS类型及符号

场效应管(Field-Effect Transistor，FET)也是一种半导体三极管，在线性电路中具有放大作用，在逻辑电路中具有开关特性，可作为开关之用。

FET具有输入电阻高、噪声低、热稳定性好和抗辐射能力强的特点，在工艺上也便于集成，在现代的各种集成电路中得到广泛的应用。

FET按结构可分为结型三极管和绝缘栅型三极管两种，而后者要比前者的性能更加优良。和BJT一样，FET也有三个电极：栅极G、漏极D和源极S(对应于晶体三极管的b极、c极、e极)。

绝缘栅型场效应晶体管的栅极和源极之间、栅极与漏极之间均采用SiO_2绝缘层隔离，故称之为绝缘栅型。由于绝缘层采用SiO_2材料，按其构成的材料金属-氧化物-半导体，也称其为MOS(Metal Oxide Semiconductor)管。绝缘栅型场效应晶体管可分为增强型(E型)和耗尽型(D型)两类，其中每一类又分成N沟道和P沟道两种。

图3.4.1是4种绝缘栅型场效应晶体管的符号。

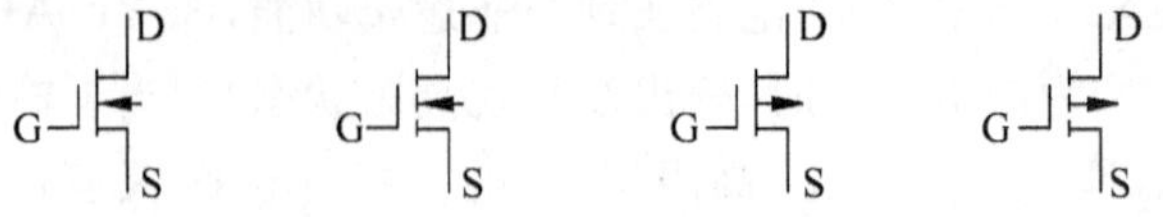

(a) N沟道耗尽型　(b) N沟道增强型　(c) P沟道耗尽型　(d) P沟道增强型

图3.4.1　4种绝缘栅型场效应晶体管的电路符号

2. MOS 开关特性

MOS 管在电路中有 3 个工作区：截止区、恒流区和可变电阻区，分别对应于 BJT 的截止区、放大区和饱和区。在 3 个工作区中，截止区和可变电阻区为在逻辑电路的工作区。

在图 3.4.2(a)所示为以 N 沟道增强型 MOS 管组成的共源电路。

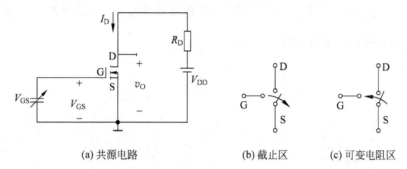

(a) 共源电路　　　　　(b) 截止区　　(c) 可变电阻区

图 3.4.2　共源电路的开关特性

在图 3.4.2(a)所示电路中，MOS 管相当于受电压控制的开关，开关的状态靠 G 和 S 之间的电压 V_{GS} 的控制。当输入低电平，$V_{GS} < V_{GS(th)}$ 时，D-S 间犹如一个断开的开关一样，如图 3.4.2(b)所示，由此得出 $v_O = V_{DD}$，输出高电平。当 V_{GS} 足够大，即输入高电平时，而 V_{DS} 值很小，D 和 S 间犹如一个闭合的开关一样，如图 3.4.2(c)所示，由此得出 $v_O = 0$，输出低电平。

由以上分析可以得知，MOS 管具有开关特性，输入低电平时输出高电平，输入高电平时输出低电平，共源电路其实就是逻辑反相器。

3.4.2　CMOS 反相器

MOS 管具有开关特性，可以组成开关电路，而将 NMOS 管和 PMOS 管以串联互补或并联互补的形式连接形成互补型 MOS 门电路，即 CMOS(complementary metal oxide semiconductor)门电路。

TTL 型集成门电路虽然具有速度高(开关速度快)、驱动能力强等优点，但其功耗较大，集成度相对较低，而 CMOS 型具有电路简单、功耗小、输入阻抗高、抗干扰能力强、工作电源电压范围宽、传输速度快等优点，广泛用于数字集成电路中。

1. 电路结构

CMOS 反相器电路如图 3.4.3 所示，其中 NMOS 管 T_2 为驱动管，PMOS 管 T_1 作为 T_2 的有源负载，两管的栅极相连作为输入端，两管的漏极相连作为输出端。

2. 逻辑功能

T_1 和 T_2 的开启电压分别为 V_{TP} 和 V_{TN}，同时令 $V_{DD} > V_{TN} + |V_{TP}|$。

(1) 当 $v_I = V_{IL} = 0$ 时，T_1 导通，内阻很低，T_2 截止，内阻很高，输出 v_O 为两管内阻的分

压,为高电平 V_{OH},且 $V_{OH} \approx V_{DD}$。

由此得出:输入为低电平时,输出高电平。

(2) 当 $v_I = V_{IH} = V_{DD}$ 时,T_1 截止,内阻很高,而 T_2 导通,内阻很低,输出 v_O 为两管内阻的分压,为低电平 V_{OL},且 $V_{OL} \approx 0$。

由此得出:输入为高电平时,输出低电平。

可见,当输入为不同的逻辑值时,T_1 和 T_2 互补工作,交替导通,实现**逻辑非运算**。

根据输入电压和输出电压的对应关系,画出电压传输特性,如图 3.4.4 所示。由图可知,CMOS 反相器的阈值电压为 $V_{TH} \approx \dfrac{1}{2}V_{DD}$。

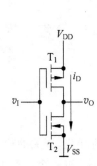
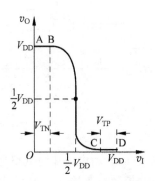

图 3.4.3　CMOS 反相器电路　　　　图 3.4.4　CMOS 反相器的电压传输特性

3.4.3　CMOS 传输门

1．电路符号

CMOS 传输门(Transmission Gate,TG)符号如图 3.4.5 所示,它有互补的两个控制端 C 和 $\overline{C}$,可双向的一个输入端和一个输出端。

2．逻辑功能

(1) 当控制信号 C=0、$\overline{C}=1$ 时,传输门呈高阻,输入和输出信号断开。

(2) 当控制信号 C=1、$\overline{C}=0$ 时,传输门呈低阻。输入信号在($0 \sim V_{DD}$)间变化时,信号接通,输入和输出信号接通。

CMOS 传输门的输入端 v_I 和输出端 v_O 可以互换使用,为双向开关。

实际上,为了减少控制端,双向模拟开关连接电路如图 3.4.6 所示。

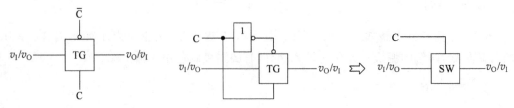

图 3.4.5　CMOS 传输门符号　　　　　图 3.4.6　双向模拟开关

3.4.4 其他 CMOS 门电路

普通的 CMOS 门电路的输出端不能并联使用。因此,与 TTL 电路的 OC 门一样,CMOS 门电路中也可以做成漏极开路的形式,简称为 OD 门。

和 TTL 的 OC 门一样,OD 门在使用时输出端可以线与,在线与使用时必须外加电源和电阻才行。

和 TTL 门电路一样,CMOS 也有不同逻辑功能的门电路,如与非门、或非门、异或门、与或非门和三态门等,其逻辑符号和逻辑功能与对应的 TTL 门电路完全相同,在这里不再赘述。

3.5 集成门电路使用中应注意的问题

3.5.1 TTL 集成门电路的使用注意事项

1. 多余输入端的处理

根据 TTL 门电路的输入负载特性可知,当它的多余输入端悬空时,相当于输入高电平,所以为了不改变门电路的逻辑功能,对多余输入端做相应处理,如图 3.5.1 所示。具体如下:

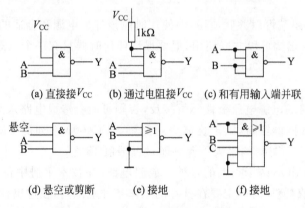

图 3.5.1　TTL 与非门多余输入端的处理

(1) 多余输入端一般不要悬空,否则干扰信号从悬空输入端上引入电路,可能导致逻辑错误或工作不稳定。在外界干扰很小时,与非门的闲置输入端可以剪断或悬空,但不允许接开路长线,以免引入干扰。

(2) 不使用的或非门闲置输入端应接地,对与或非门中不使用的与门至少应有一个输入端接地。

(3) 在前级驱动能力较大时,可将多余输入端与有用输入端并联使用。

2. 输出端的连接

具有推拉输出结构的 TTL 门电路的输出端不允许直接并联使用。输出端不允许直接接电源 V_{CC} 或直接接地。使用时,输出电流应小于产品手册上规定的最大值。

三态输出门的输出端可并联使用,但在同一时刻只能有一个门工作,其他门输出都处于高阻状态。

OC门输出端可并联使用,但公共输出端和电源 V_{CC} 之间应外接适当的负载电阻 R_L。

3.5.2　CMOS 集成门电路的使用注意事项

1．多余输入端的处理

(1) 由于 CMOS 门电路的 MOS 是电压控制电流元件,一般是靠控制栅源电压来控制输出,且输入阻抗较高,多余输入端不能悬空,否则从悬空的引脚拾取的干扰信号将导致电路工作不稳定。

(2) 对于与门和与非门,多余输入端应接正电源或高电平;对于或门和或非门,多余输入端应接地或低电平。

(3) 在工作速度很低的情况下,允许多余输入端与有用的输入端并联使用,而在工作速度较高的情况下,输入端不宜并联使用,否则会增大输入电容,使工作速度下降。

2．输出端的连接

(1) 普通的 CMOS 门电路输出端不允许直接与电源 V_{DD} 或与地相连,否则会因工作电流过大而损坏。

(2) OD 门的输出端可以并联使用,但使用时应该外加电源和合适的电阻。

(3) 三态门的输出端可以并联使用,但要保证任何时候只有一个三态门输出有效。

3．电源电压

(1) CMOS 电路的电源电压极性不可接反,否则可能会造成电路永久性失效。

(2) 电源电压选择得越高,抗干扰能力就越强。CC4000 系列的 CMOS 门电路电源电压可在 $3\sim15\text{V}$ 的范围内选择,最大不允许超过极限值 18V。

对于 TTL 和 CMOS 两个类型的各种集成门电路,在技术手册中都会给出各主要参数的工作条件和极限值,使用时一定要在推荐的工作条件范围内,在这里仅列出部分参数作为参考,见表 3.5.1。

表 3.5.1　TTL 和 CMOS 部分特性参数比较

部件类型 ＼ 参数	$V_{OH(min)}$ (V)	$V_{OL(max)}$ (V)	$V_{IH(min)}$ (V)	$V_{IL(max)}$ (V)	$I_{OH(max)}$ (mA)	$I_{OL(max)}$ (mA)	$I_{IH(max)}$ (μA)	$I_{IL(max)}$ (μA)
74	2.4	0.4	2.0	0.8	-0.4	16	40	-1.0
74LS	2.7	0.5	2.0	0.8	-0.4	8	20	-0.4
74HC	4.4	0.1	3.15	1.35	-4	4	0.1	-0.1
74ACT	4.4	0.1	2.0	0.8	-24	24	0.1	-0.1

3.5.3　TTL 和 CMOS 门电路接口连接问题

在数字电路中,经常会将 TTL 门电路和 CMOS 门电路混合使用,这就需要根据电路的性能使两者匹配。

门电路在连接时,前者称为驱动门,后者称为负载门。驱动门为负载门提供符合要求的高、低电平和足够的输入电流,具体条件为:

$$驱动门 \quad 负载门$$
$$V_{OH(min)} \geqslant V_{IH(min)}$$
$$V_{OL(max)} \leqslant V_{IL(max)}$$
$$I_{OH(max)} \geqslant n I_{IH(max)}$$
$$I_{OL(max)} \geqslant n I_{IL(max)}$$

其中,n 为负载门个数。

1. TTL 门电路驱动高速 CMOS 门电路

TTL 门电路输出低电平电流 $I_{OL(max)}$ 比较大,能满足驱动 CMOS 电路的要求,但其输出高电平的下限值 $V_{OH(min)}$ 小于 CMOS 电路输入高电平的下限值 $V_{IH(min)}$,它们之间不能直接驱动。因此,应外加电路提高 TTL 电路输出高电平的下限值,使其大于 CMOS 电路输入高电平的下限值。解决这个问题的方法有两种。

一种方法是在 TTL 输出端至 V_{CC} 之间接一个上拉电阻 $R(2\sim14k\Omega)$,以提高 TTL 的输出高电平,如图 3.5.2(a)所示;若 CMOS 的电源电压较高,则 TTL 电路需采用 OC 门,在其输出端接一上拉电阻。

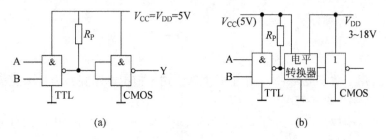

图 3.5.2 TTL 门电路驱动 CMOS 门电路

另一种方法是在 TTL 电路输出和 CMOS 电路输入端之间接入一个 CMOS 电平转换器,如图 3.5.2(b)所示。

2. 高速 COMS 门电路驱动 TTL 门电路

由高速 CMOS 的输出高、低电平和 TTL 的输入高、低电平可知,高速 CMOS 的输出电平同 TTL 的输入电平兼容。若 CMOS 电路的电源电压为 +5V 时,则两者可直接相连。当 CMOS 电源电压较高时,可采用专用的电平转换电路将输出电平调整到 TTL 输入电平要求。

本章小结

二极管具有单向导电性,在电路中可起开关作用。

BJT 和 MOS 管作为开关器件,可构成 TTL 和 CMOS 门电路,按照电路结构的不同分为推拉式门、OC(OD)门、三态门等,按照逻辑功能的不同分为与门、非门、或门、与非门、或非门、与或非门、异或门等。

门电路是构成各种复杂逻辑电路的基本单元,在使用时不仅要知道它的逻辑功能,还必须知道它的外部特性参数。TTL 门电路和 CMOS 门电路外部特性有所不同,如阈值电压、输出高、低电平值等,在多余输入端的处理和输出端的连接及电源电压范围的选择方面应加以区别。

在 TTL 和 CMOS 混用的电路中,要注意电路的接口连接问题。

双语对照

二极管　diode

阳极　anode

阴极　cathode

开关特性　switching characteristics

双极型晶体管

bipolar junction transistor(BJT)

逻辑门电路　logic gate

反相器　inverter

TTL　transistor transistor logic

电压传输特性　voltage transfer characteristics

噪声容限　noise margin

传输延迟时间　transmission delay time

线与　wire-and

总线　bus

场效应管　Field-Effect Transistor(FET)

MOS　metal-oxide-semiconductor

CMOS

complementary metal oxide semiconductor

传输门　transmission gate(TG)

习题

1. 三极管用于数字电路时,工作于哪个区? 用于模拟电路呢? 为什么三极管用于数字电路时可等效为一个电子开关?

2. 由二极管构成的电路如图 3.1(a)所示,输入电压 v_i 的波形如图 3.1(b)所示,设二极管为理想二极管。试对应画出输出电压 v_o 的波形,并说明电路的功能。

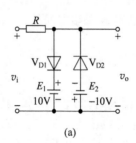 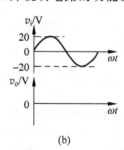

(a)　　　　　　　　　　(b)

图 3.1　习题 2 电路图

3. 如图 3.2 所示电路中 D_A、D_B 为硅二极管,正向导通电压为 0.7V。求在下述情况下的输出电压 u_o:

(1) A 端接 5V,B 端接地。

(2) A 端接 5V,B 端接 10V。

(3) A 端接 5V,B 端悬空。

(4) A 端对地接 10kΩ 电阻,B 端悬空。

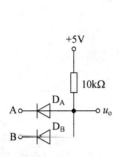

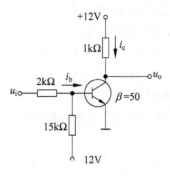

图 3.2 习题 3 电路图　　　　　图 3.3 习题 4 电路图

4. 反相器如图 3.3 所示。设三极管的饱和电压为 0.3V,发射结管压降 $V_{be}=0.7V$。请问:

(1) u_i 为何值时,三极管截止($U_b<0.5V$)?

(2) u_i 为何值时,三极管饱和?

(3) 当 $u_i=0V$、1V、2.5V、3V、5V 时,分析三极管的状态并求出电流 i_b、i_c 和输出电压 u_o 的大小。

5. 设某系列门电路有如下特性:(1)输出高电平不低于 2.6V,并允许从输出端拉出 1mA 电流;(2)输出低电平不高于 0.4V,并允许向输出端关入 10mA 电流;(3)关门电平为 0.9V,开门电平为 1.8V;(4)输入低电平电流为 1mA,输入高电平电流为 $80\mu A$。试求这种系列门电路的以下参数:(1)扇出系数 N_O;(2)输入低电平时的噪声容限 V_{NL};(3)输入高电平时的噪声容限 V_{NH}。

6. 图 3.4 所示均为 TTL 与非门。试参考 TTL 与非门电路图,说明图中 4 种情况的输出电平和电压表的读数(电压表的内阻设为 100kΩ)。

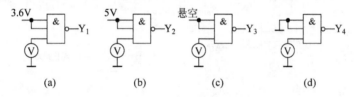

图 3.4 习题 6 电路图

7. 由 TTL 与非门、或非门和三态门组成的电路如图 3.5(a)所示,图 3.5(b)为各输入端的波形。画出 Y_1、Y_2 的波形。

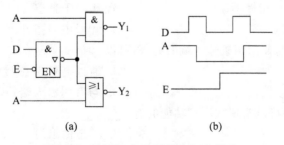

(a)　　　　　　　　　(b)

图 3.5 习题 7 电路图与输入波形图

8. 图 3.6 中的门电路均为 TTL 门电路,试指出各门电路的输出 $Y_1 \sim Y_6$ 是什么状态(高电平、低电平或高阻态)。

9. 为什么说 TTL 与非门的输入端在以下 4 种接法下,都属于逻辑 1;(1)输入端悬空;(2)输入端接高于 2V 的电源;(3)输入端接同类与非门的输出高电压 3.6V;(4)输入端接 $10k\Omega$ 的电阻到地。

10. 写出由图 3.7 所示电路的逻辑表达式 Y。

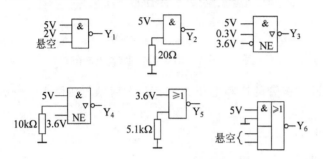
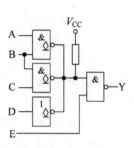

图 3.6 习题 8 电路图   图 3.7   习题 10 电路图

11. 图 3.8 所示电路中,各电路均为 TTL 门,各电路在实现给定的逻辑关系时是否有误? 若有误请改正。

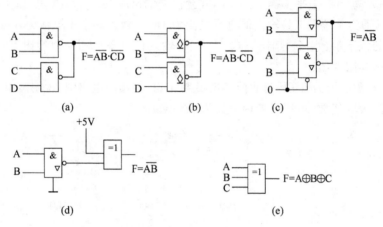

图 3.8   习题 11 电路图

12. 选择题。

(1) 三态门输出高阻状态时,_____是正确的说法。

A. 用电压表测量指针不动   B. 相当于悬空

C. 电压不高不低   D. 测量电阻指针不动

(2) 对于 TTL 与非门闲置输入端的处理,可以_____。

A. 接电源   B. 通过电阻 $3k\Omega$ 接电源

C. 接地   D. 与有用输入端并联

(3) 以下电路中可以实现"线与"功能的有_____。

A. 与非门   B. 三态输出门

C. 集电极开路门   D. 漏极开路门

13. 图 3.9 中的门电路均为 CMOS 电路,试指出各门电路的输出是高电平还是低电平?

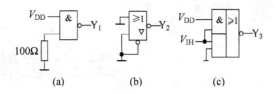

图 3.9 习题 13 电路图

14. 在 CMOS 电路中有时采用图 3.10(a)～(d)所示的扩展功能用法,试分析各图的逻辑功能,写出 $Y_1 \sim Y_4$ 的逻辑表达。已知电源电压 $V_{DD} = 10V$,二极管的正向导通压降为 0.7V。

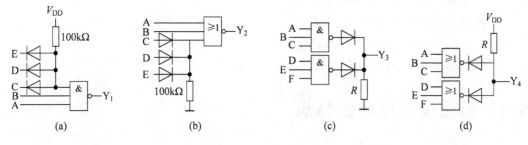

图 3.10 习题 14 电路图

15. 试说明下列各种门电路中哪些可以将输出端并联使用(输入端的状态不一定相同):

(1) 具有推拉式输出级的 TTL 电路。

(2) TTL 电路的 OC 门。

(3) TTL 电路的三态门。

(4) 普通的 CMOS 门。

(5) 漏极开路输出的 CMOS 门。

(6) CMOS 电路的三态输出门。

16. 计算图 3.11 电路中接口电路输出端 V_C 的高、低电平,并说明接口电路参数的选择是否合理。CMOS 或非门的电源电压 $V_{DD} = 10V$,空载输出的高、低电平分别为 $V_{OH} = 9.95V$,$V_{OL} = 0.05V$,门电路的输出电阻小于 200Ω。TTL 与非门的高电平输入电流 $I_{IH} = 20\mu A$,低电平输入电流 $I_{IL} = -0.4mA$。

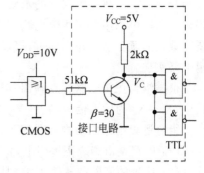

图 3.11 习题 16 电路图

第 **4** 章

组合逻辑电路

内容提要

- 组合逻辑电路的逻辑功能和结构特点。
- 组合逻辑电路的分析方法和设计方法。
- 常用 SSI 组合逻辑器件及其应用。
- 组合逻辑电路中的竞争冒险现象。
- 硬件描述语言 VHDL 基础*。

4.1 组合逻辑电路的特点

数字系统中的逻辑电路分为两大类，**组合逻辑电路**（combinational logic circuit）和**时序逻辑电路**（sequential logic circuit），可简称为**组合电路**和**时序电路**。组合电路是指各种集成逻辑门电路按一定方法连接并实现某种逻辑功能的电路。这种电路的特点是，在任意时刻的稳态输出仅取决于该时刻输入信号的状态，而与以前各时刻的输入状态无关。而时序电路在任意时刻的稳态输出不仅取决于该时刻的输入信号的状态，还与以前状态有关。

现实生活中，涉及逻辑问题的实例比比皆是，如少数服从多数的表决、多人智力抢答、电梯的升降等。这些逻辑问题的求解，从人的手动操作（如按动按钮）开始到结果的显示（如数码显示），都可以用数字逻辑电路实现。第一个例子中表决的结果与原来的状态无关，只需要将裁判的意见组合输出即可，可以用简单的组合逻辑电路实现，后两个例子需要用时序逻辑电路实现。

根据组合逻辑电路特点画出其框图，如图 4.1.1 所示。其中，$X_1 \sim X_n$ 为输入信号，$Y_1 \sim Y_m$ 为输出信号。

组合逻辑电路的结构具有如下特点：

（1）电路是由集成逻辑门电路连接而成。

（2）信号的流向是从输入端到输出端，是单方向的，没

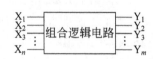

图 4.1.1　组合逻辑电路框图

有从输出端到输入端的反馈回路，不含有记忆元件，所以输出只与当时的输入有关，过时就会丢失。

（3）由于信号经过若干个门电路传送到输出端，所以输出与输入之间存在延迟，电路可能会产生竞争冒险。

按照所用器件规模大小的不同，组合逻辑电路可分为小规模（SSI）、中规模（MSI）、大规模（LSI）、超大规模（VLSI）、特大规模（ULSI）等集成组合逻辑电路。

4.2 SSI 组合逻辑电路的分析

4.2.1 SSI 组合逻辑电路的分析步骤

组合逻辑电路的逻辑功能常用 3 种方法描述——逻辑函数表达式、真值表和逻辑电路图。在分析组合逻辑电路时,根据已给定的逻辑电路图,推导出逻辑函数表达式或真值表,用更加直观贴切的方式描述逻辑功能。

分析组合逻辑电路的一般过程如图 4.2.1 所示。

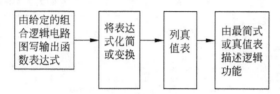

图 4.2.1 分析组合逻辑电路的一般步骤

分析组合逻辑电路的具体步骤如下:

(1) 根据给定的逻辑电路图,逐级写出各级输出函数表达式,直到最后输出端到输入端的函数表达式。

(2) 将逻辑表达式进行化简或变换,求出最简表达式。

(3) 根据简化后的逻辑表达式列出真值表。

(4) 由最简表达式和真值表,描述电路的逻辑功能。

4.2.2 SSI 组合逻辑电路的分析举例

【例 4.2.1】 试分析图 4.2.2 所示电路的逻辑功能。

解:

(1) 根据给定的逻辑图可写出该电路的输出 S、CO 的逻辑表达式:

$$S = (A \oplus B) \oplus CI$$

$$CO = (A \oplus B)CI + AB$$

(2) 由表达式列出真值表(见表 4.2.1)。

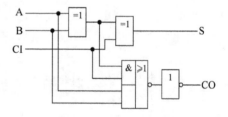

图 4.2.2 例 4.2.1 的电路

表 4.2.1 例 4.2.1 的真值表

A	B	CI	S	CO	A	B	CI	S	CO
0	0	0	0	0	1	0	0	1	0
0	0	1	1	0	1	0	1	0	1
0	1	0	1	0	1	1	0	0	1
0	1	1	0	1	1	1	1	1	1

（3）由真值表可知，该电路是一种考虑了来自低位的进位数 CI，两个 1 位二进制数 A 和 B 相加的加法器电路。S 为本位和，CO 为进位数。

【例 4.2.2】 逻辑电路如图 4.2.3 所示，试分析逻辑功能。

解：

（1）由逻辑电路可逐级推出表达式，由于

$$a = \overline{AB} \quad b = \overline{aA} = \overline{\overline{AB}A} = \overline{A\overline{B}} \quad c = \overline{aB} = \overline{\overline{AB}B} = \overline{\overline{B}A}$$

所以，可得 $Y = \overline{bc} = \overline{\overline{A\overline{B}} \cdot \overline{\overline{B}A}} = A\overline{B} + \overline{A}B = A \oplus B$

（2）由逻辑表达式列出真值表（见表 4.2.2）。

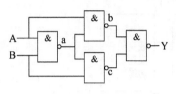

图 4.2.3　例 4.2.2 的电路

表 4.2.2　例 4.2.2 的真值表

A	B	Y
0	0	0
0	1	1
1	0	1
1	1	0

（3）由真值表可以看出，当输入信号 AB 相同时，电路输出信号为低电平；当输入信号 AB 不同时，电路输出信号为高电平，即电路具有异或功能。

4.3　SSI 组合逻辑电路的设计

4.3.1　SSI 组合逻辑电路的设计步骤

组合逻辑电路的设计过程和分析过程正好相反，是根据已提出的逻辑功能要求，求解出满足这一要求逻辑电路的过程。一般要求设计小规模组合逻辑电路时所用器件的种类和个数尽可能的少，以使电路结构简单，工作可靠。

设计组合逻辑电路的一般过程如图 4.3.1 所示。

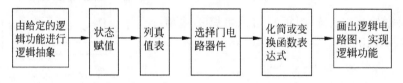

图 4.3.1　设计组合逻辑电路的一般步骤

设计组合逻辑电路的具体步骤如下：

（1）根据设计要求进行逻辑抽象，确定输入变量和输出变量。

（2）定义逻辑状态的含义，即输入变量和输出变量的逻辑状态 0 和逻辑状态 1 的含义。

（3）根据输出函数与输入变量之间的逻辑关系列成真值表。

（4）选择门电路器件的类型。

（5）根据所选器件，由真值表写出最简表达式或变换函数表达式。

（6）根据表达式画出逻辑电路图。

4.3.2 SSI 组合逻辑电路设计举例

【例 4.3.1】 三人裁判举重比赛,一个主裁判,两个副裁判。当裁判认为选手试举杠铃合格时,按下自己面前的按钮,否则不按。当两个以上(包含两个,其中必含主裁判)按下按钮时,表明选手试举成功。试分别用与非门和或非门设计满足上述要求的逻辑控制电路。

解:

(1)逻辑抽象,确定输入变量和输出变量。设 A、B、C 分别为主裁判和两个副裁判,输出为 Y,在输出端接一灯表示结果,灯亮表示试举成功。

(2)裁判认为合格,按下按钮为 1,认为不合格不按按钮为 0,试举结果成功为 1,不成功为 0。

(3)列真值表,如表 4.3.1 所示。

表 4.3.1 例 4.3.1 的真值表

A	B	C	Y	A	B	C	Y
0	0	0	0	1	0	0	0
0	0	1	0	1	0	1	1
0	1	0	0	1	1	0	1
0	1	1	0	1	1	1	1

(4)由真值表写逻辑表达式,化简得:

$$Y = AB + AC$$

若用与非门实现,还需把表达式变换成"与非-与非"式:

$$Y = \overline{\overline{AB} \cdot \overline{AC}}$$

若用或非门实现,还需把表达式变换成或非-或非式

$$\overline{Y} = \overline{A} + \overline{BC}$$

得到,$Y = \overline{\overline{A} + \overline{BC}} = \overline{\overline{A} + \overline{\overline{BC}}} = \overline{\overline{A} + \overline{B} + \overline{C}}$。

(5)根据 Y 的最简与或式,画出控制电路如图 4.3.2 所示;根据 Y 的最简与非-与非式,画出用与非门实现的控制电路如图 4.3.3(a)所示,根据 Y 的最简或非-或非式,画出用或非门实现的控制电路如图 4.3.3(b)所示。

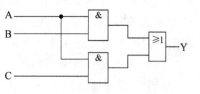

图 4.3.2 例 4.3.1 的逻辑图

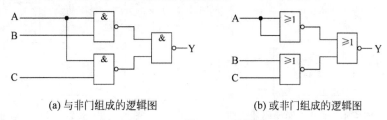

(a) 与非门组成的逻辑图   (b) 或非门组成的逻辑图

图 4.3.3 例 4.3.1 逻辑图

4.4 常用 MSI 组合逻辑电路

随着半导体制造技术的发展,在单个硅片上可以集成较大的电路。日益发展的数字电子工业,需要用庞大的数字逻辑电路来实现,为半导体制造商们提出了新的课题。他们注意

到数字电子系统总是需要几种典型逻辑功能函数,因而他们把这些具有完整的逻辑功能函数的电路集成在一个独立的集成电路内。如编码器、译码器、数字选择器、全加器、比较器和奇偶发生器等。由于这些器件具有标准化程度高、通用性强、体积小、功耗低、设计灵活等特点,广泛应用于数字逻辑电路和数字系统的设计中。随着数字技术的发展,这种将经常用到的数字逻辑电路压缩到独立的集成电路中的做法逐步升级,集成度由小规模、中规模、大规模、超大规模向特大规模发展。

以下介绍几种常用的 MSI 组合逻辑功能器件。

4.4.1　编码器

编码和译码的应用在日常生活中经常遇到,例如,为了便于学籍管理,在新生入校时给每个学生编了学号,这就是编码的过程,而在查询学生有关信息的时候,在学籍管理中,只要录入学号,就能找到该学生的姓名及相关信息,这就是译码的过程。在数字系统中,用二进制代码表示某一特定含义的信息称为**编码**。具有编码功能的电路称为**编码器**(encoder),它是多输入多输出的电路。例如,对计算机键盘按键的编码,是根据 ASCII 码进行编码的。在数字逻辑电路中,常用的编码器为二进制编码器和二-十进制编码器,按照逻辑功能特点的不同可分为普通编码器和优先编码器。

1. 二进制编码器

将输入信息编制成二进制代码的电路称为**二进制编码器**(binary encoder)。n 位二进制代码具有 2^n 个取值组合,可以表示 2^n 种信息,所以,输出 n 位代码的二进制编码器具有 2^n 个输入信号端,称为 2^n 线-n 线编码器,如 4 线-2 线、8 线-3 线、16 线-4 线编码器。二进制编码器的框图如图 4.4.1 所示。

1) 8 线-3 线普通编码器

8 线-3 线普通编码器具有 8 个输入信号 $I_0 \sim I_7$,3 个输出信号 $Y_2 Y_1 Y_0$,如图 4.4.2 所示,并约定输入信号高电平有效,输出端以二进制原码输出,其真值表如表 4.4.1 所示。

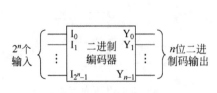

图 4.4.1　二进制编码器框图

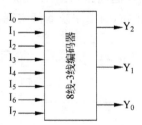

图 4.4.2　8 线-3 线编码器框图

由真值表可以看出,输入的 8 个变量互为排斥,利用约束项化简,得出逻辑式:

$$\left.\begin{array}{l} Y_2 = I_4 + I_5 + I_6 + I_7 \\ Y_1 = I_2 + I_3 + I_6 + I_7 \\ Y_0 = I_1 + I_3 + I_5 + I_7 \end{array}\right\} \tag{4.4.1}$$

由此得出编码器电路如图 4.4.3 所示。

表 4.4.1　8 线-3 线二进制编码器真值表

I_0	I_1	I_2	I_3	I_4	I_5	I_6	I_7	Y_2	Y_1	Y_0
1	0	0	0	0	0	0	0	0	0	0
0	1	0	0	0	0	0	0	0	0	1
0	0	1	0	0	0	0	0	0	1	0
0	0	0	1	0	0	0	0	0	1	1
0	0	0	0	1	0	0	0	1	0	0
0	0	0	0	0	1	0	0	1	0	1
0	0	0	0	0	0	1	0	1	1	0
0	0	0	0	0	0	0	1	1	1	1

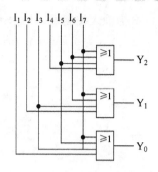

图 4.4.3　8 线-3 线二进制普通编码器电路图

这种编码器的输入信号有互为排斥的关系,在任何时刻都需要观察输入并指明哪一个信号提出编码请求,但是只有保证某一时刻至多一个输入有效,这种编码器才能正常工作。如果多个请求同时提出,编码器输出就会混乱,出现乱码。从表中可以看出,任意时刻只有输入一个有效信号,即任意时刻只允许一个输入端的值为高电平,否则,输出端将会得到乱码。例如,当 I_2 和 I_5 同时请求编码时,实际从输出端得到的编码是 111,既不是 I_2 的编码,也不是 I_5 的编码,是 I_7 的编码,是误码。这种任何时刻只允许至多一个输入信号有效的编码器,称为**普通编码器**。

2) 8 线-3 线优先编码器

在实际应用中,难免出现几个输入端同时加输入信号的情况。为了防止出现上述误码情况,事先将输入端安排好优先次序,如果出现两个或两个以上的输入信号请求编码,就对优先级别最高的输入信号进行编码。能根据优先级别进行编码的电路称为**优先编码器**(priority encoder)。它不像普通编码器那样对输入信号有互为排斥的关系,不会产生误码,使用方便、可靠,应用广泛。

表 4.4.2 是 8 线-3 线优先编码器 74LS148 的逻辑功能表,其逻辑电路图如图 4.4.4 所示。其中 $\bar{I}_0 \sim \bar{I}_7$ 为输入信号端,为 8 线,$\bar{Y}_2$、$\bar{Y}_1$、$\bar{Y}_0$ 为编码输出端,为 3 线。该电路约定输入信号低电平有效,三位二进制反码输出。

表 4.4.2　74LS148 逻辑功能表

输 入									输 出				
$\bar{S}$	$\bar{I}_0$	$\bar{I}_1$	$\bar{I}_2$	$\bar{I}_3$	$\bar{I}_4$	$\bar{I}_5$	$\bar{I}_6$	$\bar{I}_7$	$\bar{Y}_2$	$\bar{Y}_1$	$\bar{Y}_0$	$\bar{Y}_S$	$\bar{Y}_{EX}$
1	×	×	×	×	×	×	×	×	1	1	1	1	1
0	1	1	1	1	1	1	1	1	1	1	1	0	1
0	×	×	×	×	×	×	×	0	0	0	0	1	0
0	×	×	×	×	×	×	0	1	0	0	1	1	0
0	×	×	×	×	×	0	1	1	0	1	0	1	0
0	×	×	×	×	0	1	1	1	0	1	1	1	0
0	×	×	×	0	1	1	1	1	1	0	0	1	0
0	×	×	0	1	1	1	1	1	1	0	1	1	0
0	×	0	1	1	1	1	1	1	1	1	0	1	0
0	0	1	1	1	1	1	1	1	1	1	1	1	0

$\overline{S}$ 为输入控制端,只有 $\overline{S}=0$ 时编码器才工作,$\overline{S}=1$ 时输出端全部被封锁为高电平 1。$\overline{Y}_S$、$\overline{Y}_{EX}$ 为扩展编码功能的输出端。

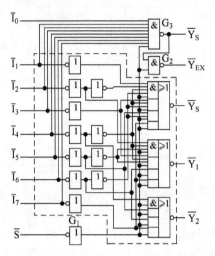

图 4.4.4　8 线-3 线优先编码器 74LS148 的逻辑电路图

分析图 4.4.4 可知,当 $\overline{Y}_S=0$ 时,表示电路正常,但无信号输入,即输入信号 $\overline{I}_0 \sim \overline{I}_7$ 都是高电平;$\overline{Y}_{EX}=0$ 时表示编码器正在工作,此时在 $\overline{S}=0$ 状态下,输入端有一个低电平信号输入。

由逻辑电路图写出逻辑表达式:

$$\left.\begin{aligned}
\overline{Y}_2 &= \overline{(I_4 + I_5 + I_6 + I_7) \cdot S} \\
\overline{Y}_1 &= \overline{(I_2\overline{I}_4\overline{I}_5 + I_3\overline{I}_4\overline{I}_5 + I_6 + I_7) \cdot S} \\
\overline{Y}_0 &= \overline{(I_1\overline{I}_2\overline{I}_4\overline{I}_6 + I_3\overline{I}_4\overline{I}_6 + I_5\overline{I}_6 + I_7) \cdot S} \\
\overline{Y}_S &= \overline{I_0\overline{I}_1\overline{I}_2\overline{I}_3\overline{I}_4\overline{I}_5\overline{I}_6\overline{I}_7 S} \\
\overline{Y}_{EX} &= \overline{\overline{I_0 I_1 I_2 I_3 I_4 I_5 I_6 I_7} S \cdot S}
\end{aligned}\right\} \qquad (4.4.2)$$

由功能表 4.4.2 可以看出输入信号 $\overline{I}_0 \sim \overline{I}_7$ 中,$\overline{I}_7$ 的优先权最高,$\overline{I}_0$ 的优先权最低,当两个或两个以上的输入为低电平时,只对优先权最高的输入进行编码。例如,当 $\overline{I}_7$ 和 $\overline{I}_5$ 同时为低电平时,只对优先权相对高的输入 $\overline{I}_7$ 进行编码,输出 $\overline{Y}_2\overline{Y}_1\overline{Y}_0$ 为 000,而对 $\overline{I}_5$ 的输入置之不理;同样,如果 $\overline{I}_5$、$\overline{I}_2$ 和 $\overline{I}_1$ 同时为低电平时,只对优先权相对高的输入 $\overline{I}_5$ 进行编码,输出 $\overline{Y}_2\overline{Y}_1\overline{Y}_0$ 为 010,从而解决了普通编码器要求任何时刻只允许至多一个输入信号有效的约束问题。

【例 4.4.1】　试用 8 线-3 线优先编码器 74LS148 扩展为 16 线-4 线优先编码器。

解:

(1) 器件选择。

由于一片 74LS148 有 8 个输入端,所以需用 2 片 74LS148 串接使用才能构成 16 线-4 线优先编码器。

（2）优先权处理。

首先将两片的优先权进行分配，把第 1 片作为高位优先权，将输入端 $\bar{I}_7 \sim \bar{I}_0$ 作为输入端 $\bar{X}_{15} \sim \bar{X}_8$；把第 2 片作为低位优先权，将输入端 $\bar{I}_7 \sim \bar{I}_0$ 作为输入端 $\bar{X}_7 \sim \bar{X}_0$。由此，将高位片的 $\bar{S}_1$ 置 0，使电路在诸多的输入信号 $\bar{X}_{15} \sim \bar{X}_0$ 中，如果高优先位输入端 $\bar{X}_{15} \sim \bar{X}_8$ 有一个为低电平信号时，则片 1 优先导通。

在第 1 片工作时，应封锁第 2 片，禁止其编码，而在第 1 片不工作时，开通第 2 片，使其编码。这时需要采集第 1 片的工作状态去控制第 2 片的使能端。74LS148 器件恰恰提供了器件工作状态的扩展端，即 $\bar{Y}_S$ 和 $\bar{Y}_{EX}$ 端。当 $\bar{Y}_S = 0$ 时，表明无输入要编码；当 $\bar{Y}_S = 1$ 时，表明有输入要编码。因此将第 1 片 $\bar{Y}_{S1}$ 与第 2 片 $\bar{S}_2$ 连接，使第 2 片在具有高位优先权的第 1 片工作时被封锁，而在第 1 片不工作时开通，起到优先控制作用。

（3）输入由 8 线变 16 线。

由于为 16 线-4 线编码器，输入将由原来的 8 线变成 16 线，将两片的所有输入并行输入即可，不过应安排优先次序，1 片为高位，2 片为低位，排列成 $\bar{X}_{15} \sim \bar{X}_8$，$\bar{X}_7 \sim \bar{X}_0$。

（4）输出由 3 线变 4 线。

两片 74LS148 的输出共为 6 线，应将 6 线变换为 4 线，才使其成为 16 线-4 线编码器。

编码输出的最高位 Y_3 可由片 1 的 $\bar{Y}_{EX}$ 引出，这是因为在片 1 工作时输出端 $\bar{Y}_{EX} = 0$，正好符合输出端 Y_3 的要求，由于在 $\bar{Y}_3 \bar{Y}_2 \bar{Y}_1 \bar{Y}_0$ 前 8 个十进制时都为 0，因此将其作为 Y_3 使用。

编码输出的低 3 位由片 1 和片 2 的输出端组合输出。由于芯片不编码时，输出均为 1，所以应将两片的输出相与非，即得到输入的原码；如果两片的输出相与，得到的是输入的反码。

例如，在图 4.4.5 所示电路中，当 $\bar{X}_8 = 0$ 时，则片 1 导通，片 2 截止，输出 $\bar{Y}_3 \bar{Y}_2 \bar{Y}_1 \bar{Y}_0$ 表示为 0111，$F_3 F_2 F_1 F_0$ 为 1000；当 $\bar{X}_6 = 0$ 时，则片 2 导通，片 1 截止，输出 $\bar{Y}_3 \bar{Y}_2 \bar{Y}_1 \bar{Y}_0$ 表示为 1001，$F_3 F_2 F_1 F_0$ 为 0110。由此可知，该编码器为输入低电平有效，4 位原码输出。

由真值表写出逻辑表达式为：

$$F_3 = (X_{15} + X_{14} + X_{13} + X_{12} + X_{11} + X_{10} + X_9 + X_8) \cdot S = Y_{EX}$$

$$F_2 = (X_{15} + X_{14} + X_{13} + X_{12} + X_4 + X_5 + X_6 + X_7) \cdot S = Y_{21} + Y_{22} = \overline{\overline{Y_{21}} \, \overline{Y_{22}}}$$

$$F_1 = (X_{15} + X_{14} + X_{11} + X_{10} + X_7 + X_6 + X_3 + X_2) \cdot S = Y_{11} + Y_{12} = \overline{\overline{Y_{11}} \, \overline{Y_{12}}}$$

$$F_0 = (X_{15} + X_{13} + X_{11} + X_9 + X_7 + X_5 + X_3 + X_1) \cdot S = Y_{01} + Y_{02} = \overline{\overline{Y_{01}} \, \overline{Y_{02}}}$$

相应的逻辑电路如图 4.4.5 所示。

2．二-十进制编码器

将输入信息编制成 BCD 码的电路称为二-十进制编码器（BCD encoder）。二-十进制编码器具有 10 个输入信号，4 个输出信号，由此，也称为 10 线-4 线编码器。

常用的二-十进制编码器是 74LS147，约定输入低电平有效，输出端 8421BCD 反码输出，是优先编码器。它的逻辑电路图如图 4.4.6 所示。图中 $\bar{I}_1 \sim \bar{I}_9$ 为编码输入端，$\bar{Y}_3$、$\bar{Y}_2$、$\bar{Y}_1$、$\bar{Y}_0$ 为 8421BCD 代码输出端，其中，$\bar{I}_9$ 的优先级别最高，$\bar{I}_1$ 的优先级别最低。

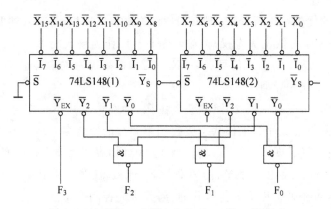

图 4.4.5 例 4.4.1 图 74LS148 16 线-4 线形式

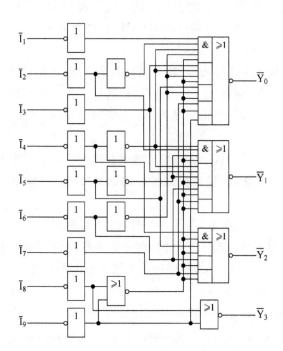

图 4.4.6 二-十进制优先编码器 74LS147 的逻辑电路图

由图 4.4.6 得到：

$$
\left.\begin{aligned}
\overline{Y}_3 &= \overline{Y_8 + Y_9} \\
\overline{Y}_2 &= \overline{\overline{I}_8 \overline{I}_9 I_7 + I_6 \overline{I}_8 \overline{I}_9 + I_5 \overline{I}_8 \overline{I}_9 + I_4 \overline{I}_8 \overline{I}_9} \\
\overline{Y}_1 &= \overline{I_7 \overline{I}_8 \overline{I}_9 + I_6 \overline{I}_8 \overline{I}_9 + I_3 \overline{I}_5 \overline{I}_4 \overline{I}_8 \overline{I}_9 + \overline{I}_8 \overline{I}_9 \overline{I}_5 \overline{I}_4 I_2} \\
\overline{Y}_0 &= \overline{I_9 + I_7 \overline{I}_8 \overline{I}_9 + \overline{I}_8 \overline{I}_9 I_6 I_5 + \overline{I}_8 \overline{I}_9 \overline{I}_6 \overline{I}_4 I_3 + \overline{I}_8 \overline{I}_9 \overline{I}_6 \overline{I}_4 I_2 I_1}
\end{aligned}\right\} \qquad (4.4.3)
$$

此外，由图 4.4.6 可以求得 74LS147 的功能表如表 4.4.3 所示。

表 4.4.3 二-十进制编码器 74LS147 的功能表

输 入									输 出			
$\bar{I}_1$	$\bar{I}_2$	$\bar{I}_3$	$\bar{I}_4$	$\bar{I}_5$	$\bar{I}_6$	$\bar{I}_7$	$\bar{I}_8$	$\bar{I}_9$	$\bar{Y}_3$	$\bar{Y}_2$	$\bar{Y}_1$	$\bar{Y}_0$
1	1	1	1	1	1	1	1	1	1	1	1	1
×	×	×	×	×	×	×	×	0	0	1	1	0
×	×	×	×	×	×	×	0	1	0	1	1	1
×	×	×	×	×	×	0	1	1	1	0	0	0
×	×	×	×	×	0	1	1	1	1	0	0	1
×	×	×	×	0	1	1	1	1	1	0	1	0
×	×	×	0	1	1	1	1	1	1	0	1	1
×	×	0	1	1	1	1	1	1	1	1	0	0
×	0	1	1	1	1	1	1	1	1	1	0	1
0	1	1	1	1	1	1	1	1	1	1	1	0

问题：74LS147 作为 10 线-4 线编码器，为什么输入端为 9 根线？

3．编码器的应用

【**例 4.4.2**】 设计一个逻辑电路，输入为 4 个按钮，当某一个被按下时，相对应的指示灯亮。

解：

电路设计涉及两部分，一个是人机界面的设计，另一个是逻辑电路的设计。

人机界面涉及两部分——输入和输出界面。输入界面的设计以按钮为核心，附加电阻和电源构成输入电路，将人对按键的动作转换成逻辑电平输入到逻辑电路里。输出界面以指示灯为核心，附加电阻和电源构成显示电路，将逻辑结果用指示灯显示出来，电路用 Multisim 仿真，如图 4.4.7 所示。

逻辑电路的设计部分采用 8 线-3 线优先编码器 74LS148，将输入电路与编码器的对应输入端连接起来，将编码器的输出端与对应的显示电路连接起来，由此，将按下的按钮号码以二进制码的形式用指示灯显示出来。图 4.4.7 所示的按钮输入电路，当不动作时，电阻与地断开，不构成回路，输出高电平，当按钮被按下时，按钮将电阻和电源、地相连，形成回路，输出低电平。图 4.4.7 所示的显示电路，当输入为 0 时对应发光二极管亮，当输入为 1 时对应发光二极管灭。例如，当按下 1 号按钮时，按钮 J1 将电阻 R1 与电源和地相连，形成回路，74LS148 的 D_1 输入由高电平变为低电平，请求编码，按照 74LS148 的编码规律，反码输出，输出为二进制码 110，针对显示电路，当输入为 0 时亮，输入为 1 时灭，结果 D_2 亮，按照人们的视觉习惯，可读成二进制的 001，是 1 号按钮的号码。同样，当按下 3 号按钮 J3 时，74LS148 输出为 100，D_1 和 D_2 亮，可读成填制的 011，是 3 号按钮的号码。

问题：(1) 74LS148 的 D_7、D_6、D_5、D_0 接成高电平，意味着不参与编码，为什么？

(2) 如果多个键同时按下，指示灯会如何显示？如何解决？

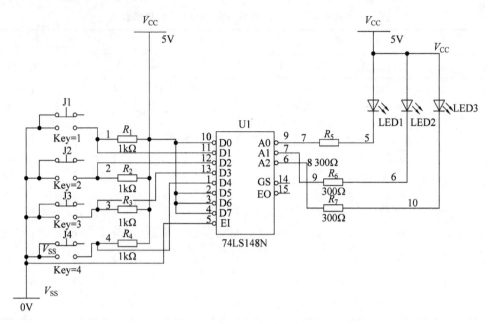

图 4.4.7　例 4.4.2 电路图

4.4.2　译码器

在数字系统中,把表示特定信号或对象的代码翻译的过程称为译码,是编码的逆过程,是多输入、多输出的电路。具有译码功能的电路称为译码器(decoder)。译码器可以分为三类,最小项译码器、码制变换译码器和显示译码器。

1. 最小项译码器

最小项译码器又称为二进制译码器(binary decoder)。它的输入为二进制码,输出为所有的最小项,故叫最小项译码器。此类译码器不是用于代码的转换,而是把输入的二进制码以对应的输出状态表示的译码电路,经常用于寻址。例如在计算机和其他数字系统中的地址译码器,每输入一个二进制码,将输出与此相对应的唯一有效的地址,并由此读写存储单元。

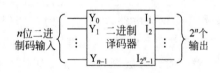

图 4.4.8　二进制译码器结构图

如图 4.4.8 所示为 n 位二进制译码器,输入 n 位二进制码,对应 2^n 个输出端,称为 n 线-2^n 线译码器,如 2 线-4 线、3 线-8 线、4 线-16 线译码器。

常用的集成译码器有 74LS139 型 2 线-4 线译码器、74LS138 型 3 线-8 线译码器。

74LS139 型 2 线-4 线译码器是常用的译码器之一,内部包含两个独立的 2 线-4 线译码器,其逻辑电路结构和外部引脚图如图 4.4.9 所示。

根据逻辑电路可得逻辑电路表达式:

$$\overline{Y_3} = \overline{A_1 A_0 \cdot S} \qquad \overline{Y_2} = \overline{A_1 \overline{A_0} \cdot S} \qquad \overline{Y_1} = \overline{\overline{A_1} A_0 \cdot S} \qquad \overline{Y_0} = \overline{\overline{A_1} \overline{A_0} \cdot S}$$

由逻辑电路图可得到真值表(见表 4.4.4)。

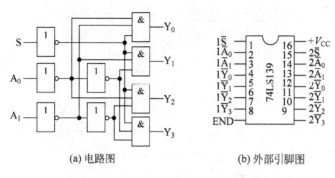

(a) 电路图　　　　　　　　(b) 外部引脚图

图 4.4.9　74LS139 型 2 线-4 线译码器

表 4.4.4　74LS139 型 2 线-4 线译码器真值表

$\overline{S}$	A_1	A_0	$\overline{Y}_3$	$\overline{Y}_2$	$\overline{Y}_1$	$\overline{Y}_0$
1	$\times$	$\times$	1	1	1	1
0	0	0	1	1	1	0
0	0	1	1	1	0	1
0	1	0	1	0	1	1
0	1	1	0	1	1	1

从真值表中可以直观看出,在控制端 $\overline{S}=1$ 时,四个与非门被封锁,输出端 $\overline{Y}_3$、$\overline{Y}_2$、$\overline{Y}_1$、$\overline{Y}_0$ 同为高电平 1;只有当 $\overline{S}=0$ 时,译码器才工作。例如当输入 A_1A_0 为 11 时,输出端 $\overline{Y}_3=0$。可知,74LS139 为原码输入、输出低电平有效的 2 线-4 线译码器。

与编码器一样合理搭配输入、输出端,可以扩展其逻辑功能。例如,将 74LS139 型 2 线-4 线译码器可接成 3 线-8 线译码器,根据 2 线-4 线译码器功能列出真值表(见表 4.4.5),设输入端为 X_2、X_1、X_0,输出端为 $\overline{Y}_7 \sim \overline{Y}_0$。

表 4.4.5　3 线-8 线译码器功能表

输		入	输				出			
X_2	X_1	X_0	$\overline{Y}_7$	$\overline{Y}_6$	$\overline{Y}_5$	$\overline{Y}_4$	$\overline{Y}_3$	$\overline{Y}_2$	$\overline{Y}_1$	$\overline{Y}_0$
0	0	0	1	1	1	1	1	1	1	0
0	0	1	1	1	1	1	1	1	0	1
0	1	0	1	1	1	1	1	0	1	1
0	1	1	1	1	1	1	0	1	1	1
1	0	0	1	1	1	0	1	1	1	1
1	0	1	1	1	0	1	1	1	1	1
1	1	0	1	0	1	1	1	1	1	1
1	1	1	0	1	1	1	1	1	1	1

根据真值表将 74LS139 左右两片分为 II、I 组。由于 $\overline{S}$ 为控制端,只有 $\overline{S}=0$ 时,译码器工作,将它作为最高输入端 X_2,用非门连接一端接 II 组,另一端接 I 组。当 $X_2=0$ 时,I 组工作,II 组截止,输出端 $\overline{Y}_3$、$\overline{Y}_2$、$\overline{Y}_1$、$\overline{Y}_0$ 有信号输出;当 $X_2=1$ 时,I 组截止,II 组工作,输出端 $\overline{Y}_7$、$\overline{Y}_6$、$\overline{Y}_5$、$\overline{Y}_4$ 有信号输出,逻辑电路连接如图 4.4.10 所示。

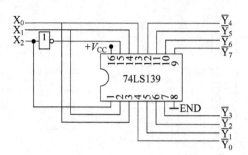

图 4.4.10　3 线-8 线译码器逻辑电路图

根据逻辑功能表列出逻辑表达式：

$$\overline{Y}_7 = \overline{X_2 X_1 X_0} \quad \overline{Y}_6 = \overline{X_2 X_1 \overline{X}_0} \quad \overline{Y}_5 = \overline{X_2 \overline{X}_1 X_0} \quad \overline{Y}_4 = \overline{X_2 \overline{X}_1 \overline{X}_0}$$

$$\overline{Y}_3 = \overline{\overline{X}_2 X_1 X_0} \quad \overline{Y}_2 = \overline{\overline{X}_2 X_1 \overline{X}_0} \quad \overline{Y}_1 = \overline{\overline{X}_2 \overline{X}_1 X_0} \quad \overline{Y}_0 = \overline{\overline{X}_2 \overline{X}_1 \overline{X}_0}$$

扩展以后为原码输入、输出低电平有效的 3 线-8 线译码器。

实际上，集成 74HC138 是 3 线-8 线译码器，功能表如表 4.4.6 所示。

表 4.4.6　3 线-8 线译码器 74HC138 的功能表

输　入					输　出							
S_1	$\overline{S}_2 + \overline{S}_3$	A_2	A_1	A_0	$\overline{Y}_0$	$\overline{Y}_1$	$\overline{Y}_2$	$\overline{Y}_3$	$\overline{Y}_4$	$\overline{Y}_5$	$\overline{Y}_6$	$\overline{Y}_7$
0	$\times$	$\times$	$\times$	$\times$	1	1	1	1	1	1	1	1
$\times$	1	$\times$	$\times$	$\times$	1	1	1	1	1	1	1	1
1	0	0	0	0	0	1	1	1	1	1	1	1
1	0	0	0	1	1	0	1	1	1	1	1	1
1	0	0	1	0	1	1	0	1	1	1	1	1
1	0	0	1	1	1	1	1	0	1	1	1	1
1	0	1	0	0	1	1	1	1	0	1	1	1
1	0	1	0	1	1	1	1	1	1	0	1	1
1	0	1	1	0	1	1	1	1	1	1	0	1
1	0	1	1	1	1	1	1	1	1	1	1	0

该译码器具有 3 位二进制输入 A_2、A_1、A_0，8 个输出信号 $\overline{Y}_0 \sim \overline{Y}_7$，分别译出对应输入的八种组合，并约定原码输入、低电平输出有效。此外，设有使能端 S_1、$\overline{S}_2$ 和 $\overline{S}_3$，方便电路扩展。当使能端 $S_1 = 1$，$\overline{S}_2 = \overline{S}_3 = 0$ 时，译码器对输入信号 A_2、A_1、A_0 进行译码，而当使能端 S_1、$\overline{S}_2$ 和 $\overline{S}_3$ 为其他组合时，译码器不工作，即不管输入 A_2、A_1、A_0 为何值，8 个译码输出 $\overline{Y}_0 \sim \overline{Y}_7$ 均为高电平。由真值表，可以写出正常译码时各输出的逻辑表达式：

$$\left.\begin{aligned}
\overline{Y}_0 &= \overline{\overline{A}_2 \overline{A}_1 \overline{A}_0} = \overline{m}_0 \\
\overline{Y}_1 &= \overline{\overline{A}_2 \overline{A}_1 A_0} = \overline{m}_1 \\
\overline{Y}_2 &= \overline{\overline{A}_2 A_1 \overline{A}_0} = \overline{m}_2 \\
\overline{Y}_3 &= \overline{\overline{A}_2 A_1 A_0} = \overline{m}_3 \\
\overline{Y}_4 &= \overline{A_2 \overline{A}_1 \overline{A}_0} = \overline{m}_4 \\
\overline{Y}_5 &= \overline{A_2 \overline{A}_1 A_0} = \overline{m}_5 \\
\overline{Y}_6 &= \overline{A_2 A_1 \overline{A}_0} = \overline{m}_6 \\
\overline{Y}_7 &= \overline{A_2 A_1 A_0} = \overline{m}_7
\end{aligned}\right\}$$

$$(4.4.4)$$

74LS138 的逻辑电路图如图 4.4.11 所示。

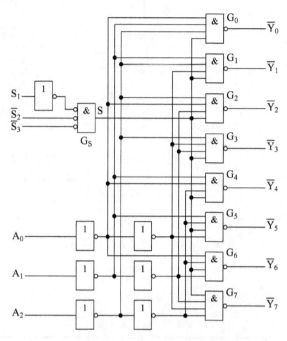

图 4.4.11　74LS138 的逻辑电路图

【例 4.4.3】　试用两片 3 线-8 线译码器 74LS138 扩展成 4 线-16 线译码器。另加入必要的门电路实现一个判别电路：输入为 4 位二进制代码，当输入代码能被 5 整除时电路输出为 1，否则为 0。

解：

1) 扩展电路

（1）输入端的扩展。

输入端应从原来的 3 线扩为 4 线。由于原芯片有 3 个输入端，将对应位连接在一起作为低 3 位输入端。

高位输入端将使能端作为输入端来使用，根据其高低电平值选择两片中的一片进行译码。设 4 位二进制码为 $D_3 D_2 D_1 D_0$，其最高位 D_3 在低 8 位十进制时为 0，在高于、等于 8 位十进制时为 1，而其余 3 位 $D_2 D_1 D_0$ 在低 8 位和高 8 位都各有不同的值，因此将 D_3 接入低位芯片的 $\overline{S}_2$ 端（或 $\overline{S}_3$ 端）和高位芯片的 S_1 端上，其他使能端根据要求做一处理，其电路如图 4.4.12 所示。由图可知，扩展以后，片 1 为低位片，片 2 为高位片。

（2）输出端的扩展。

扩展以后的输出端应为 8 线，所以将每片的输出端并列输出即可，值得注意的是，应对 8 个输出端进行高低位排列才可，如图中的 $Y_{15} \sim Y_0$。

因为译码器 74LS138 输入使能条件为 $S_1 = 1, \overline{S}_1 + \overline{S}_2 = 0$，因此，不用的其他使能端可以根据题意连接。

2) 判别电路

由于译码器已将 4 位二进制代码对应的最小项给出，因此仅将输出电路以最小项写出，

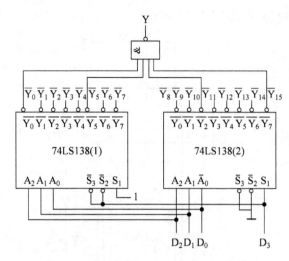

图 4.4.12　例 4.4.3 逻辑电路图

即可实现判别功能。

根据题意列出真值表(见表 4.4.7)。

表 4.4.7　例 4.4.3 真值表

A_3	A_2	A_1	A_0	Y	A_3	A_2	A_1	A_0	Y
0	0	0	0	1	1	0	0	0	0
0	0	0	1	0	1	0	0	1	0
0	0	1	0	0	1	0	1	0	1
0	0	1	1	0	1	0	1	1	0
0	1	0	0	0	1	1	0	0	0
0	1	0	1	1	1	1	0	1	0
0	1	1	0	0	1	1	1	0	0
0	1	1	1	0	1	1	1	1	1

根据真值表列出函数表达式 $Y = \sum m(0,5,10,15)$。

因为译码器 74LS138 输出为低电平有效,因此用一个与非门把 $\overline{Y}_0$、$\overline{Y}_5$、$\overline{Y}_{10}$、$\overline{Y}_{15}$ 相与非门就可实现这一逻辑函数,逻辑电路图如图 4.4.12 所示。

2. 码制变换译码器

码制变换译码器是把一种代码转换成另一种代码,其实就是代码转换电路,如二-十进制译码器。

二-十进制译码器(BCD decoder)是把 4 位 BCD 码转换成对应的十进制代码 0~9 信息,为 4 线-10 线译码器。74LS42 为 4 线-10 线译码器,约定原码输入、低电平输出有效,其真值表如表 4.4.8 所示,逻辑电路图如图 4.4.13 所示。

针对 4 个输入 A_3、A_2、A_1、A_0,除了 BCD 码对应的 10 个状态以外,还有 6 种编码组合,若认为这 6 种编码组合无效,对应 10 个输出状态均设为无效,这种译码方式为完全译码;若认为这 6 种编码组合不会出现,视为任意项,参与化简,这种译码方式为不完全译码。

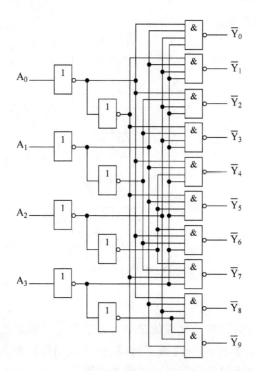

图 4.4.13 二-十进制译码器 74LS42 逻辑电路图

74LS42 是完全译码器,当输入端出现任意项 1010~1111 时,输出均为高电平。74LS42 译码器无使能端。

表 4.4.8 二-十进制译码器 74LS42 的真值表

序号	输 入				输 出									
	A_3	A_2	A_1	A_0	$\overline{Y}_0$	$\overline{Y}_1$	$\overline{Y}_2$	$\overline{Y}_3$	$\overline{Y}_4$	$\overline{Y}_5$	$\overline{Y}_6$	$\overline{Y}_7$	$\overline{Y}_8$	$\overline{Y}_9$
0	0	0	0	0	0	1	1	1	1	1	1	1	1	1
1	0	0	0	1	1	0	1	1	1	1	1	1	1	1
2	0	0	1	0	1	1	0	1	1	1	1	1	1	1
3	0	0	1	1	1	1	1	0	1	1	1	1	1	1
4	0	1	0	0	1	1	1	1	0	1	1	1	1	1
5	0	1	0	1	1	1	1	1	1	0	1	1	1	1
6	0	1	1	0	1	1	1	1	1	1	0	1	1	1
7	0	1	1	1	1	1	1	1	1	1	1	0	1	1
8	1	0	0	0	1	1	1	1	1	1	1	1	0	1
9	1	0	0	1	1	1	1	1	1	1	1	1	1	0
伪 码	1	0	1	0	1	1	1	1	1	1	1	1	1	1
	1	0	1	1	1	1	1	1	1	1	1	1	1	1
	1	1	0	0	1	1	1	1	1	1	1	1	1	1
	1	1	0	1	1	1	1	1	1	1	1	1	1	1
	1	1	1	0	1	1	1	1	1	1	1	1	1	1
	1	1	1	1	1	1	1	1	1	1	1	1	1	1

由真值表得到逻辑表达式：

$$\left.\begin{aligned}
\overline{Y}_0 &= \overline{\overline{A}_3 \overline{A}_2 \overline{A}_1 \overline{A}_0} \\
\overline{Y}_1 &= \overline{\overline{A}_3 \overline{A}_2 \overline{A}_1 A_0} \\
\overline{Y}_2 &= \overline{\overline{A}_3 \overline{A}_2 A_1 \overline{A}_0} \\
\overline{Y}_3 &= \overline{\overline{A}_3 \overline{A}_2 A_1 A_0} \\
\overline{Y}_4 &= \overline{\overline{A}_3 A_2 \overline{A}_1 \overline{A}_0} \\
\overline{Y}_5 &= \overline{\overline{A}_3 A_2 \overline{A}_1 A_0} \\
\overline{Y}_6 &= \overline{\overline{A}_3 A_2 A_1 \overline{A}_0} \\
\overline{Y}_7 &= \overline{\overline{A}_3 A_2 A_1 A_0} \\
\overline{Y}_8 &= \overline{A_3 \overline{A}_2 \overline{A}_1 \overline{A}_0} \\
\overline{Y}_9 &= \overline{A_3 \overline{A}_2 \overline{A}_1 A_0}
\end{aligned}\right\} \tag{4.4.5}$$

3. 显示译码器

在数字系统中，经常需要显示处理的结果。数字系统的数据是二进制数，而显示的数据应根据使用的场合、发光器件的不同而不同，应将二进制数转换为与显示器件相适应的编码，数字显示电路包含数字显示器和显示译码器两部分。

1) 数字显示器

在数字逻辑电路中常用的显示器有半导体数码管和液晶显示器。

(1) 半导体数码管。

半导体数码管是一种七段字符显示器，由 7 个发光二极管(Light-Emitting Diode, LED)构成 7 个字段，按照公共端的设置的不同，分为共阴极型和共阳极型。

图 4.4.14(a)、(b)和(c)所示为数码管的外形及共阴极型和共阳极型数码管的等效电路图。共阴极型数码管将 7 个发光二极管的阴极连在一起作为公共端，使用时应将公共端接地，当阳极为高电平时，相应的二极管导通而亮，低电平时相应的二极管截止而灭。

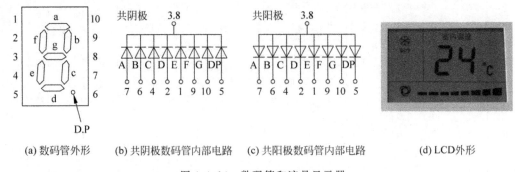

(a) 数码管外形　(b) 共阴极数码管内部电路　(c) 共阳极数码管内部电路　(d) LCD外形

图 4.4.14　数码管和液晶显示器

相反，共阳极型数码管将 7 个 LED 的阳极连在一起作为公共端，使用时应将公共端接电源，阴极为低电平时，相应的二极管导通而亮，高电平时相应的二极管截止而灭。

在数码管的右下角处还增设了一个小数点，形成所谓八段数码管，用于带有小数点的数值显示。发光二极管正向工作电压一般为 1.5～3V,驱动电流需要几毫安至十几毫安。为了防止二极管因过流而损坏,使用时每个二极管支路均应串接限流电阻。

半导体数码管具有工作电压低、寿命长、可靠性高、响应速度快和显示效果好等特点,但需要的工作电流较大,因此,功耗较大。

问题:如何鉴别共阴极型数码管和共阳极型数码管? 数码管在使用时应注意什么?

(2) 液晶显示器(Liquid Crystal Display,LCD)。

液晶是介于固态和液态间的有机化合物,将其加热会变成透明液态,冷却后会变成结晶的混浊固态。在电场作用下,液晶分子会发生排列上的变化,从而影响通过液晶的光线变化,这种光线的变化通过偏光片的作用可以表现为明暗的变化。就这样,人们通过对电场的控制可以控制光线的明暗变化,从而达到显示的目的,如图 4.4.14(d)所示为 LCD 外形。

在数字逻辑电路中,常用七段式液晶显示器来显示数码。在一块玻璃片表面用光刻的方法刻出 7 个字段电极,在另一块玻璃片表面上刻出公共电极,在两玻璃板之间注入液晶材料,制成液晶显示器。若在某个字段与公共极之间加上控制电压,则该字段就会显示出来,并由显示的字段组合成字型。

液晶显示器具有工作电压低、功耗小等特点,但亮度差,响应速度慢。

2) 中规模 BCD-七段显示译码器

如果使用七段数码管显示 0～9 十个数字,就应将输入的 BCD 码转换成七段数码管要求的 7 位显示编码,这种电路就是数字系统中常用的 BCD-七段显示译码器(BCD-to-seven segment display decoder)。它的输入为 4 位 BCD 码,输出为 7 段字符显示器所需要的 7 个驱动信号,用于驱动七段数码管 LED,所以,也可称为 4 线-7 线译码器。因此,显示译码器必须和显示器配合使用。根据所匹配的显示器的公共端设置的不同,分为共阳极显示译码器和共阴极显示译码器,共阳极显示译码器用于驱动共阳极数码管,共阴极显示译码器用于驱动共阴极数码管。常用共阴极显示译码器有 74LS48、74LS248、CC4511 等,共阳极显示译码器有 74LS47、74LS247 等。

七段显示译码器功能如表 4.4.9 所示,此为共阴极接法,用于驱动共阴极数码管,译码器输出为高电平有效(接二极管的阳极时,输出高电平亮),内部电路图如图 4.4.15 所示。

表 4.4.9 七段显示译码器功能表

输 入				输 出							
A_3	A_2	A_1	A_0	Y_a	Y_b	Y_c	Y_d	Y_e	Y_f	Y_g	字形
0	0	0	0	1	1	1	1	1	1	0	0
0	0	0	1	0	1	1	0	0	0	0	1
0	0	1	0	1	1	0	1	1	0	1	2
0	0	1	1	1	1	1	1	0	0	1	3
0	1	0	0	0	1	1	0	0	1	1	4
0	1	0	1	1	0	1	1	0	1	1	5
0	1	1	0	0	0	1	1	1	1	1	6
0	1	1	1	1	1	1	0	0	0	0	7
1	0	0	0	1	1	1	1	1	1	1	8
1	0	0	1	1	1	1	0	0	1	1	9

续表

输　入				输　　出							字形
A_3	A_2	A_1	A_0	Y_a	Y_b	Y_c	Y_d	Y_e	Y_f	Y_g	
1	0	1	0	0	0	0	1	1	0	1	
1	0	1	1	0	0	1	1	0	0	1	
1	1	0	0	0	1	0	0	0	1	1	
1	1	0	1	1	0	0	1	0	1	1	
1	1	1	0	0	0	0	1	1	1	1	
1	1	1	1	0	0	0	0	0	0	0	

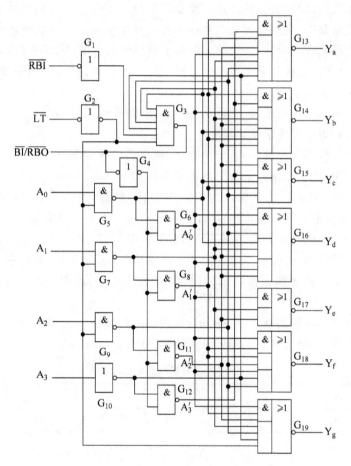

图 4.4.15　七段显示译码器逻辑电路图

从电路图可以得出逻辑表达式为：

$$Y_a = \overline{\overline{A_3 A_1} \cdot \overline{A_2 \overline{A_0}} \cdot \overline{\overline{A_3} \overline{A_2} \overline{A_1} \overline{A_0}}}, \quad Y_b = \overline{\overline{A_3 A_1} \cdot \overline{A_2 \overline{A_1} A_0} \cdot \overline{A_2 A_1 \overline{A_0}}}$$

$$Y_c = \overline{\overline{A_3 A_2} \cdot \overline{A_2 A_1 \overline{A_0}}}, \quad Y_d = \overline{\overline{A_2 \overline{A_1} A_0} \cdot \overline{A_2 \overline{A_1} \overline{A_0}} \cdot \overline{A_2 A_1 A_0}} \qquad (4.4.6)$$

$$Y_e = \overline{\overline{A_2 \overline{A_1}} \cdot \overline{A_0}}, \quad Y_f = \overline{\overline{A_1 A_0} \cdot \overline{A_2 A_1} \cdot \overline{\overline{A_3} \overline{A_2} A_0}}$$

$$Y_g = \overline{\overline{\overline{A_3} \overline{A_2} \overline{A_1}} \cdot \overline{A_2 A_1 A_0}}$$

$A_3A_2A_1A_0$ 为译码器的输入端，$Y_a \sim Y_g$ 为译码器输出端（高电平有效），在 $\overline{LT}$、$\overline{RBI}$、$\overline{BI}/\overline{RBO}$ 均为 1 时，电路显示数码。以下介绍 $\overline{LT}$、$\overline{RBI}$、$\overline{BI}/\overline{RBO}$ 的功能。

- $\overline{LT}$ 试灯输入：当 $\overline{LT}=0$，且 $\overline{BI}/\overline{RBO}=1$ 时，无论 $A_3 \sim A_0$ 状态如何，输出 $Y_a \sim Y_g$ 全部为高电平，七段管全部点亮，以此可以检测各段管的好坏。
- $\overline{RBI}$（Rpiile Blanking Input）灭零输入：灭零输入，低电平有效，当 $\overline{RBI}=0$ 时，且 $A_3A_2A_1A_0=0000$ 时，数码管熄灭；若 $A_3A_2A_1A_0$ 不为 0000 时，译码器照常显示，显示字形取决于输入代码。
- $\overline{BI}/\overline{RBO}$ 为双向端口，可作为输入信号 $\overline{BI}$ 端口或输出信号 $\overline{RBO}$ 端口。当作为输入端口用时，若 $\overline{BI}=0$，则无论其他端口输入如何，输出 $Y_a \sim Y_g$ 全部为低电平，显示器不显示；当作为输出端口用时，$\overline{RBO}$ 作为灭零标志，当该片已灭零时，$\overline{RBO}$ 输出 0，否则输出为 1。

用 7448 译码器为共阴极译码器，输出高电平有效，用其驱动的半导体数码管电路如图 4.4.16 所示。

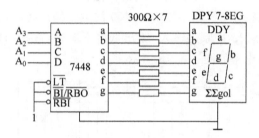

图 4.4.16　用 7448 译码器驱动数码显示电路

利用器件的灭零输入端 $\overline{RBI}$ 和灭零输出端 $\overline{RBO}$，可以实现多位十进制数显示的整数前和小数后的灭零控制。如图 4.4.17 所示。多位十进制数显示的灭零控制分为两部分，一个是整数部分的高位灭零，一个是小数部分的低位灭零。

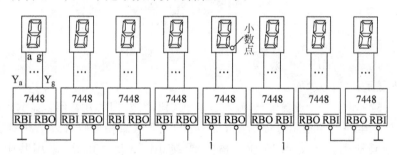

图 4.4.17　有灭零控制的 8 位数码显示电路

（1）整数部分高位灭零。

在设计整数部分灭零时，应从最高位开始灭零，把整数部分的最高位显示译码器的灭零输入端 $\overline{RBI}$ 接 "0"，使最高位为数字 0 时灭零，并将它的灭零输出端 $\overline{RBO}$ 接到低一位的灭零输入端，即当它为零时，灭零的同时，给低位一个高位已灭零的信号，使低位能够在高位已灭零的情况下输入为数字 0 时灭零，以此类推，将整数部分多余的零灭掉了。

（2）小数部分低位灭零。

小数部分灭零应从最低位开始,将最低位的灭零输入端$\overline{\text{RBI}}$接"0",使最低位为数字 0 时灭零,并将它的灭零输出端$\overline{\text{RBO}}$接到高一位的灭零输入端,即当它为零时,灭零的同时,给高位一个低位已灭零的信号,使高位能够在低位已灭零的情况下输入为数字 0 时灭零,以此类推,将小数部分多余的零灭掉了。

4. 译码器的应用

1）用于寻址

因为二进制译码器的每一个输出都是输入变量的最小项,是输入变量的唯一组合,所以,可以用于设备寻址代码或计算机中存储单元的地址代码。

【例 4.4.4】 输入为四组数据 A、B、C、D,每一组为 4 位二进制数,需要分时送入数据总线上,试设计接口电路和寻址电路。

解： 接口电路将数据输入与总线相连接,因为要求分时接入同一总线上,所以用三态门接入。寻址电路要求做到任一时刻只有一组数据接入总线,所以用二进制译码器寻址。因为数据只有四组,所以,2 线-4 线译码器 74LS139 的 4 个输出线就可以对四组数据 A、B、C、D 一一寻址。由于 74LS139 是原码输入,输出低电平有效,故接口电路应采用低电平有效的三态门。设计的接口电路如图 4.4.18 所示。

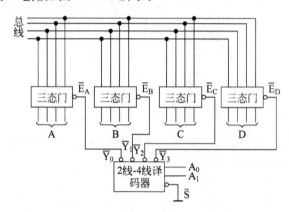

图 4.4.18　例 4.4.4 电路图

2）用于显示

【例 4.4.5】 设计一个逻辑电路,输入为 4 个按钮,当按下时,用数码管显示相对应的编号。

解： 设计的电路是用指示灯提示按下的按钮,而现在要用数码管显示相对应的编号,故需要采用显示译码器。图 4.4.19 所示电路是 Multisim 仿真电路,采用共阴显示译码器 74LS48 来驱动共阴数码管,它们之间用 180Ω 的限流电阻连接。由于 74LS148 为反码输出,而 74LS48 为原码输入,所以,在它们之间应加反相器。

3）用于数据分配器

数据传输过程中,经常需要将一路数据依据地址分配到相应的通道上,实现多路分配的作用,具有这种功能的电路称为数据分配器（demultiplexer）,或叫多路分配器,简称 DEMUX,其结构示意图如图 4.4.20 所示。

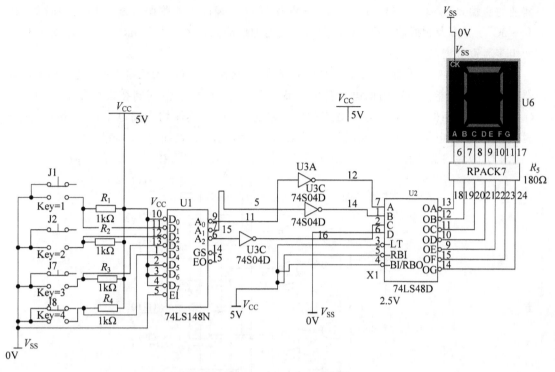

图 4.4.19　例 4.4.5 电路图

利用数据分配器和计数器配合可构成多相脉冲序列；与数据选择器配合可构成远距离数据通信。由于译码器兼容数据分配器的功能，所以很少生产这类专用产品，一般合理运用译码器的使能端和地址输入端，就能很方便地实现数据分配器的功能。

除了通用的二进制译码器外，双 2 线-4 线译码器/分配器 74LS155、74LS156（OC）和地址锁存 3 线-8 线译码器/分配器 74LS137 是常用的数据分配器。

表 4.4.10 所示为双 2 线-4 线译码器/分配器 74LS155 作为分配器用时的真值表。74LS155 由两个独立的 2 线-4 线译码器/分配器组成。当做译码器使用的时候，A、B 为两组译码器公用的输入信号，1C、~1G 和 2C、~2G 分别为两组译码

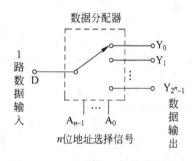

图 4.4.20　数据分配器结构示意图

表 4.4.10　双 2 线-4 线译码器/分配器 74LS155 的真值表

地址输入		选　　通	输　　入	输　　　　　出			
A	**B**	$\overline{\mathbf{G}}$	**C**	$\mathbf{Y_0}$	$\mathbf{Y_1}$	$\mathbf{Y_2}$	$\mathbf{Y_3}$
×	×	1	×	1	1	1	1
0	0	0	1	0	1	1	1
0	1	0	1	1	0	1	1
1	0	0	1	1	1	0	1
1	1	0	1	1	1	1	0
×	×	×	0	1	1	1	1

器的使能端,$1Y_0 \sim 1Y_3$ 和 $2Y_0 \sim 2Y_3$ 分别作为输出端;当做数据分配器使用的时候,$1C$ 和 $\sim 2C$ 分别作为数据输入端,A、B 作为公共的地址输入,$1Y_0 \sim 1Y_3$ 和 $2Y_0 \sim 2Y_3$ 分别作为两组多通道数据输出端。

74LS137 在三个地址输入端都加有锁存器,当锁存输入 $\overline{G}_L$ 为低电平时,电路具有译码器/分配器的功能,当 $\overline{G}_L$ 由低电平转换成高电平时,A、B、C 的值存储在锁存器中,当 G_1 和 $\overline{G}_2$ 有效时,锁存的 A、B、C 的值对应的输出端为低电平,其他均为高电平;G_1 和 $\overline{G}_2$ 无效时,输出均为高电平,其内部电路图如图 4.4.21 所示,功能表如表 4.4.11 所列。实际上,74LS137 因为内含锁存器,为时序逻辑器件,有关锁存器内容将在下一章详细介绍。

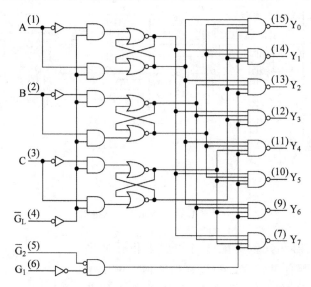

图 4.4.21　地址锁存 3 线-8 线译码器/分配器 74LS137 内部结构图

表 4.4.11　地址锁存 3 线-8 线译码器/分配器 74LS137 功能表

输　入						输　出							
使　能			选　择										
$\overline{G}_L$	G_1	$\overline{G}_2$	C	B	A	Y_0	Y_1	Y_2	Y_3	Y_4	Y_5	Y_6	Y_7
×	×	1	×	×	×	1	1	1	1	1	1	1	1
×	0	×	×	×	×	1	1	1	1	1	1	1	1
0	1	0	0	0	0	0	1	1	1	1	1	1	1
0	1	0	0	0	1	1	0	1	1	1	1	1	1
0	1	0	0	1	0	1	1	0	1	1	1	1	1
0	1	0	0	1	1	1	1	1	0	1	1	1	1
0	1	0	1	0	0	1	1	1	1	0	1	1	1
0	1	0	1	0	1	1	1	1	1	1	0	1	1
0	1	0	1	1	0	1	1	1	1	1	1	0	1
0	1	0	1	1	1	1	1	1	1	1	1	1	0
1	1	0	×	×	×	输出对应储存的地址,一个为 0,其余为 1							

【例 4.4.6】　用 74LS138 实现 8 路数据分配器。

解:将 3 位分配的地址从 C、B、A 输入,G_1 和 $\sim G_2 B$ 接使能有效电平,从 $G_2 A$ 输入数据

D,就会从 Y_0 到 Y_7 端得到按地址 CBA 分配的数据。电路接法如图 4.4.22 所示。

4) 实现组合逻辑函数

由于集成译码器的输出一般设计成输入变量的最小项的反函数,因此利用 n 线-2^n 线集成译码器附加一些门电路可以实现 n 变量的组合逻辑函数。具体步骤如下:

(1) 逻辑抽象,找出输入、输出变量,对状态赋逻辑值。

(2) 由真值表或表达式写出标准与或式。

(3) 选择 n 线-2^n 线集成译码器。

(4) 将使能端接有效。

(5) 将 n 变量的输入变量接至译码器的对应输入端。

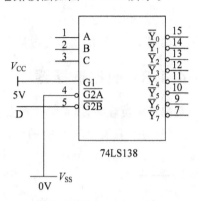

图 4.4.22 例 4.4.6 8 路数据分配器电路图

(6) 将在标准与或式中出现的最小项与非,得到输出逻辑函数。

【例 4.4.7】 试用 3 线-8 线 74LS138 型译码器与适当的与非门实现逻辑函数:

$$F = \overline{A}B + \overline{B}C + \overline{C}A$$

解:

(1) 写标准与或式。

$$F = \overline{A}B + \overline{B}C + \overline{C}A = \overline{A}B\overline{C} + \overline{A}B C + \overline{A}BC + A\overline{B}\overline{C} + A\overline{B}C + AB\overline{C}$$

(2) 选择译码器。

3 个输入逻辑变量,可以用 74LS138 译码器来实现。

(3) 接使能和输入端。

74LS138 的 3 个输入端分别为 A_0、A_1、A_2,8 个输出端分别为 $\overline{Y}_0, \cdots, \overline{Y}_7$,使能控制端 S_1 高电平有效,使能控制端 $\overline{S}_2$、$\overline{S}_3$ 低电平有效。令 $C=A_0$,$B=A_1$,$A=A_2$。

(4) 标准与或式中出现的最小项与非,得到输出逻辑函数:

$$F = \overline{\overline{A}B\overline{C} \cdot \overline{A}BC \cdot \overline{A}BC \cdot A\overline{B}\overline{C} \cdot A\overline{B}C \cdot AB\overline{C}}$$
$$= \overline{\overline{Y}_1 \cdot \overline{Y}_2 \cdot \overline{Y}_3 \cdot \overline{Y}_4 \cdot \overline{Y}_5 \cdot \overline{Y}_6}$$

可以用一个 74LS138 和一个 6 输入端的与非门可实现其逻辑功能,电路图如图 4.4.23(a) 所示。

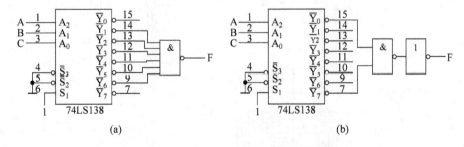

(a)　　　　　　　　　　　　(b)

图 4.4.23 例 4.4.7 用译码器实现逻辑函数

考虑到与非门输入端数偏多,利用求反函数与非式再取反得原函数的方法,能够减少门电路的输入端数:

$$\overline{F} = \overline{A}\,\overline{B}C + ABC = \overline{\overline{Y_0} \cdot \overline{Y_7}}$$

则

$$F = \overline{\overline{\overline{Y_0} \cdot \overline{Y_7}}}$$

可画出如图 4.4.23(b)所示的电路。

4.4.3　数据选择器

　　数据传输过程中,经常需要在众多输入数据中选出某一个来,传输到输出通道上,实现多选一的作用,具有这种功能的电路称为数据选择器(multiplexer),或叫多路开关,简称

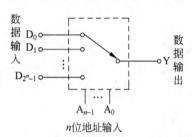

图 4.4.24　数据选择器结构框图

MUX,N 选 1 的数据选择器的结构示意图如图 4.4.24 所示。从框图中可以看出,N 选 1 的数据选择器有两种输入,一种是 2^n 路数据输入,另一种是 n 位地址输入,其中 $N = 2^n$。输出为一条线。

1. 数据选择器的结构及功能

　　以双四选一数据选择器 74LS153 为例,说明其工作原理。

　　图 4.4.25 所示为双四选一数据选择器 74LS153 的内部电路图和符号。$\overline{S}_1$、$\overline{S}_2$ 为控制端,用于控制电路工作状态和扩展功能。除了控制输入端,还有两种输入端,一种是地址输入端,另一种是数据输入端。由逻辑电路图可得两组逻辑表达式。

$$Y_1 = [D_{10}(\overline{A}_1\overline{A}_0) + D_{11}(\overline{A}_1 A_0) + D_{12}(A_1\overline{A}_0) + D_{13}(A_1 A_0)] \cdot S_1$$

$$Y_2 = [D_{20}(\overline{A}_1\overline{A}_0) + D_{21}(\overline{A}_1 A_0) + D_{22}(A_1\overline{A}_0) + D_{23}(A_1 A_0)] \cdot S_2 \tag{4.4.7}$$

　　$A_1 A_0$ 为信号地址输入端,D_{ij} 为数据输入端。

　　例如,当 $\overline{S}_1 = 0$ 时,若 $A_1 A_0 = 01$,则 D_{11} 被选中,即 $Y_1 = D_{11}$;当 $\overline{S}_2 = 0$ 时,若 $A_1 A_0 = 10$,则 D_{22} 被选中,即 $Y_2 = D_{22}$。

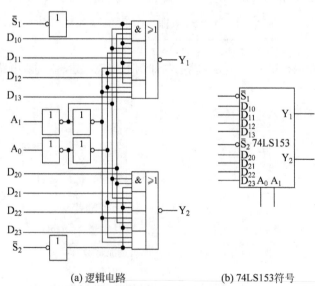

(a) 逻辑电路　　　　　　　(b) 74LS153符号

图 4.4.25　双四选一 74LS153 数据选择器

74LS151 是 8 选 1 数据选择器,逻辑表达式为:

$$Y = (\overline{A_2}\,\overline{A_1}\,\overline{A_0})D_0 + (\overline{A_2}\,\overline{A_1}A_0)D_1 + (\overline{A_2}A_1\overline{A_0})D_2 + (\overline{A_2}A_1A_0)D_3$$
$$+ (A_2\overline{A_1}\,\overline{A_0})D_4 + (A_2\overline{A_1}A_0)D_5 + (A_2A_1\overline{A_0})D_6 + (A_2A_1A_0)D_7 \qquad (4.4.8)$$

其中,使能端低电平有效,A_2、A_1、A_0 为地址输入端,$D_7 \sim D_0$ 为数据输入端,Y 和 ~W 为互补输出端。

由以上分析可以得出,N 选 1 数据选择器的逻辑功能是将根据输入的 n 位二进制地址数,从 $N = 2^n$ 条数据输入中挑出一条送到输出端。

2. 数据选择器的应用

1) 多路数据选一输出

数据选择器的功能就是从若干个输入中挑选一个信号在输出端输出。例如,用四选一数据选择器可以根据地址输入的值从四路输入信号中挑选对应的一个信号在输出端输出。用 Multisim 仿真,仿真电路如图 4.4.26 所示。

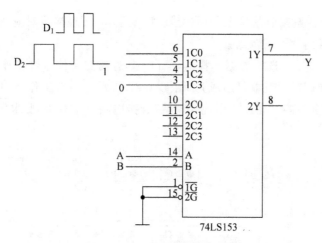

图 4.4.26 数据选择器的应用

四路输入信号分别为 D_1、D_2、1 和 0,分别接在 74LS153 的一组四选一的输入 C0、C1、C2、C3,地址输入 A、B 外接控制信号 A 和 B,当 AB 为 00 时,电路选择 D_1 信号输出,$Y = D_1$,当 AB=01 时,电路选择 D_2 信号输出,$Y = D_2$,当 AB=10 时,$Y = 1$,当 AB=11 时,$Y = 0$。

2) 实现组合逻辑函数

数据选择器可以很方便地实现组合逻辑函数,即构成函数发生器。

2^n 选 1 数据选择器输出与输入可以写成关系式:

$$Y = \sum_{i=0}^{2^n-1} m_i D_i \qquad (4.4.9)$$

式中,m_i 是地址选择输入端构成的最小项,D_i 是第 i 个数据输入端。当 $D_i = 1$ 时,其对应的最小项 m_i 在表达式中出现;当 $D_i = 0$ 时,对应的最小项就不出现。利用这个特性,至多将 n 个函数的输入变量接到地址选择输入端,剩下 1 个输入变量的状态(即原变量、反变量、0 和 1)接到数据输入端,就能够实现至多 $n+1$ 个变量的逻辑函数。如 4 选 1 数据选

择器可以实现 3 个(即 2＋1 个)变量的逻辑函数,而 8 选 1 数据选择器可以实现 4 个变量的逻辑函数。即:

4 选 1 的数据选择器表达式为:

$$Y_1 = [D_{10}(\overline{A_1}\,\overline{A_0}) + D_{11}(\overline{A_1}A_0) + D_{12}(A_1\overline{A_0}) + D_{13}(A_1A_0)] \cdot S_1 \qquad (4.4.10)$$

若将 A_1、A_0 作为两个输入变量,$D_0 \sim D_3$ 为第三个输入变量的状态,就可以在数据选择器的输出端产生 3 变量的组合逻辑函数。

用 2^{n-1} 选一集成选择器实现 n 变量的组合逻辑函数的具体步骤如下:

(1) 逻辑抽象,找出输入、输出变量,对状态赋逻辑值。

(2) 由真值表或表达式写出标准与或式。

(3) 选择 2^{n-1} 选一集成选择器。

(4) 将使能端接有效。

(5) 从标准与或式中选择 $n-1$ 个输入变量,按照高低位对应接至选择器的地址输入端。

(6) 剩下 1 个变量按照其状态(即原变量、反变量、0 或 1)接至对应数据输入端,在数据选择器的输出端得到输出逻辑函数。

【例 4.4.8】 试用 4 选 1 数据选择器设计一个监视交通信号灯工作状态的逻辑电路。每一组信号灯由红、黄、绿三盏灯组成,如图 4.4.27 所示。正常工作下,任何时刻必有一盏灯亮,而且只允许有一盏灯亮。当出现其他状态时,电路发生故障,要求发出故障信号,提醒维修。

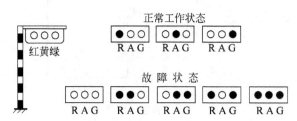

图 4.4.27　例 4.4.8 交通信号灯故障提醒要求

解:

(1) 逻辑抽象。取红、黄、绿三盏灯的状态为输入变量,分别用 R、A、G 表示,并规定灯亮时为 1,不亮时为 0。取故障信号为输出变量,以 Z 表示。并规定正常工作时 Z 为 0,发生故障时 Z 为 1。

(2) 根据题意可列出真值表,如表 4.4.12 所示。由真值表写出标准与或式如下:

$$Z = \overline{R}\,\overline{A}G + \overline{R}A\overline{G} + R\overline{A}\,\overline{G} + R\overline{A}G + RA\overline{G}$$

(3) 选择集成选择器。输入变量 $n=3$,选择 4(即 $2^{3-1}=4$)选 1 数据选择器。

(4) 使能 $\overline{S}$ 接 0,使选择器工作。

(5) 从标准与或式中选择 2 个(即 $n-1=2$)输入变量,按照高低位对应接至选择器的地址输入端。

$$Z = \overline{R}(\overline{A}G) + R(\overline{A}G) + + R(A\overline{G}) + 1 \cdot (AG)$$

对照 4 选 1 的输出表达式：

$$Y_1 = [D_{10}(\overline{A_1}\,\overline{A_0}) + D_{11}(\overline{A_1}A_0) + D_{12}(A_1\overline{A_0}) + D_{13}(A_1A_0)] \cdot S_1$$

地址输入分配：$A_1 = A, A_0 = G$

数据输入分配：$D_0 = \overline{R}, D_1 = D_2 = R, D_3 = 1$

得到如图 4.4.28 所示的电路图，就是例 4.4.8 所要求的逻辑函数 Z。

表 4.4.12　例 4.4.8 的真值表

R	A	G	Z
0	0	0	1
0	0	1	0
0	1	0	0
0	1	1	1
1	0	0	1
1	0	1	1
1	1	0	1
1	1	1	1

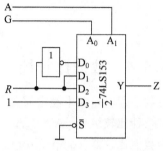

图 4.4.28　例 4.4.8 的电路图

【**例 4.4.9**】　设比赛中有 A、B、C 三名裁判，A 为主裁判。在包括主裁判在内有两名以上的裁判认为运动员合格后，方可发出得分信号。试用数据选择器设计此逻辑电路。

解：

（1）逻辑抽象：三名裁判 A、B、C 为输入逻辑变量，得分 F 为输出逻辑变量，裁判认为合格为 1，不合格为 0，得分为 1，不得分为 0。

（2）根据题意可列出真值表，如表 4.4.13 所示。

由真值表写逻辑表达式：

$$F = A\overline{B}C + AB\overline{C} + ABC$$

（3）选择数据选择器：输入变量 $n = 3$，所以选择 4（即 $2^{3-1} = 4$）选 1 数据选择器。

（4）选地址输入，分配数据输入。

令地址输入变量 $A_1A_0 = AB$，整理表达式：

$$F = A\overline{B}C + AB\overline{C} + ABC = (A\overline{B})C + 1 \cdot (AB)$$

由此分配数据输入：

$$D_0 = D_1 = 0, D_2 = C, D_3 = 1$$

画出逻辑电路图，如图 4.4.29(a) 所示。

表 4.4.13　例 4.4.9 真值表

A	B	C	F
0	0	0	0
0	0	1	0
0	1	0	0
0	1	1	0
1	0	0	0
1	0	1	1
1	1	0	1
1	1	1	1

（5）若用八选 1MUX 选择器实现，设地址输入 $A_2A_1A_0 = ABC$。

则逻辑函数表达式为：

$$F = (A\overline{B}C) + (AB\overline{C}) + (ABC)$$

则数据分配为：

$$D_0 = D_1 = D_2 = D_3 = D_4 = 0, \quad D_5 = D_6 = D_7 = 1$$

画出逻辑电路图如图 4.4.29(b) 所示。

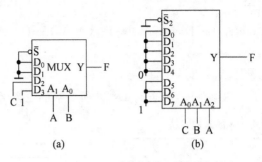

图 4.4.29　例 4.4.9 电路图

4.4.4　数值比较器

在数字逻辑电路中经常需要对两个数值进行比较,例如两个二进制数 A、B 进行比较,可以有三种比较结果:A>B、A<B 和 A=B。具有判别两个二进制数大小的逻辑功能的电路称为数值比较器(comparator)。

1. 数值比较器的结构及功能

1) 1 位数值比较器

1 位数值比较器是多位数值比较器的基础。设 A、B 为需要比较的输入,是一位二进制数。当 A 和 B 都是 1 位数时,它们的取值只有两种可能,即 0 和 1;A 和 B 比较的结果有三种可能,A>B、A=B 和 A<B,由此可以列出 1 位比较器的真值表。如表 4.4.14 所示,其中,A 和 B 为两个 1 位二进制输入,$Y_{A>B}$、$Y_{A=B}$、$Y_{A<B}$ 表示比较输出,则当 A>B 时,$Y_{A>B}$=1;当 A=B 时,$Y_{A=B}$=1;当 A<B 时,$Y_{A<B}$=1。

由真值表可列出函数表达式:

$$Y_{A>B} = A\overline{B}; \quad Y_{A=B} = \overline{A}\overline{B} + AB; \quad Y_{A<B} = \overline{A}B \tag{4.4.11}$$

由函数表达式画出逻辑电路图,如图 4.4.30 所示。

表 4.4.14　1 位比较器真值表

A	B	$Y_{A>B}$	$Y_{A=B}$	$Y_{A<B}$
0	0	0	1	0
0	1	0	0	1
1	0	1	0	0
1	1	0	1	0

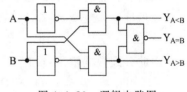

图 4.4.30　逻辑电路图

2) 多位数值比较器

多位数值比较是从高位向低位逐次进行比较的,只有当高一位的数值相等时,才进行下一位数值的比较。假设 A 和 B 为两组 3 位二进制数 $A_2A_1A_0$ 和 $B_2B_1B_0$,比较的结果有 3 种可能。

(1) A>B 的情况。

从高位开始比较,如果 $A_2>B_2$,则不用比较低位,肯定是 A>B;若 $A_2=B_2$,应进行低一位的比较,如果 $A_1>B_1$,则 A>B;若 $A_1=B_1$,再比较低一位 A_0 和 B_0,若 $A_0>B_0$,则 A>B。

（2）A＝B 的情况。

A＝B 时，两组数的每位都相等，即 $A_2=B_2$，$A_1=B_1$，$A_0=B_0$。

（3）A＜B 的情况。

从高位开始比较，如果 $A_2<B_2$，则不用比较低位，肯定是 A＜B；若 $A_2=B_2$，应进行低一位的比较，如果 $A_1<B_1$，则 A＜B；若 $A_1=B_1$，再比较低一位 A_0 和 B_0，若 $A_0<B_0$，则 A＜B；反之 A＞B。如此比较到最低位 A_0 和 B_0。其状态真值表如表 4.4.15 所列。

表 4.4.15　状态真值表

A_2　B_2	A_1　B_1	A_0　B_0	$Y_{A>B}$	$Y_{A=B}$	$Y_{A<B}$
$A_2>B_2$	×　×	×　×	1	0	0
$A_2=B_2$	$A_1>B_1$	×　×	1	0	0
$A_2=B_2$	$A_1=B_1$	$A_0>B_0$	1	0	0
$A_2=B_2$	$A_1=B_1$	$A_0=B_0$	0	1	0
$A_2<B_2$	×　×	×　×	0	0	1
$A_2=B_2$	$A_1<B_1$	×　×	0	0	1
$A_2=B_2$	$A_1=B_1$	$A_0<B$	0	0	1

由真值表可得函数表达式：

$$Y_{A>B} = A_2 \overline{B}_2 + A_1 \overline{B}_1(A_2 \odot B_2) + A_0 \overline{B}_0(A_2 \odot B_2)(A_1 \odot B_1)$$
$$Y_{A=B} = (A_2 \odot B_2)(A_1 \odot B_1)(A_0 \odot B_0) \tag{4.4.12}$$
$$Y_{A<B} = \overline{A}_2 B_2 + \overline{A}_1 B_1(A_2 \odot B_2) + \overline{A}_0 B_0(A_2 \odot B_2)(A_1 \odot B_1)$$

由函数表达式可画出电路图，如图 4.4.31 所示。

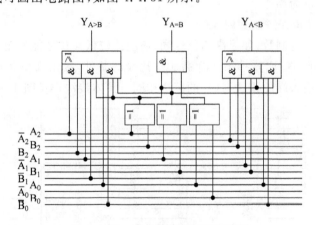

图 4.4.31　多位数值比较器电路图

3）比较器集成电路

4 位比较器的集成电路 CT74LS85 结构如图 4.4.32 所示，其外形如图 4.4.33 所示。

$A_3 A_2 A_1 A_0$ 和 $B_3 B_2 B_1 B_0$ 是两个 4 位数比较器的输入端，A＞B、A＝B、A＜B 为扩展输入端，$Y_{A>B}$、$Y_{A=B}$、$Y_{A<B}$ 为输出端。三个输出端的逻辑表达式分别为：

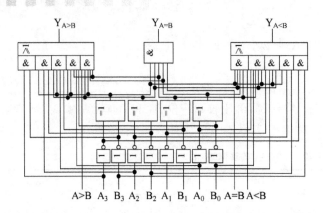

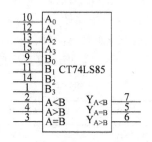

图 4.4.32　CT74LS85 比较器集成电路结构图　　　图 4.4.33　CT74LS85 比较器集成
电路外形图

$$Y_{A>B} = A_3\overline{B_3} + A_2\overline{B_2}(A_3 \odot B_3) + A_1\overline{B_1}(A_3 \odot B_3)(A_2 \odot B_2) + A_0\overline{B_0}(A_3 \odot B_3)(A_2 \odot B_2)$$
$$(A_1 \odot B_1) + (A_3 \odot B_3)(A_2 \odot B_2)(A_1 \odot B_1)(A_0 \odot B_0)(A > B)$$

$$Y_{A=B} = (A_3 \odot B_3)(A_2 \odot B_2)(A_1 \odot B_1)(A_0 \odot B_0)(A = B)$$

$$Y_{A<B} = \overline{A_3}B_3 + \overline{A_2}B_2(A_3 \odot B_3) + \overline{A_1}B_1(A_3 \odot B_3)(A_2 \odot B_2) + \overline{A_0}B_0(A_3 \odot B_3)(A_2 \odot B_2)$$
$$(A_1 \odot B_1) + (A_3 \odot B_3)(A_2 \odot B_2)(A_1 \odot B_1)(A_0 \odot B_0)(A < B)$$

$$(4.4.13)$$

在具体使用时,要对扩展输入端做相应处理。

(1) 比较两组 4 位二进制数时。

比较两组 4 位二进制时,只需一片 CT74LS85 集成电路就可实现。因没有低一级来的比较结果,所以要对级联端作适当的处理,设置 $(A>B)=0$,$(A<B)=0$ 和 $(A=B)=1$,即当作低一级比较的结果为相等。

(2) 比较两组 8 位二进制数时。

对于两组 8 位二进制数,如果高 4 位相同,还应比较低 4 位才能确定 8 位二进制数比较的最终结果,所以低 4 位比较结果作为高 4 位比较的条件,接入高位芯片的扩展输入端输入。低 4 位的扩展输入端的接法与(1)的接法相同。具体接法详见图 4.4.34。

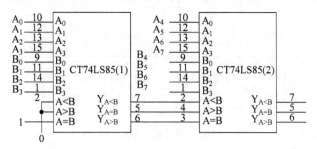

图 4.4.34　扩展为 8 位数值的 CT74LS85 比较器集成电路

2. 数值比较器的应用

【例 4.4.10】　用 4 位比较器实现 8 位比较器的功能。

利用级间的输入端可扩展成多位数值比较器,如扩展为 8 位数值比较器,需要两个 4 位比较器芯片。由比较器的逻辑比较规律可知,只有在高位逐次比较相等后,再比较最后一位。由级间处理方式可知,可将低位片 1 的级间输入端 A>B 和 A<B 置 0,A＝B 置 1,然后将片 1 的三端输出 $Y_{A>B}$、$Y_{A=B}$、$Y_{A<B}$ 分别与高位片 2 的级间输入端 A>B、A＝B、A<B 连接,则扩展后的 8 位数值比较器电路图如图 4.4.34 所示。

常用的 4 位数值比较器有 CT5485/CT7485、CT54S85/CT74S85、CT54LS85/CT74LS85、CC4063、CC14585、CD4585 等。

4.4.5　加法器

两个二进制数之间的加、减、乘、除等算术运算,目前在数字计算机中都要化作若干步加法运算进行,因此,加法器是构成算术运算的基本单元。

1. 半加器和全加器

1) 半加器

如果只考虑两个加数本身,而不考虑来自低位的进位,将两个加数相加后,根据求和结果给出该位的和和进位信号的运算称为半加,实现半加运算的电路叫半加器(Half Adder,HA)。两个 1 位二进制的半加运算真值表如表 4.4.16 所示。其中 A、B 是两个加数,S 是表示和数,CO 表示向高位的进位。由真值表得出逻辑函数表达式:

$$S = \overline{A}B + A\overline{B} = A \oplus B \left.\right\}$$
$$CO = AB$$
$$(4.4.14)$$

由上式可以得出,半加器是由一个异或门和一个与门组成的,如图 4.4.35 所示。

表 4.4.16　半加器真值表

A	B	S	CO
0	0	0	0
0	1	1	0
1	0	1	0
1	1	0	1

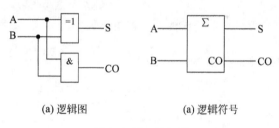

(a) 逻辑图　　　　(a) 逻辑符号

图 4.4.35　半加器

2) 全加器

不仅考虑两个加数本身,还考虑来自低位的进位,将三者一并相加,并根据求和结果给出该位的和进位信号的运算称为全加。实现全加运算的电路称为全加器(Full Adder,FA)。两个 1 位二进制的全加运算真值表如表 4.4.17 所示。其中 A、B 是两个加数,CI 是来自低位的进位,S 是表示和数,CO 表示向高位的进位。由真值表得出逻辑函数表达式:

$$S = \overline{\overline{A}\overline{B}\,\overline{CI} + \overline{A}B\overline{CI} + \overline{A}BCI + AB\,\overline{CI}}$$
$$CO = \overline{\overline{AB} + \overline{B}\,\overline{CI} + \overline{A}\,\overline{CI}}$$
$$(4.4.15)$$

表 4.4.17　全加器真值表

A	B	CI	S	CO
0	0	0	0	0
0	0	1	1	0
0	1	0	1	0
0	1	1	0	1
1	0	0	1	0
1	0	1	0	1
1	1	0	0	1
1	1	1	1	1

　　如图 4.4.36(a)所示双全加器 74LS183 的逻辑图就是按式(4.4.14)组成的。全加器的逻辑符号如图 4.4.36(b)所示。

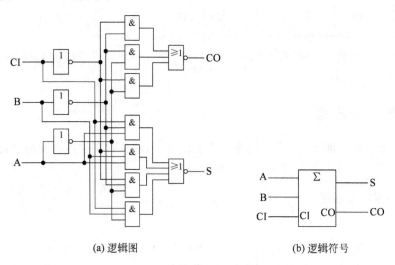

(a) 逻辑图　　　　　　　　　　　(b) 逻辑符号

图 4.4.36　全加器 74LS183

　　全加器也可以用半加器来实现,逻辑函数表达式如下:

$$S = A\bar{B}(\overline{CI}) + \bar{A}B(CI) + \overline{AB}(CI) + AB(CI)$$

或

$$\left. \begin{aligned} S &= A \oplus B \oplus (CI) \\ CO &= AB + (A \oplus B)(CI) \end{aligned} \right\} \tag{4.4.16}$$

由半加器构成的全加器电路图如图 4.4.37 所示。

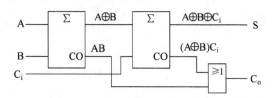

图 4.4.37　由半加器构成的全加器

2. 多位加法器

　　如果多位数相加,则可以用串行加法和并行加法的方法来实现。

1) 串行进位加法器

　　两个二进制数 $A_3 A_2 A_1 A_0$ 和 $B_3 B_2 B_1 B_0$ 相加,可以用 4 个全加器构成四位加法器。如图 4.4.38 所示,为四位串行进位加法器(ripple carry adder)。

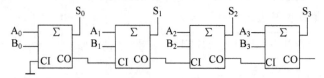

图 4.4.38　四位串行进位加法器

将每组的各位数按位高低对应接在加法器上,将最低位的进位输入 CI 接 0,依次将低位的进位输出端 CO 接到高一位的进位输入端 CI,就得到多位串行四位加法器。这种连接方法的特点是电路简单,但由于每一位相加时必须等到低一位的进位产生后方能进行,运算速度较慢,不适合用于高速运算场合。

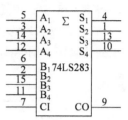

图 4.4.39 超前进位加法器逻辑符号

2) 超前进位加法器

在要求较高的电路中,一般采用超前进位加法器(Lookahead Carry adder),它是把来自低位的进位信号(CI)直接传送到进位输出端(CO),是通过一级与非门和一级与或非门实现的,其逻辑符号如图 4.4.39 所示。

其逻辑函数表达式为:

或

$$\left. \begin{array}{l} S_i = A_i \overline{B_i} \, \overline{(CI)_i} + \overline{A_i} B_i \, \overline{(CI)_i} + \overline{A_i} \, \overline{B_i} \, (CI)_i + A_i B_i \, (CI)_i \\ S_i = A_i \oplus B_i \oplus (CI) \end{array} \right\} \qquad (4.4.17)$$

超前进位加法器中每位的进位只与两个加数有关,与来自低位的进位无关。

在多位加法运算中:

$$\left. \begin{array}{l} S_i = A_i \oplus B_i \oplus (CI_{i-1}) \\ CO_i = A_i B_i + (A_i \oplus B_i)(CI_{i-1}) \end{array} \right\} \qquad (4.4.18)$$

令 $G_i = A_i B_i$,$P_i = A_i \oplus B_i$,则得到:

$$\left. \begin{array}{l} S_i = P_i \oplus (CI_{i-1}) \\ CO_i = G_i + P_i (CI_{i-1}) \end{array} \right\} \qquad (4.4.19)$$

由逻辑函数表达式可以看出,各位的进位输出只与两个加数有关,由此,各位的和输出也只与两个加数有关,因此,每位的和输出是并行产生的。

集成 4 位二进制超前进位加法器 74LS283 的电路图如图 4.4.40 所示。

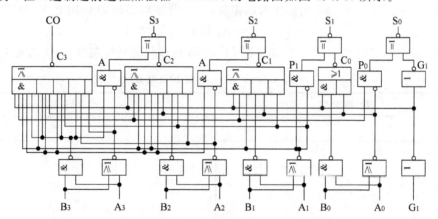

图 4.4.40 4 位二进制超前进位加法器 74LS283 的电路图

3. 加法器的应用

【例 4.4.11】 试用 4 位二进制全加器 74LS283 实现 8 位二进制全加器的功能。

用两片 4 位二进制全加器 74LS283 可以实现 8 位二进制全加器的功能,其中,8 位二进制数分别为：$M_8 M_7 M_6 M_5 M_4 M_3 M_2 M_1$ 和 $N_8 N_7 N_6 N_5 N_4 N_3 N_2 N_1$，低位芯片的输入作为低 4 位二进制数的输入，高位芯片的输入作为高 4 位二进制数的输入。输出为 9 位二进制数 $S_9 S_8 S_7 S_6 S_5 S_4 S_3 S_2 S_1$。低位芯片的进位输入 C0 接地，将进位输出 C4 接到高位芯片的进位输入 C0，而高位芯片的进位输出 C4 作为 S_9 输出，这样就得到了两个 8 位二进制数的加法器，电路仿真图如图 4.4.41 所示。

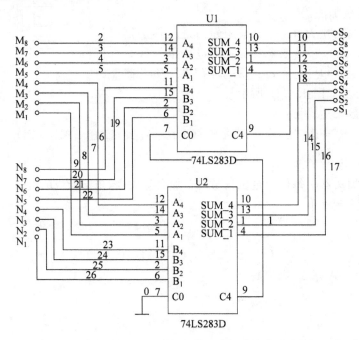

图 4.4.41　例 4.4.11 的 8 位二进制全加器电路图

【例 4.4.12】　试用 4 位二进制全加器 74LS283 将 8421 码转换成余 3 码。

解：从表 4.4.18 所示真值表中可以得知，余 3 码为 8421BCD 码加上 0011（即 3），即：

$$S_4 S_3 S_2 S_1 = A_4 A_3 A_2 A_1 + 0011$$

根据式（3.2.27），用一片 4 位加法器 74LS283 接成代码转换电路，如图 4.4.42 所示。

表 4.4.18　例 4.4.12 的真值表

8421BCD 码				余 3 码			
A_4	A_3	A_2	A_1	S_4	S_3	S_2	S_1
0	0	0	0	0	0	1	1
0	0	0	1	0	1	0	0
0	0	1	0	0	1	0	1
0	0	1	1	0	1	1	0
0	1	0	0	0	1	1	1
0	1	0	1	1	0	0	0
0	1	1	0	1	0	0	1
0	1	1	1	1	0	1	0
1	0	0	0	1	0	1	1
1	0	0	1	1	1	0	0

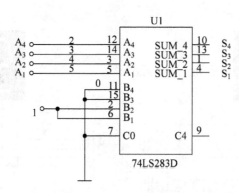

图 4.4.42 例 4.4.12 中 8421 码转换余 3 码电路图

问题：能否用 4 位二进制全加器将余 3 码转换成 8421 码？若能,如何接线？

【**例 4.4.13**】 试用 4 位二进制全加器 74LS283 将 4 位二进制码转换成 8421BCD 码。

由于 8421BCD 码为 1 位十进制,共有十组代码 0000～1001,表示十进制数的十个数字 0～9,而 4 位二进制码共有 16 组代码 0000～1111,其中 1010～1111 不是 8421BCD 码,因此需将其进行转换。在转换过程中将其按两位 8421BCD 码表示,即 $D_{10}D_8D_4D_2D_1 = 10000 \sim 10101$,两位相差为 6(0110),真值表如表 4.4.19 所示。

表 4.4.19 例 4.4.13 的真值表

二 进 制				8421BCD 码				
				十位	个 位			
Q_3	Q_2	Q_1	Q_0	D_{10}	D_8	D_4	D_2	D_1
0	0	0	0	0	0	0	0	0
0	0	0	1	0	0	0	0	1
0	0	1	0	0	0	0	1	0
0	0	1	1	0	0	0	1	1
0	1	0	0	0	0	1	0	0
0	1	0	1	0	0	1	0	1
0	1	1	0	0	0	1	1	0
0	1	1	1	0	0	1	1	1
1	0	0	0	0	1	0	0	0
1	0	0	1	0	1	0	0	1
1	0	1	0	1	0	0	0	0
1	0	1	1	1	0	0	0	1
1	1	0	0	1	0	0	1	0
1	1	0	1	1	0	0	1	1
1	1	1	0	1	0	1	0	0
1	1	1	1	1	0	1	0	1

由表可知,当 $Q_3Q_2 = 11$ 或 $Q_3Q_1 = 11$ 时,应加 6(0010),即加法器的另一组加数为 $B_4B_3B_2B_1 = 0110$,否则为 $B_4B_3B_2B_1 = 0000$,所以 $B_3 = B_2 = A_4A_3 + A_4A_2$,其电路仿真图如图 4.4.43 所示。

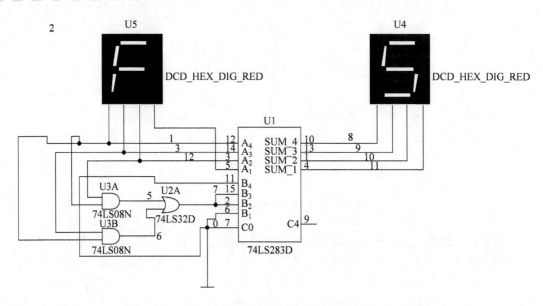

图 4.4.43 例 4.4.13 的二进制码转换成 8421BCD 码电路图

【例 4.4.14】 试用 4 位二进制全加器 74LS283 实现两个 8421BCD 码的加法运算。

解：如果将两个 8421BCD 码 $A_4A_3A_2A_1$ 和 $B_4B_3B_2B_1$ 接入 4 位二进制全加器 74LS283 的两个加数输入端上，其和的输出 $X_5X_4X_3X_2X_1$ 不是 8421BCD 码，而是对应的二进制数，要想得到 BCD 码，应须将其还原为 8421BCD 码，也就是将和输出 $X_5X_4X_3X_2X_1$ 转换成 8421BCD 码，如同例 4.4.13，唯一不同的是，例 4.4.13 是 4 位二进制数转换成 8421BCD 码，而本例是将 5 位二进制数转换成 8421BCD 码。列为真值表，如表 4.4.20 所示。

表 4.4.20 代码转换表

$A_4A_3A_2A_1 + B_4B_3B_2B_1$ 的二进制代码					$A_4A_3A_2A_1 + B_4B_3B_2B_1$ 的 8421BCD 码				
X_5	X_4	X_3	X_2	X_1	S_5	S_4	S_3	S_2	S_1
0	0	0	0	0	0	0	0	0	0
0	0	0	0	1	0	0	0	0	1
0	0	0	1	0	0	0	0	1	0
0	0	0	1	1	0	0	0	1	1
0	0	1	0	0	0	0	1	0	0
0	0	1	0	1	0	0	1	0	1
0	0	1	1	0	0	0	1	1	0
0	0	1	1	1	0	0	1	1	1
0	1	0	0	0	0	1	0	0	0
0	1	0	0	1	0	1	0	0	1
0	1	0	1	0	1	0	0	0	0
0	1	0	1	1	1	0	0	0	1
0	1	1	0	0	1	0	0	1	0
0	1	1	0	1	1	0	0	1	1

续表

$A_4A_3A_2A_1 + B_4B_3B_2B_1$ 的二进制代码					$A_4A_3A_2A_1 + B_4B_3B_2B_1$ 的 8421BCD1 码				
X_5	X_4	X_3	X_2	X_1	S_5	S_4	S_3	S_2	S_1
0	1	1	1	0	1	0	1	0	0
0	1	1	1	1	1	0	1	0	1
1	0	0	0	0	1	0	1	1	0
1	0	0	0	1	1	0	1	1	1
1	0	0	1	0	1	1	0	0	0

分析表,可以归纳出如下规律:

(1) 当两组数 $A_4A_3A_2A_1$ 和 $B_4B_3B_2B_1$ 相加的和 $X_5X_4X_3X_2X_1$ 为 0000～1001(即十进制的 0～9)时,不用转换,即 $S_4S_3S_2S_1 = X_4X_3X_2X_1 + 0000$,$S_5 = 0$。

(2) 当两组数 $A_4A_3A_2A_1$ 和 $B_4B_3B_2B_1$ 相加的和 $X_5X_4X_3X_2X_1$ 为 1010～1111(即十进制的 10～15)时,$S_4S_3S_2S_1 = X_4X_3X_2X_1 + 0110$,$S_5 = 1$。

(3) 当两组数 $A_4A_3A_2A_1$ 和 $B_4B_3B_2B_1$ 相加的和 $X_4X_3X_2X_1$ 为 10000～10010(即十进制的 16～18)时,$S_4S_3S_2S_1 = X_4X_3X_2X_1 + 0110$,$S_5 = 1$。

由此得出,控制信号 $K = S_4S_3 + S_4S_2 + X_5$,当 $K = 0$ 时,$S_4S_3S_2S_1 = X_4X_3X_2X_1 + 0000$;当 $K = 1$ 时,$S_4S_3S_2S_1 = X_4X_3X_2X_1 + 0110$,电路仿真图如图 4.4.44 所示。

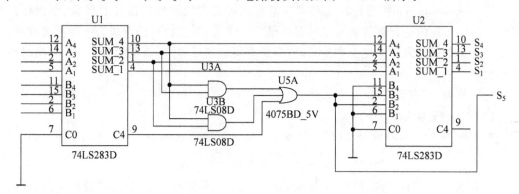

图 4.4.44　例 4.4.14 二进制数相加结果转换 8421BCD 码电路图

4.5　组合逻辑电路的竞争和冒险

在前面分析组合逻辑电路时,忽略了信号在电路的延迟,只考虑了电路的稳态特性。实际上,门电路都存在延迟时间,输出信号是一个过渡过程,这样,逻辑电路的瞬态特性可能与预期的稳态特性不同,电路输出可能产生尖峰脉冲。

4.5.1　竞争冒险的基本概念

1. 竞争

如果一个组合逻辑电路从一个稳定状态转换到另一个稳定状态时,其中某个门电路的两个输入信号同时向相反方向变化,我们就称该电路存在竞争(race)。以前,因为没有考虑门电路的延迟,所以认为一个门电路的两个输入信号同时向相反方向变化,不应该影响逻辑门的输出。对于图 4.5.1(a)所示电路,当输入信号如图 4.5.1(b)所示时,在门 G_2 的输入就出现了竞争。

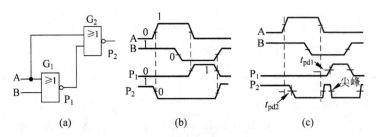

图 4.5.1　门电路信号传输产生的影响

由于没有考虑门的延迟,输出端 P_2 的波形是符合真值表的规定的。当考虑了门电路的延迟后,情况就不同了,见图 4.5.1(c),输出 P_2 就出现了一个尖峰干扰。图中 t_{pd1} 是逻辑门 G_1 的平均传输延迟时间;t_{pd2} 是逻辑门 G_2 的平均传输延迟时间。

2. 冒险

冒险(hazard)是指组合逻辑电路中在某瞬间可能出现非预期信号的现象,也就是在某瞬间电路中出现的违背真值表规定的逻辑电平的情况,冒险也可以看成为一种过渡现象,一种干扰。竞争的结果不一定都产生冒险,只是有可能产生冒险,竞争的结果产生冒险时称为竞争冒险。

冒险分为"0"态冒险和"1"态冒险。

1)"0"态冒险

电路如图 4.5.2(a)所示,以与或型写出逻辑函数表达式如下:

$$P_2 = \overline{\overline{A \cdot B} \cdot A} = AB + \overline{A} \tag{4.5.1}$$

A、B 为输入信号,所以假设 A、B 按如图 4.5.3 所示的规律变化,并假设与非门 G_1 的动作速度比与非门 G_2 的动作速度慢。

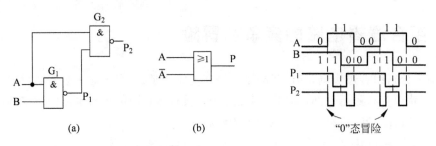

图 4.5.2　存在"0"态冒险电路　　　　图 4.5.3　"0"态冒险的波形

当 B=1 时,A 由"0"变为"1",因与非门 G_1 的延迟作用 P_1 仍然等于"1",又因为与非门 G_2 的动作速度快,即延迟较小,所以与非门 G_2 的两输入端 A 与 P_1 同时为"1",所以 $P_2 = 0$。当与非门 G_1 的输出变为"0"时,P_2 则变为"1"。于是在这一瞬间,P_2 出现一个窄的干扰信号,违背了真值表的规定。称这种干扰为"0"态冒险或称"0"型干扰。即出现冒险处的电平一瞬间从正确的"1"跳到错误的"0"一下。

2)"1"态冒险

电路如图 4.5.4(a)所示,以或与型写出逻辑函数表达式如下:

$$P_2 = \overline{\overline{A+B}+A} = (A+B)\overline{A} \tag{4.5.2}$$

设图 4.5.4 的 A、B 按图 4.5.5 的规律变化,并假设或非门 G_1 的动作速度比或非门 G_2 的动作速度慢。在 t1 时刻 B=0,A 由"1"变为"0",因或非门 G_1 的延迟作用 P_1 仍然等于"0",又因为或非门 G_2 动作速度快,即延迟小,所以或非门 G_2 的两输入端 A 及 P_1 同时为"0",所以 $P_2=1$。当或非门 G_1 的输出变为"1"时,P_2 则变为"0",于是在这一瞬间出现一个窄的干扰信号,违背了真值表的规定。称这种干扰为"1"态冒险或称"1"型干扰。

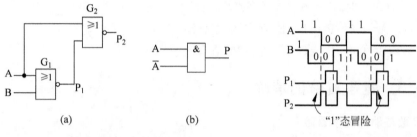

(a)　　　　　　　(b)

图 4.5.4　存在"1"态冒险电路　　　　图 4.5.5　"1"态冒险的波形

显然,存在"0"冒险的逻辑函数表达式,电路及条件与存在"1"态冒险的逻辑函数表达式,电路及条件是互相对偶的。

由上述分析不难得出产生冒险的原因,第一是门电路存在延迟,第二是信号间的竞争,只要条件具备,就会有竞争冒险存在。判断竞争的方法可采用波形图和真值表,但要把各中间变量列入,逐行考查有无竞争。另外,也可用逻辑表达式判断。

4.5.2　竞争冒险的判断

1. 竞争冒险判别式

在讨论"0"态冒险时,曾假设 A 由"0"变化到"1"时 B=1;在讨论"1"态冒险时曾假设 A 由"1"变化到"0"时 B=0。这个条件如果不具备冒险就不会产生。

将上述两种冒险出现时假设的条件分别代入图 4.5.2(a)、图 4.5.4(a)所给出的电路的逻辑表达式,分别得到表达式为:

"0"态冒险:$P_2 = AB + \overline{A}$　　当 B=1 时,$P_2 = A + \overline{A}$

"1"态冒险:$P_2 = (A+B)\overline{A}$　　当 B=0 时,$P_2 = A\overline{A}$

称这两个式子为竞争冒险判别式。

对于图 4.5.4 的情况,因为 B=0,A 从"1"变化到"0",P_1 将从"0"变化到"1",所以二次信号 P_1 就相当经过延迟的 $\overline{A}$ 信号。于是图 4.5.4(a)的电路在出现冒险的瞬间可用图 4.5.4(b)的简化电路代替,即 $P = (A+B)\overline{A}$,因为 B=0,所以

$$P = (A+0)\overline{A} = A\overline{A}$$

一个门的输入信号可以写成 A 乘 $\overline{A}$,就说明信号间一定存在竞争,再加上延迟就会出

现冒险。

2. 竞争冒险的确定方法

通过上述分析竞争冒险产生的原因,实际上不难得出确定组合逻辑电路存在竞争冒险的方法。这里介绍利用判别式确定竞争冒险的方法。例如,有下列三个表达式:

$$P_1 = AB + \overline{A}C$$
$$P_2 = (A+B)(\overline{A}+C)$$
$$P_3 = \overline{A}B + A\overline{C} + \overline{B}C$$

当 $B=C=1$ 时,$P_1 = A + \overline{A}$,存在"0"态冒险。

当 $B=C=0$ 时,$P_2 = A\overline{A}$,存在"1"态冒险。

当 $B=1$,$C=0$ 时,$P_3 = A + \overline{A}$,存在"0"态冒险。

当 $C=1$,$A=0$ 时,$P_3 = B + \overline{B}$,存在"0"态冒险。

当 $A=1$,$B=0$ 时,$P_3 = C + \overline{C}$,存在"0"态冒险。

4.5.3 竞争冒险的消除

1. 代数法消除竞争冒险

逻辑式 $P_1 = AB + \overline{A}C$,当 $B=C=1$ 时,可改写为 $P_1 = A + \overline{A}$,存在"0"态冒险。此时若在 P_1 式中加上一个"1"电平,就可消除"0"态冒险,显然加上一个固定的"1"电平是不行的,必须加上一个出现冒险瞬间为"1"电平,而又不影响 P_1 的逻辑关系的与项才行。将 P_1 改写为 $P_1 = A + \overline{A}$ 的条件是 $B=C=1$ 所组成的与项 BC 可以胜任。在出现冒险瞬间 $BC=1$,根据冗余定理 $P_1 = AB + \overline{A}C = AB + \overline{A}C + BC$,可知逻辑关系不变。由此逻辑函数表达式画出的逻辑图如图 4.5.6(a)所示,虚线部分是后加的。

同理,或与型表达式 $P_2 = (A+B)(\overline{A}+C)$ 改写为 $P_2 = A\overline{A}$ 的条件为 $B=C=0$,消除"1"态冒险应乘上或项 $(B+C)$,即 $P_2 = (A+B)(\overline{A}+C)(B+C) = (A+B)(\overline{A}+C)$。由形式定理可知,变换前后逻辑关系不变。由此可画出逻辑图,如图 4.5.6(b)所示。

2. 加吸收电容

在出现竞争冒险的部位与地之间加吸收电容。加吸收电容后,电路的时间常数加大,对窄的干扰脉冲,电路就不能响应。但是加吸收电容要影响电路的动作速度,故电容量的选取要合适,这往往要靠调试来确定。

在数字逻辑电路中由于竞争冒险形成的尖峰干扰是否有危害?在组合逻辑电路中,这种尖峰干扰一般来说影响不大。它持续的时间很短。如果后级是触发器等电路,在这种尖峰干扰作用下很可能改变其工作状态,那就必须消除之,它们如图 4.5.7 的电容 C_t。

3. 加选通控制端

在如图 4.5.7 所示的电路中,加输入 p 作为控制端,作为门 $G_0 G_1 G_2 G_3$ 的选通端。当 $p=1$ 时,门 $G_0 G_1 G_2 G_3$ 同时开启,所以可以通过控制 p 的到来时间来避免冒险出现。

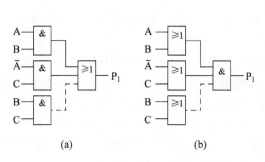

图 4.5.6　代数法消除竞争冒险

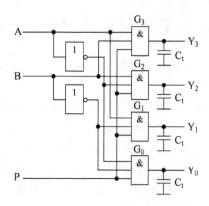

图 4.5.7　吸收电容和选通脉冲消除竞争冒险

4.6　硬件描述语言 VHDL 基础*

随着大规模专用集成芯片(ASIC)的开发和研制,为了提高产品开发的效率,缩短开发时间,增加已开发成果的可延续性,各大专用集成芯片研制和生产厂商相继开发了多种硬件描述语言(Hardware Description Language,HDL)。目前常用的硬件描述语言有 VHDL、Verilog HDL、ABEL、AHDL 等。20 世纪 80 年代后期,由美国国防部开发的 VHDL 语言是 IEEE 标准化的硬件描述语言,已经成为系统描述的国际公认标准,得到众多 EDA 公司的支持。

VHDL 语言的英文全称是 Very High Speed Integrated Circuit Hardware Description Language,即超高速集成电路硬件描述语言。它的描述能力强,覆盖面广,能支持硬件的设计、综合、验证和测试,是一种多层次的硬件描述语言。其可以描述电路具体组成的结构,也可以描述电路功能的行为。这些描述可以从最抽象的系统级直到最精确的逻辑级,甚至最底层的门级。

运用 VHDL 语言设计电子系统一般采用"自顶向下"的分层设计方法。采用"自顶向下"的设计中,首先需要实现行为设计,确定该电子系统的功能、性能及允许的芯片面积和成本等。接着进行结构设计,根据该电子系统的特点,将其分解为接口清晰、相互关系明确的子系统,得到一个总体结构。这个结构可能包括控制单元、算术运算单元、数据通道、各种算法状态机等。下一步是把结构转换成逻辑图,即进行逻辑设计。在这一步中,希望尽可能采用规则的逻辑结构或采用现成的逻辑单元或模块。接着进行电路设计,将逻辑图进一步转换成电路图,在很多情况下,这一步需要完成功能仿真,以保证最终逻辑设计的正确性。最后进行版图设计,将电路图转换成版图。VHDL 语言还可以描述与工艺有关的信息,可以通过设计文件语言参数来调整工艺参数,不会因工艺发展与变化而使 VHDL 设计过时。因此,VHDL 设计的生命周期与其他设计方法相比是最长的。

VHDL 在电子工程领域,已成为事实上的标准通用硬件描述语言。VHDL 主要用于描述数字系统的结构、功能、行为和接口。除了含有具有硬件特征的语句外,VHDL 的语言形式和描述风格和一般的计算机高级语言十分相似,所以应用 VHDL 进行电子工程设计的优点是多方面的。

4.6.1　VHDL 的基本语法规则

为了描述数字逻辑电路,VHDL 规定了一系列的语法规则,本节介绍 VHDL 的基本语法结构。

用 VHDL 语言设计的电路无论规模大小,都必须采用一个完整的 VHDL 程序结构,这个完整的程序结构称为设计实体。设计实体是指能被 VHDL 语言综合器综合,并能生成独立的设计单元,以元件的形式存在的 VHDL 语言结构。生成的元件,既可以被高层次的电子系统调用,成为系统的一部分,也可以作为一个电路的独立的功能模块存在和运行。

一个完整的 VHDL 设计实体,通常包括实体说明(ENTITY)、结构体说明(ARCHITECTURE)、库(LIBRARY)和程序包(PACKAGE)说明等几部分。

1. 实体说明

实体说明是 VHDL 程序中最基本的组成部分,用来描述设计实体的外部接口信号,定义设计单元的输入输出端口,是设计实体和外界沟通的一个界面,为可视部分。但它并不描述设计单元的具体功能。

实体单元的一般语句结构为:

```
ENTITY  实体名  IS
  [GENERIC (类属表 );]
  [PORT (端口表 );]
END  ENTITY 实体名;
```

实体应以语句"ENTITY 实体名 IS"开始,以语句"END ENTITY 实体名;"结束,其中的实体名由设计者自己添加,实体名应符合 VHDL 标识符的要求。中间在方括号内的类属和端口描述语句,在特定的情况下并非是必需的。类属(GENERIC)说明是一种端口界面常数,为所说明的元件提供一种静态信息通道;PORT 说明语句是对设计实体与外部电路的接口通道的说明,其中包括对每一个端口的输入和输出模式和数据类型的定义。其格式如下:

```
PORT (端口名 :端口模式   数据类型 ;
    [端口名 :端口模式   数据类型 ]);
```

端口名是设计者为实体的对外通道所取的名字,端口模式是指这些通道上的数据流动方向,是输入还是输出。数据类型指端口上流动的数据的表达格式或类型,VHDL 要求只有相同数据类型的端口信号和操作数才能相互作用。

2. 结构体说明

结构体是实体的一个组成部分。结构体具体描述了设计实体的行为,定义了设计实体的功能,规定了设计实体的数据流程,说明了实体中内部元件的连接关系。

结构体的通常语言格式为:

```
ARCHITECTURE 结构体名 OF 实体名 IS
    [说明语句]
```

```
BEGIN
   [功能描述语句]
END ARCHITECTURE 结构体名;
```

结构体名由设计者自己选择,命名规则同实体名,但当一个实体具有多个结构体时,结构体的名字不可重复。"说明语句"对结构体内部需要使用的信号、常数、子程序和元件等元素进行定义;说明语句不是必需的。"功能描述语句"用于描述实体电路结构和逻辑功能。功能描述语句可以是并行语句结构,也可以是顺序语句结构或是它们的混合。

3. 库和程序包说明

库是用来存储和放置设计单元的地方,可查询、调用库里的设计单元,用作其他 VHDL 描述的资源。一般地,设计库中有多个程序包,不同库中所放的程序包的个数可以不一致。程序包中放子程序,子程序中含有过程、函数、元件等基础设计单元。

在众多 VHDL 语言所使用的库中,可以分为两类:一类为设计库,另一类是资源库。设计库是一种符合 VHDL 标准的预定义库,对当前项目是默认可见的,无需额外声明,常用的设计库有 STD 库和 WORK 库。资源库用来存放常规元件和标准模块,使用前需预先声明,最常用的是 IEEE 库,这个库是 IEEE 标准化组织认可的。用户可以自己定义程序包,按照一定的语法规则进行设计即可,用户自定义的设计单元和程序包默认放在 WORK 库中。

使用库和程序包的一般定义表式是:

```
LIBRARY   <设计库名>;
USE   <设计库名>.<程序包名>.ALL;
```

4. VHDL 的语言要素

VHDL 语言与其他高级语言一样,具有编程语言的一般特性,其语言要素是组成程序语句的基本单元,主要有数据对象、数据类型、运算操作符和操作数。

VHDL 语言的文字主要包括标识符和数值等。标识符是设计人员为书写程序所规定的一些词组,用来表示实体名、端口、常数、变量、信号和结构体的名称。标识符不区分字母的大小写。VHDL 的数据对象有三类:常量、信号和变量,它们的使用场合不同,可见范围也不同。

VHDL 是一种强类型语句,非常注重数据类型的匹配问题,VHDL 要求设计实体中的数据对象必须具有确定的数据类型,并且相同数据类型的信号才能进行相互传递和赋值。VHDL 中常用的数据类型有:布尔(BOOLEAN)数据类型、位(BIT)数据类型、位矢量(BIT_VECTOR)数据类型、字符数据类型、整数(INTEGER)数据类型、时间(TIME)数据类型等。

在 VHDL 中,除了上述常用的数据类型外,在 IEEE 库的 STD_LOGIC_1164 程序包中,还定义了两个非常重要的数据类型,它们是标准逻辑位 STD_LOGIC 和标准逻辑位矢量 STD_LOGIC_VECTOR。在 VHDL 的设计中,用得最多的几乎就是这两个数据类型,但是使用前需要打开相应的库和程序包。用户也可以采用 TYPE 语句自己定义数据类型。

和其他高级编程语言一样,VHDL 语言中的各种表达式都是由运算符和操作数完成的,运算符规定操作数的运算方式,而操作数是表达式中各种运算的对象。VHDL 语言预定义了 5 种运算符,即逻辑运算符、算术运算符、符号运算符、关系运算符和移位运算符。表 4.6.1 列出了 VHDL 常用的运算符。

表 4.6.1　VHDL 中的基本运算符

类　　型	运　算　符	功　　能	操作数数据类型
关系运算符	=	等于	任何数据类型
	/=	不等于	任何数据类型
	<	小于	枚举与整数类型,及对应的一维数组
	>	大于	枚举与整数类型,及对应的一维数组
	<=	小于等于	枚举与整数类型,及对应的一维数组
	>=	大于等于	枚举与整数类型,及对应的一维数组
逻辑运算符	AND	与	BIT,BOOLEAN,STD_LOGIC
	OR	或	BIT,BOOLEAN,STD_LOGIC
	NAND	与非	BIT,BOOLEAN,STD_LOGIC
	NOR	或非	BIT,BOOLEAN,STD_LOGIC
	XOR	异或	BIT,BOOLEAN,STD_LOGIC
	XNOR	异或非	BIT,BOOLEAN,STD_LOGIC
	NOT	非	BIT,BOOLEAN,STD_LOGIC
符号运算符	+	正	整数
	−	负	整数

5. VHDL 语言的描述语句

VHDL 语言的描述语句主要用来描述系统的行为功能、硬件结构及信号之间的逻辑关系。这些语句按运行的前后关系可以分为顺序语句和并行语句两大类。顺序语句是按照语句的书写顺序执行;并行语句的执行是并发的,与语句的书写顺序无关。

顺序语句只能出现在进程(process)、函数(function)和过程(procedure)中,VHDL 的顺序语句有赋值语句、WAIT 语句、流程控制语句、断言语句和空操作语句。流程控制语句有 IF 语句、CASE 语句、LOOP 语句、NEXT 语句和 EXIT 语句 5 种,主要是通过条件控制来决定是否执行一条语句或几条语句、是否跳过一条语句或几条语句,或者重复执行一条语句或几条语句。并行语句主要有并行信号赋值语句、块语句(BLOCK Statement)、进程语句、元件例化语句、条件信号赋值语句、生成语句和并行过程调用语句 7 种。

图 4.6.1 为一个简单数字逻辑电路,实现半加器功能。

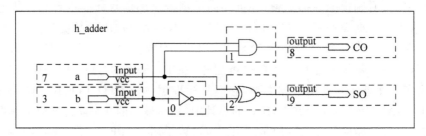

图 4.6.1　简单的门电路

6. 逻辑功能的仿真和测试

逻辑电路的设计实体完成后,接下来的工作就是要测试这个实体描述的功能是否正确。测试的步骤是:在输入端口加入测试信号波形,从输出端口观察输出信号波形并判断结果是否正确,这一过程称为功能仿真。本书使用 MAX_PLUSII 软件进行仿真,用该软件以波形图的方式建立一个矢量波形文件(扩展名为.scf)进行检测。

上述例子进行仿真时,首先打开 MAX_PLUSII 软件,在某个路径下创建一个新文件夹,作为设计者的 WORK 库;打开文本编辑器输入源程序,对源程序进行编译,编译通过后创建仿真波形文件进行功能仿真,验证设计结果。图 4.6.2 给出了例 1.1 的仿真波形图,由图可知,当 a=0、b=0 时,和输出 SO=0,进位输出 CO=;当 a=1、b=1 时,和输出 SO=0,进位输出 CO=1;当 a=0、b=1 时,和输出 SO=1,进位输出 CO=0;当 a=1、b=0 时,和输出 SO=1,进位输出 CO=;分析表明该实体描述的逻辑功能正确,实现了半加器的逻辑操作。

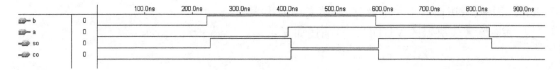

图 4.6.2 半加器的仿真输出波形

4.6.2 用 VHDL 描述门电路

门电路的描述比较简单,就是将逻辑电路图用 VHDL 文本方式表示出来,即使用 VHDL 语言中的基本逻辑运算符实现。VHDL 共有 7 种基本逻辑运算符,它们是 AND(与)、OR(或)、NAND(与非)、NOR(或非)、XOR(异或)、XNOR(同或)和 NOT(取反)。信号在这些运算符的直接作用下,可以构成组合逻辑电路。逻辑运算符所要求的操作数的基本数据类型有三种,BIT、BOOLEAN 和 STD_LOGIC。操作数的数据类型也可以是一维数组,但其数据类型必须为 BIT_VECTOR 或 STD_LOGIC_VECTOR。

这里以异或门为例,来看一下采用 VHDL 语言如何描述门电路。

【例 4.6.1】 试用 VHDL 描述异或门。

```
entity xor1 is
port( a,b : in bit;
    q : out bit);
end xor1;
architecture arch of xor1 is
  begin
    q <= a xor b;
end arch;
```

图 4.6.3 给出了异或门生成的电路图,图 4.6.4 给出了该程序对应的仿真图。

除采用上述文本方式进行门电路设计以外,MAX

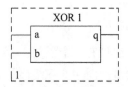

图 4.6.3 例 4.6.1 异或门电路图

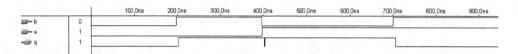

图 4.6.4　异或门仿真波形图

_PLUSII 提供了功能强大、直观便捷、操作灵活的原理图输入设计功能,同时还配备了能满足各种需要的元件库,例如基本逻辑元件库中含有与非门、反向器、D 触发器等多种基本电路,可直接调用。

4.6.3　用 VHDL 描述组合逻辑电路

在前面介绍 VHDL 基本知识时,已经对一些基本的组合逻辑电路进行了描述。现在,对一些典型电路的描述作进一步的介绍。

【例 4.6.2】　三人裁判举重比赛,裁判结果用红、绿灯表示,对该表决器进行描述时,可以将三个裁判用输入来表示,红绿灯结果用输出表示。

解:三人表决器的 VHDL 语言描述如下:

```
LIBRARY IEEE ;
 USE IEEE.STD_LOGIC_1164.ALL ;
 ENTITY biaojue IS
  PORT ( A  : IN  STD_LOGIC_VECTOR(2 DOWNTO 0);
     R,G : OUT STD_LOGIC  ) ;
 END ;
 ARCHITECTURE one OF biaojue IS
 BEGIN
  PROCESS( A )
  BEGIN
  CASE  A  IS
   WHEN "000" =>  R<='0';G<='0';
   WHEN "001" =>  R<='0';G<='0';
   WHEN "010" =>  R<='0';G<='0';
   WHEN "011" =>  R<='1';G<='0';
   WHEN "100" =>  R<='0';G<='0';
   WHEN "101" =>  R<='1';G<='1';
   WHEN "110" =>  R<='1';G<='1';
   WHEN "111" =>  R<='1';G<='1';
   WHEN OTHERS =>   NULL;
   END CASE ;
  END PROCESS ;
 END ;
```

描述只有一个语句:CASE 语句,当输入值等于"000"~"111"时,R 和 G 分别对应高低电平输出。图 4.6.5 给出了表决器对应的仿真波形图,由该图形可以看出,该程序实现了电路的逻辑功能。

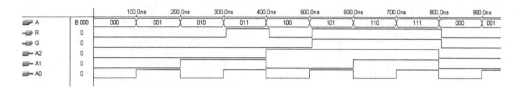

图 4.6.5 表决电路的仿真波形图

本章小结

组合逻辑电路以门电路作为基本逻辑单元,其特点是任意时刻的输出仅由该时刻的输入状态决定,与电路原来的状态无关。

组合逻辑电路按其规模分类分为 SSI、MSI、LSI、VLSI 等。SSI 组合逻辑电路由门电路组成,可以灵活地实现各种逻辑功能。对有些频繁使用的标准化逻辑功能电路制成通用的 MSI 组合逻辑器件,用户使用起来方便、可靠。通常在 MSI 器件中设置了片选端、使能端等,供用户作为电路功能扩展之用,增加使用的灵活性,因此,在使用 MSI 器件时一定要弄清扩展端的功能,并要做相应的处理才能使电路具备要求的逻辑功能,还能更大限度地发挥器件的潜力,起到事半功倍的作用。

常用的中规模组合逻辑器件包括编码器、译码器、数据选择器、数值比较器、加法器等。

用 MSI 芯片设计组合逻辑电路最简单和最常用的方法是,用数据选择器设计多输入、单输出的逻辑函数;用二进制译码器设计多输入、多输出的逻辑函数。

VHDL 语言是一种多层次的硬件描述语言,支持硬件的设计、综合、验证和测试。

双语对照

组合逻辑电路　combinational logic circuit

时序逻辑电路　sequential logic circuit

编码器　encoder

二进制编码器　binary encoder

优先编码器　priority encoder

二-十进制编码器　BCD encoder

译码器　decoder

二进制译码器　binary decoder

二-十进制译码器　BCD decoder

数据分配器　demultiplexer

数据选择器　multiplexer(MUX)

数值比较器　comparator

半加器　half adder

全加器　full adder

串行进位加法器　ripple carry adder

超前进位加法　look-ahead carry adder

竞争　race

冒险　hazard

VHDL　Very High Speed Integrated Circuit Hardware Description Language

习题

1. 逻辑电路如图 4.1 所示,试分析其逻辑功能。

2. 试分析图 4.2 所示逻辑电路的功能。

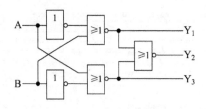

图 4.1　习题 1 逻辑电路图

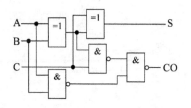

图 4.2　习题 2 逻辑电路图

3. 试用 2 输入与非门和反向器设计一个 4 位的奇偶校验器,即当 4 位数中有奇数个 1 时输出为 0,否则输出为 1。

4. 试用与非门设计一个组合逻辑电路,求两个二进制数 $A_1 A_0$ 和 $B_1 B_0$ 的乘积。

5. 某雷达站有 3 部雷达 A、B、C,其中 A 和 B 功率消耗相等,C 的功率是 A 的 2 倍。这些雷达由 2 台发电机 X、Y 供电,发电机 X 的最大输出功率等于雷达 A 的功率消耗,发电机 Y 的最大输出功率是 X 的 3 倍。要求设计 1 个逻辑电路,能够根据各雷达的启动和关闭信号,以最节约电能的方式启、停发电机。

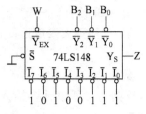

图 4.3　习题 6 逻辑电路图

6. 74LS148 是 8 线-3 线优先编码器,在如图 4.3 所示电路中,输出 W、Z、B_2、B_1、B_0 的状态如何?(高电平还是低电平)

7. 试用与非门设计一译码器,译出对应 ABCD = 0010、1010、1110 状态的 3 个信号。

8. 为了使 74LS138 译码器的第 10 脚输出为低电平,请标出各输入端应置的逻辑电平。

9. 试画出用 3 线-8 线译码器 73LS138 组成 5 线-32 线译码器的接线图。

10. 用译码器 74LS138 和适当的逻辑门实现函数 $F = \overline{A}BC + A\overline{B}C + AB\overline{C} + ABC$。

11. 有 3 个温度探测器,当探测的温度超过 60℃ 时,探测器输出的信号为 1;如果探测的温度低于 60℃ 时,探测器输出信号为 0。当有两个或两个以上的温度探测器输出 1 时,总控制器输出 1 信号。试写出总控制器真值表和逻辑表达式,画出由 74LS138 译码器实现该电路的电路图。

12. 使用 7 段集成显示译码器 7448 和发光二极管显示器组成一个 7 位数字的译码显示电路,要求将 0099.120 显示成 99.12,各片的控制端应如何处理?画出外部接线图(注:不考虑小数点的显示)。

13. 数据选择器如图 4.4 所示,并行输入数据 $I_3 I_2 I_1 I_0 = 1010$,控制端 $X = 0$,$A_1 A_2$ 的态序为 00、01、10、11,试画出输出端 Y 的波形。

14. 74151 的连接方式和各输入端的输入波形如图 4.5 所示,画出输出端 Y 的波形。

15. 用 8 选 1 数据选择器 74151 实现下列函数:

(1) $F(A,B,C) = \sum m(0,1,4,7)$

(2) $F(A,B,C) = (A + \overline{B})(\overline{A} + C)$

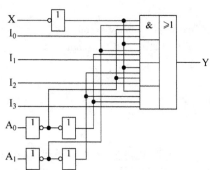

图 4.4　习题 13 逻辑电路图

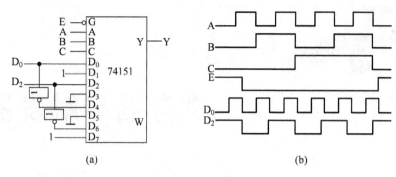

图 4.5 习题 14 电路图及波形图

16. 试用 8 选 1 数据选择器 74151 实现下列函数:

(1) $F(A,B,C,D) = \sum m(0,1,6,8,12,15)$

(2) $F(A,B,C,D) = \sum m(1,3,5,7,10,14,15)$

(3) $F(A,B,C,D) = A + BCD$

17. 试用两片双 4 选 1 数据选择器接成一个 16 选 1 数据选择器,连接时允许附加必要的门电路。

18. 能否用一片 4 位并行加法器 74LS283 将余三码转换成 8421 的二-十进制代码? 如果可能,应当如何连线?

19. 试用 4 位并行加法器 74LS283 设计一个加/减计数器电路。当控制信号 M=0 时它将两个输入的 4 位二进制数相加,而 M=1 时它将两个输入的 4 位二进制数相减。允许附加必要的门电路。

20. 试用两个 4 位数值比较器组成三个数的判断电路。要求能够判别三个 4 位二进制数 $A(a_3 a_2 a_1 a_0)$、$B(b_3 b_2 b_1 b_0)$、$C(c_3 c_2 c_1 c_0)$ 是否相等、A 是否最大、A 是否最小,并分别给出"三个数相等"、"A 最大"、"A 最小"的输出信号。可以附加必要的门电路。

21. 在输入既有原变量又有反变量的条件下,用与非门实现逻辑函数:

$$F = \overline{A}B + AD + \overline{BCD}$$

(1) 判断在哪些输入信号组合变化条件下,可能发生冒险。

(2) 用增加多余项方法消除逻辑冒险。

(3) 用取样方法避免冒险现象。

第5章

锁存器和触发器

内容提要

- 锁存器和触发器的电路结构与工作原理。
- 触发器的触发方式分类及动作特点。
- SR 和 D 锁存器逻辑功能及其应用。
- JK、D、T 和 T′ 触发器的逻辑功能及其应用。
- 触发器的 VHDL 描述*。

5.1 时序电路基本逻辑单元概述

5.1.1 时序电路基本逻辑单元及特点

数字系统中逻辑电路分为两大类：**组合电路**和**时序电路**。前面介绍的各种集成逻辑门电路以及由它们组成的电路都属于组合电路,这些电路具有共同的特点,就是某一时刻的输出完全取决于当时的输入信号,与电路原来的状态无关,即它们没有记忆功能。时序电路的输出状态不仅取决于当时的输入信号,还与电路原来的状态有关。

在数字系统中,除了需要对二值信号进行算术和逻辑运算外,经常需要将这些二值信号和算术及逻辑运算的结果存储起来,为此,需要具有记忆功能的基本单元来完成这样的工作,锁存器(latch)和触发器(flip-flop)就是具有这种功能的基本逻辑单元。正如门电路是组合逻辑电路的基本逻辑单元一样,锁存器和触发器是时序逻辑电路的**基本逻辑单元**。

锁存器和触发器具有以下的特点:

(1) 具有能够自行保持的稳态:"1"态和"0"态,即具有双稳态特性。

(2) 在一定的条件下,能够从一个稳态跳变为另一个稳态。

(3) 在条件消失后,能自行保持新的状态,即将新的信息记忆下来。

正因如此,锁存器和触发器在电子计算机和数字系统中广泛应用。

例如,智力竞赛抢答器应能够识别并锁存第一时间抢先按下抢答按钮的选手号码,且将号码显示出来。组合逻辑电路没有记忆功能,无法锁住第一时间抢先按下的号码,只有用时序电路才能实现。

5.1.2 锁存器和触发器分类及描述

到目前为止,已经研制出多种锁存器和触发器电路,可按由电路结构导致的动作特点和逻辑功能对其分类。

　　按电路动作特点分类,可分为:锁存器、主从触发器和边沿触发器。

　　按逻辑功能分类,可分为:SR、JK、D、T 和 T′触发器。

　　正如用真值表、函数表达式、逻辑图和时序图等方法描述组合逻辑电路的逻辑功能的一样,触发器用特性表、特性方程、状态图和时序图来描述其逻辑功能。

　　由于时序逻辑电路的输出状态不仅取决于当时的输入信号,还与电路原来的状态有关,所以时序电路的状态是一个状态变量的集合,这些状态变量在任意时刻的值都包含了为确定电路未来行为而必须考虑的所有历史信息。

　　大多数时序电路的状态变化所发生的时间由一个自激振荡产生的时钟(clock)信号规定。典型的数字系统,从电子表到高级计算机,都是采用石英晶体振荡器来产生时钟信号的。

5.2 锁存器

　　锁存器能够锁住某一时刻的输入信号,在一段时间内输出保持锁住的信号不变,而在其他时间内接受输入信号,输出状态随着输入信号的变化而变化。

5.2.1 基本 SR 锁存器

　　基本 SR 锁存器(S-R latch)是半导体存储单元中最简单、最基本的一种,同时,又是许多复杂电路结构触发器的一个组成部分。

1. 电路结构与工作原理

　　基本 SR 锁存器可以由两个 2 输入端的或非门或两个 2 输入端的与非门构成,但它的结构形式与前几章学的组合电路有所不同,具有反馈结构特点。

　　在图 5.2.1(a)所示电路中,当 M=0,且 S=0 时,Q=$\overline{R}$,$\overline{Q}$=R,此时,若 R=1,则 Q=0,$\overline{Q}$=1,即 $\overline{Q}$=R。

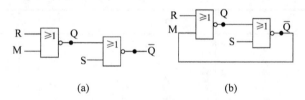

图 5.2.1　由或非门组成 SR 锁存器的组成原理

　　如果 R 的信号消失,即 R 由 1→0 后,Q=1,$\overline{Q}$=0,也就是 Q 的信息随着 R 信号的消失而消失了,因此,电路没有记忆功能,此为组合逻辑电路。

　　如果 $\overline{Q}$ 与 M 按如图 5.2.1(b)所示连接,同样,当 R=1 时,Q=0,$\overline{Q}$=1,M=$\overline{Q}$=1,使得 Q=0;当 R 由 1→0 后,由于 M=$\overline{Q}$=1,所以 Q=0 保持不变,即尽管 R 信号消失,Q=0,$\overline{Q}$=1。$\overline{Q}$ 将 R=1 的信号保持了,因此电路具有记忆功能。

　　同理,以 S 做输入信号,当 R=0,S=1 时,Q=1,$\overline{Q}$=0。当 S 信号消失以后,即 S 由 1→

0后,Q=1的值还是保持不变。这样就得到了由两个或非门组成的 SR 锁存器电路。

习惯上,将图 5.2.1(b)所示电路画成如图 5.2.2(a)所示电路,符号如 5.2.2(b)所示,称为 SR 锁存器,S 和 R 以高电平作为输入信号,并定义 Q=0,$\overline{Q}$=1 为锁存器的 0 态,定义 Q=1,$\overline{Q}$=0 为锁存器的 1 态。

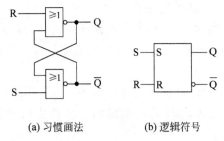

(a) 习惯画法　　　(b) 逻辑符号

图 5.2.2　或非门组成的基本 SR 锁存器

将锁存器的原态(也叫初态)用 Q^n 表示,次态用 Q^{n+1} 表示,分析图 5.2.2 所示的 SR 锁存器的逻辑功能。

当 S=1,R=0 时,不管锁存器原来的状态 Q^n 是什么,Q^{n+1}=1,$\overline{Q^{n+1}}$=0,电路输出 1 态。

当 S=0,R=1 时,不管锁存器原来的状态 Q^n 是什么,Q^{n+1}=0,$\overline{Q^{n+1}}$=1,电路输出 0 态。

当 S=0,R=0 时,如果 Q^n=0,$\overline{Q^n}$=1,则 Q^{n+1}=0,$\overline{Q^{n+1}}$=1;如果 Q^n=1,$\overline{Q^n}$=0,则 Q^{n+1}=1,$\overline{Q^{n+1}}$=0,即电路保持原来输出状态不变,即 Q^{n+1}=Q^n。

当 S=1,R=1 时,不管锁存器原来的状态 Q^n 是什么,Q^{n+1}=0,$\overline{Q^{n+1}}$=0,这既不是定义的 0 态,也不是 1 态,当 S 和 R 同时由 1→0 时,无法断定锁存器将回到 0 态还是 1 态。因此正常工作时,锁存器输入信号应遵守 S 和 R 中至少应有一个为 0 的约定,即:

$$S \cdot R = 0 \quad 或 \quad \overline{S} + \overline{R} = 1$$

2. 逻辑功能描述

1) 特性表

将锁存器的次态 Q^{n+1} 和原态 Q^n 与输入信号之间的关系用真值表来描述,称之为锁存器的特性表(characteristic table)。在表 5.2.1 中,因为 SR 锁存器的次态 Q^{n+1} 不仅与输入变量 S 和 R 有关,还和锁存器原来的状态 Q^n 有关,所以锁存器的特性表中,Q^n 作为状态变量出现。

表 5.2.1　或非门组成的基本 SR 锁存器的特性表

S	R	Q^n	Q^{n+1}	功　能
0	0	0	0	保持
0	0	1	1	保持
0	1	0	0	置0
0	1	1	0	置0
1	0	0	1	置1
1	0	1	1	置1
1	1	0	0*	约束
1	1	1	0*	约束

表 5.2.1 所列为或非门组成的 SR 锁存器的特性表,S 和 R 为高电平输入有效,S 为置 1 输入(或称置位输入),R 为置 0 输入(或称复位输入)。从表中可以得知,SR 锁存器根据 S 和 R 的不同,对输出状态能够保持、置 0 和置 1,且对 S 和 R 的取值有约束,即 S 和 R

不能同时为 1。

基本 SR 锁存器也可以用与非门构成,如图 5.2.3(a)所示。这个电路是以低电平作为输入信号,$\overline{S}$ 和 $\overline{R}$ 分别表示置位输入端和复位输入端,电路的逻辑符号如图 5.2.3(b)所示。

当 $\overline{S}=0$,$\overline{R}=1$ 时,不管锁存器原来的状态 Q^n 是什么,$Q^{n+1}=1$,$\overline{Q^{n+1}}=0$,电路输出 1 态。

当 $\overline{S}=1$,$\overline{R}=0$ 时,不管锁存器原来的状态 Q^n 是什么,$Q^{n+1}=0$,$\overline{Q^{n+1}}=1$,电路输出 0 态。

当 $\overline{S}=1$,$\overline{R}=1$ 时,如果 $Q^n=0$,$\overline{Q^n}=1$,则 $Q^{n+1}=0$,$\overline{Q^{n+1}}=1$;如果 $Q^n=1$,$\overline{Q^n}=0$,则 $Q^{n+1}=1$,$\overline{Q^{n+1}}=0$,即电路保持原来输出状态不变,即 $Q^{n+1}=Q^n$。

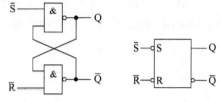

(a) 逻辑电路   (b) 逻辑符号

图 5.2.3 用与非门组成的基本 SR 锁存器

当 $\overline{S}=0$,$\overline{R}=0$ 时,不管锁存器原来的状态 Q^n 是什么,$Q^{n+1}=1$,$\overline{Q^{n+1}}=1$,这既不是定义的 0 态,也不是 1 态,当 $\overline{S}$ 和 $\overline{R}$ 同时由 0→1 时,无法断定锁存器将回到 0 态还是 1 态。因此正常工作时,锁存器输入信号应遵守 $\overline{S}$ 和 $\overline{R}$ 中至少应有一个为 1 的约定,即:

$$\overline{S} \cdot \overline{R} = 0 \quad 或 \quad \overline{S} + \overline{R} = 1$$

由与非门组成的 SR 锁存器的特性表如表 5.2.2 所示。

表 5.2.2 与非门组成的基本 SR 锁存器的特性表

$\overline{S}$	$\overline{R}$	Q^n	Q^{n+1}	功能
0	0	0	1*	约束
0	0	1	1*	约束
0	1	0	1	置1
0	1	1	1	置1
1	0	0	0	置0
1	0	1	0	置0
1	1	0	0	保持
1	1	1	1	保持

无论是与非门组成的锁存器,还是或非门组成的锁存器,任何时刻两个输入信号不能同时有效,否则,锁存器会出现非定义的状态,且当输入信号同时消失(与非门组成的锁存器两个输入信号同时由 0→1,或或非门组成的锁存器两个输入信号同时由 1→0)时,锁存器的状态难以确定,所以应满足 $S \cdot R = 0$ 的约束条件。

2) 特性方程

不管是或非门组成的锁存器还是与非门组成的锁存器,由特性表可以得到锁存器次态的逻辑表达式——特性方程(characteristic equation):

$$Q^{n+1} = \overline{\overline{S}} + \overline{R}Q^n = S + \overline{R}Q^n \quad 其中,\quad S \cdot R = 0 \qquad (5.2.1)$$

3) 状态图

锁存器的逻辑功能也可以用图形的方式描述,称之为状态转换图,简称状态图(state diagram)。图 5.2.4 中用圆圈里的值表示稳定状态,用带箭头的直线或弧线表示状态转换方向,在其上标注转换条件。

由锁存器的特性表可以得到状态图,如图 5.2.4 所示。

4) 时序图

锁存器的逻辑功能也可以用波形图的形式来描述,这种波形图叫做时序图(timing diagram),也称为工作波形图。SR 锁存器的时序图如图 5.2.5 所示,假设锁存器的初态为 0,在图中,根据 $\bar{S}$ 和 $\bar{R}$ 变化的波形,对应画出了 Q 和 $\bar{Q}$ 变化的波形。

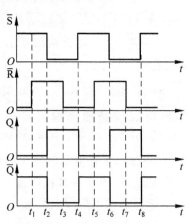

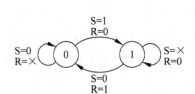

图 5.2.4　SR 锁存器的状态转换图　　　　图 5.2.5　基本 SR 锁存器的时序图

3. 动作特点

在基本 SR 锁存器中,由于输入信号直接加在输出门上,所以输入信号在其全部作用时间里($S=1,\bar{S}=0$,或 $R=1,\bar{R}=0$),都能直接改变 Q 和 $\bar{Q}$ 的状态。

4. 应用举例——开关去抖电路

【例 5.2.1】　运用 SR 锁存器消除机械开关振动引起的脉冲。

解:在数字系统中,经常用开关给出 0 或 1 值,以便给出二值控制命令,例如通、断、加、减、上、下等。机械式开关在改变状态时(从 0→1 或从 1→0),由于簧片接触时产生振动,出现逻辑值反跳现象,形成输出开关信号的抖动。

电路如图 5.2.6 所示,开关信号 K 在数字控制系统中往往是作为门的输入或计数器的计数脉冲输入的,假设门为 TTL 型,当开关 S 由 0→1 时,S 的电平是在门电路输入开路电压和高电平之间抖动,不会影响逻辑门的输出,而当开关由 1→0 时,S 的电平是在 0 和门电路输入开路电压之间抖动,每抖动一次,相当于加入一个脉冲信号,开关簧片抖动 n 次,门的输出就变化 n 次。如果开关 K 的两个输出接 SR 锁存器的两个输入端 $\bar{R}$ 和 $\bar{S}$ 端,并且通过电阻均接到+5V 电源,开关的输入端接地。如图 5.2.7 所示连接电路,就能够解决开关抖动问题。如图 5.2.7 所示电路为简单实用的开关去抖电路(switch deouncer)。

当 K 在 $\bar{R}$ 端时,SR 锁存器的 $\bar{R}=0$、$\bar{S}=1$,$P=0$。

当 K 由 $\bar{R}$ 端打向 $\bar{S}$ 端时,$\bar{R}=1$、$\bar{S}=0$,$P=1$。K 在 $\bar{S}$ 端抖动时,$\bar{S}$ 在 0 和 1 之间变化,此时锁存器在置 1 和保持两个状态之间变化,即锁存器的值始终为 1 态。

当 K 由 $\bar{S}$ 端打向 $\bar{R}$ 端时,$\bar{R}=0$、$\bar{S}=1$,$P=0$。K 在 $\bar{R}$ 端抖动时,$\bar{R}$ 在 0 和 1 之间变化,此时锁存器在置 0 和保持两个状态之间变化,即锁存器的值始终为 0 态。

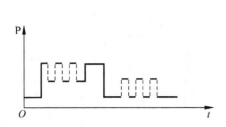

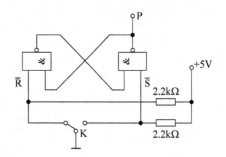

图 5.2.6 例 5.2.1 的开关 P 信号的抖动　　　　图 5.2.7 例 5.2.1 的开关去抖电路

由此可以得出,开关 K 虽然抖动,而输出 P 不会抖动,电路实现了去抖功能。

5.2.2 具有使能端的 SR 锁存器

基本 SR 锁存器的状态 Q,仅由 S 和 R 的有效信号决定,也就是说 S、R 的状态直接决定了锁存器的新状态。

在数字系统中往往含有多个时序器件,按要求在一段时间内接受输入信号,而在其他时间内需保持现有的状态不变。这样,需要设计一种器件,使它只有在使能输入 CP 有效时才接受输入信号。

1. 电路结构与工作原理

如图 5.2.8 所示为具有使能端的 SR 锁存器(S-R latch with enable)。此电路由两部分组成,1 门、2 门为由两个与非门组成的 SR 锁存器,3 门、4 门为由两个与非门组成的输入控制电路。输入信号 S 和 R 能否送到 SR 锁存器的输入端由 CP 信号控制。

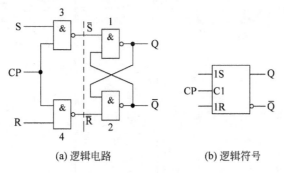

(a) 逻辑电路　　　　　　　(b) 逻辑符号

图 5.2.8 具有使能端的 SR 锁存器

当 CP=0 时,3 门、4 门被封锁,输出为 1,SR 锁存器保持原态。

当 CP=1 时,3 门、4 门开通,S 和 R 经反相后传送到基本 SR 锁存器的输入端 S 和 R,决定锁存器的输出状态。

由此可见,此种 SR 锁存器输入高电平有效,使能端 CP 高电平有效。

在使用 SR 锁存器的过程中,有时在输入信号和使能信号到来之前,将锁存器的状态预先置成 0 态或 1 态,为此在实际的 SR 锁存器电路上往往还设置有专门的异步置位输入端和异步复位输入端,如图 5.2.9 所示。

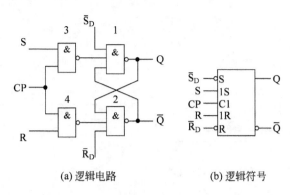

(a) 逻辑电路　　　　(b) 逻辑符号

图 5.2.9　具有异步控制端的 SR 锁存器

由于 $\bar{R}_D$ 和 $\bar{S}_D$ 端在电路的最后一级输入端,不受使能信号 CP 的控制,所以可以将锁存器异步清零或异步置位,所以这两个端叫异步清零端和异步置位端,且低电平有效。值得注意的是,$\bar{R}_D$ 和 $\bar{S}_D$ 信号不能同时出现,即不能同时为 0,否则,锁存器为未定义状态。

2. 逻辑功能描述

1) 特性表

SR 锁存器特性表如表 5.2.3 所列,输入信号 R＝S＝1 为禁用状态,因为此时 $Q=\bar{Q}=1$,为未定义状态,而在 R、S 信号消失以后,锁存器的状态不能确定。

表 5.2.3　SR 锁存器的特性表

CP	S	R	Q^n	Q^{n+1}	功　能
0	×	×	×	Q^n	保持
1	0	0	0	0	保持
1	0	0	1	1	保持
1	0	1	0	0	置 0
1	0	1	1	0	置 0
1	1	0	0	1	置 1
1	1	0	1	1	置 1
1	1	1	0	1^*	约束
1	1	1	1	1^*	约束

2) 特性方程

由特性表 5.2.3 化简得到特性方程如下:

$$Q^{n+1} = S + \bar{R}Q^n \quad (当\ CP = 1\ 时)$$
$$SR = 0$$

$$(5.2.2)$$

其中,SR＝0 为约束条件。显然,当 CP＝0 时,$Q^{n+1}=Q^n$。

3) 状态图

由特性表可以得到状态图,如图 5.2.10 所示。

4）时序图

【例 5.2.2】　具有使能端的 SR 锁存器的输入信号和 CP 信号波形如图 5.2.11 所示，试对应画出锁存器的时序图。

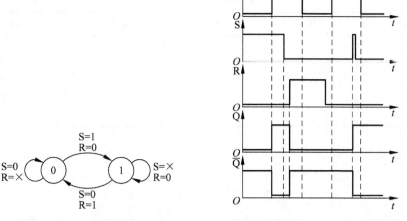

图 5.2.10　SR 锁存器的状态图　　　　图 5.2.11　例 5.2.2 的时序图

解： 按照表 5.2.3 的功能表，可以画出图 5.2.11 所示的时序图。

3. 动作特点

由于在 CP＝1 的全部时间里，S 和 R 信号都能通过 3 门和 4 门加到 SR 锁存器上，所以在 CP＝1 的全部时间里，输入和输出呈透明状态，S 和 R 的变化都将引起锁存器输出端状态的变化；而在 CP＝0 的时间里，S 和 R 信号被 3 门和 4 门封锁，锁存器保持原来的状态不变。

5.2.3　D 锁存器

1. 电路结构与工作原理

假如将具有使能端的 SR 锁存器的结构改动一下，将 S 外接一个输入信号 D，而 S 取反以后作为 R 输入，就得到如图 5.2.12(a) 所示的电路图，输入端只有一种信号 D 起作用，称为 D 锁存器(D latch)。从图可知，当 CP＝1 时，$\bar{S}=\bar{D},\bar{R}=D$，代入 SR 锁存器的特性方程，得到，$Q^{n+1}=S+\bar{R}Q^n=D$。由于此时不管 S 和 R 取什么值，S 和 R 始终互补，满足约束条件，所以 D 锁存器对输入取值没有约束，逻辑符号如图 5.2.12(b) 所示。

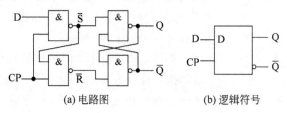

(a) 电路图　　　　　　　　(b) 逻辑符号

图 5.2.12　D 锁存器

2. 逻辑功能描述

1）特性表

D 锁存器的特性表如表 5.2.4 所示。

表 5.2.4　D 锁存器的特性表

CP	D	Q^n	Q^{n+1}	功　　能
0	×	×	Q^n	保持
1	0	0	0	置 0
1	0	1	0	置 0
1	1	0	1	置 1
1	1	1	1	置 1

2）特性方程

由特性表得到特性方程如下：

$$Q^{n+1} = D \quad （当 CP = 1 时） \tag{5.2.3}$$

3）状态图

由特性表得到状态图，如图 5.2.13 所示。

3. 动作特点

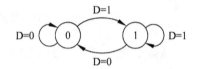

图 5.2.13　D 锁存器的状态图

由于 D 锁存器在 CP 有效时，锁存器的状态值与输入端 D 的值相一致，这时称锁存器为"打开"，并且从 D 输入端到 Q 输出端的通道是"透明的"。因此，D 锁存器常被称为透明锁存器。当 CP 输入无效时，锁存器就锁存原来的值而不再对 D 端的输入做出任何响应。

5.3　主从触发器

　　D 锁存器的使能信号有效时更新状态，且输出状态随着输入信号的变化而变化，而在某些时序电路中，存储电路需对时钟信号的某一边沿时刻接收输入信号，而在其他时间段不应受输入信号的影响，保持原有状态不变。这种在时钟边沿作用下的状态更新称为**触发**，具有触发特性的存储单元电路称为**触发器**(flip-flop)。

　　在数字系统中往往含有多个触发器，且要求按一定的时间节拍把输入状态反映到输出端。这样，需要一个统一的信号，协调各个触发器的翻转。这种信号叫做时钟脉冲信号，用 CP 表示。

　　如图 5.3.1 所示为时钟信号 CP 一周期的脉冲波形，将波形按特性分为 4 段，低电平——逻辑值为 0 的区域，高电平——逻辑值为 1 的区域，上升沿——逻辑值由 0 到 1 的区域，下降沿——逻辑值由 1 到 0 的区域。其中，上升沿和下降沿为逻辑值更新时的动态过程，标准的时钟信号，

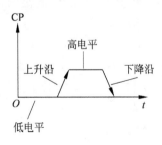

图 5.3.1　时钟信号 CP 一周期的
脉冲波形

动态过程很短,在电路分析时可忽略。

5.3.1 主从 SR 触发器

1. 电路结构与工作原理

主从 SR 触发器(master/slave SR flip-flop)由两个具有使能端的 SR 锁存器分别构成主锁存器(master latch)和从锁存器(slave latch),CP 脉冲直接控制主锁存器,倒相后控制从锁存器。如图 5.3.2 所示,从锁存器输出状态表示主从 SR 锁存器状态,主锁存器的输入状态表示主从 SR 触发器的输入状态。

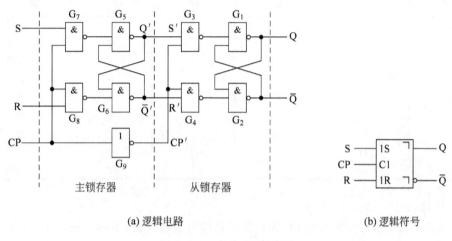

(a) 逻辑电路　　　　　　　　　　　(b) 逻辑符号

图 5.3.2　主从 SR 触发器

当 CP=1 时,主锁存器开启,R 和 S 端的取值决定了主锁存器的状态,此时从锁存器被封锁,因此,无论 Q' 和 $\overline{Q'}$ 如何变化,对从锁存器状态无影响,即主从 SR 锁存器保持原状态不变。

当 CP 由 1→0 后,主锁存器被封锁,输入端 R 和 S 的变化不会影响主锁存器的状态,此时从锁存器开启,主锁存器原来寄存的状态就传送到从锁存器输入端,影响从锁存器的状态输出。

例如,当 CP=0 时,触发器的初始状态为 Q=0,$\overline{Q}$=1;当 R=0,S=1,而 CP 由 0→1 以后,主锁存器开启,状态确定,即 Q'=1 和 $\overline{Q'}$=0,此时从锁存器被封锁,触发器状态不变;当 CP 由 1→0 以后,从锁存器开启,主锁存器原来寄存的状态(Q'=1 和 $\overline{Q'}$=0)便传送到从存器输出端,即有 Q=1,$\overline{Q}$=0,而此时主锁存器被封锁,R 和 S 的变化将不影响主锁存器的状态。

由此可见,主从 SR 触发器的特性表、特性方程和逻辑功能与 SR 锁存器完全相同。由于采用了互补时钟分别控制主锁存器和从锁存器,无论在 CP 脉冲高电平或低电平时,主从锁存器总有一个被打开,而另一个被封锁,S 和 R 端的状态不能始终影响主从 SR 触发器的状态,触发器的状态只有在 CP 的下降沿来的时刻才能更新。

由于主从 SR 触发器状态翻转发生在 CP 脉冲由 1→0 的时候,通常称为下降沿触发,用符号"⌐"表示延迟输出。

主从 SR 触发器还可设置异步置 1 端和异步置 0 端,通过它们可以直接对触发器置 1 (置位)或置 0(复位),它们都是低电平有效。

2. 逻辑功能描述

1) 特性表

主从 SR 触发器的特性表如表 5.3.1 所列,与 SR 锁存器特性表相比较,不同之处在于 CP 的作用时间不同,其他功能完全相同,表中 ↓ 表示 CP 的下降沿。

表 5.3.1　主从 SR 触发器的特性表

CP	S	R	Q^n	Q^{n+1}	功　　能
×	×	×	×	Q^n	保持
↓	0	0	0	0	保持
↓	0	0	1	1	保持
↓	0	1	0	0	置 0
↓	0	1	1	0	置 0
↓	1	0	0	1	置 1
↓	1	0	1	1	置 1
↓	1	1	0	1*	约束
↓	1	1	1	1*	约束

2) 特性方程

主从 SR 触发器特性方程与 SR 锁存器的特性方程相比较,不同之处在于 CP 作用的条件不同,其他表达式完全相同。主从 SR 触发器特性方程表示如下:

$$Q^{n+1} = S + \bar{R}Q^n \tag{5.3.1}$$

其中,$S \cdot R = 0$,CP↓ 有效。

主从 SR 触发器的状态图与 SR 锁存器的状态图一致,这里不再赘述。

5.3.2　主从 JK 触发器

1. 电路结构与工作原理

主从 SR 触发器 R 和 S 取值的约束仍然存在。如果在 R 和 S 端同时加 1,就会出现 CP 脉冲作用之后新状态不确定的情况,这个缺点使主从 SR 触发器的应用受到限制。

为了构成无约束条件的触发器,可以利用 Q 和 $\bar{Q}$ 互为相反的特点,将 Q 端与 R 端之中的一个输入端相连,$\bar{Q}$ 端与 S 端之中的一个输入端相连,则在 R 和 S 端就不可能同时出现 1,因而克服了约束条件。改接后的逻辑电路如图 5.3.3(a)所示。为了与主从 SR 触发器区别,将 R 端改称为 K 端,S 端改称为 J 端,即构成主从 JK 触发器(maste/slave JK flip-flop),逻辑符号如图 5.3.3(b)所示。

若 J=1,K=0,则 CP=1 时主锁存器置成 1(即主锁存器原来是 0 则置成 1,原来是 1 则保持 1),当 CP 由 1→0 以后,从锁存器随之置 1,即 $Q^{n+1}=1$。

若 J=0,K=1,则 CP=1 时主锁存器置成 0(即主锁存器原来是 1 则置成 0,原来是 0 则保持 0),当 CP 由 1→0 以后从锁存器随之置 0,即 $Q^{n+1}=0$。

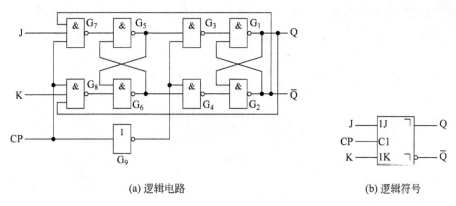

(a) 逻辑电路　　　　　　　　(b) 逻辑符号

图 5.3.3　主从 JK 触发器

若 $J=K=0$，则主锁存器被封锁，当 CP 由 $1\rightarrow0$ 以后，触发器保持原来状态不变，即 $Q^{n+1}=Q^n$。

当 $J=K=1$ 时，分两种情况分析：

(1) 当 $Q^n=0$ 时，8 门被 Q 端的低电平封锁，输出为 1，7 门输出为 0，主锁存器置 1，CP 由 $1\rightarrow0$ 以后，从锁存器也置 1，$Q^{n+1}=1$。

(2) 当 $Q^n=1$ 时，7 门被 $\overline{Q}$ 端的低电平封锁，输出为 1，8 门输出为 0，主锁存器置 0，CP 由 $1\rightarrow0$ 以后，从锁存器也置 0，$Q^{n+1}=0$。

由此可见，无论触发器的初态是什么，当 $J=K=1$ 时，触发器的次态为 $Q^{n+1}=\overline{Q^n}$。

2. 逻辑功能描述

1) 特性表

由上述分析可以得到 JK 触发器的特性表如表 5.3.2 所示。

表 5.3.2　JK 触发器的特性表

CP	J	K	Q^n	Q^{n+1}	功　能
×	×	×	×	Q^n	保持
↓	0	0	0	0	保持
↓	0	0	1	1	保持
↓	0	1	0	0	置 0
↓	0	1	1	0	置 0
↓	1	0	0	1	置 1
↓	1	0	1	1	置 1
↓	1	1	0	1	翻转
↓	1	1	1	0	翻转

由于主从 JK 触发器将主从 SR 触发器的 Q 和 $\overline{Q}$ 端分别与 S 和 R 端之中的一个输入端相连，不仅解决了 SR 触发器的约束问题，还将约束问题转化为主从 JK 触发器的翻转功能。所以，JK 触发器叫全功能触发器。

在有些集成电路触发器产品中,输入端 J 和 K 不止一个,如图 5.3.4 所示。在这种情况下,J_1 和 J_2、K_1 和 K_2 分别是与的逻辑关系。

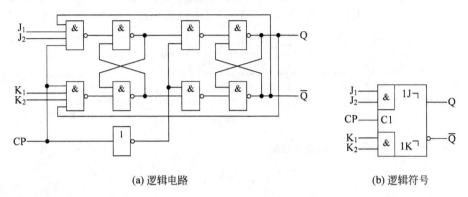

(a) 逻辑电路　　　　　　　　　　　　(b) 逻辑符号

图 5.3.4　多输入端的 JK 触发器

2) 特性方程

由特性表可以得到特性方程如下:

$$Q^{n+1} = J\,\overline{Q^n} + \overline{K}Q^n \quad (当 CP\!\downarrow 时) \tag{5.3.2}$$

3) 状态图

由特性表可以得到状态图,如图 5.3.5 所示。

4) 时序图

【例 5.3.1】　根据 JK 触发器的逻辑功能和动作特点,对应如图 5.3.6(a)所示输入信号的变化,绘制时序图。

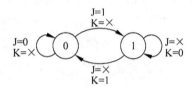

图 5.3.5　JK 触发器的状态图

解:JK 触发器具有置 0、置 1、保持和翻转的逻辑功能,在 CP 信号的下降沿时进行状态更新。由此,对应 CP 的下降沿,根据输入信号 J 和 K 的波形,画出如图 5.3.6(b)所示的波形。

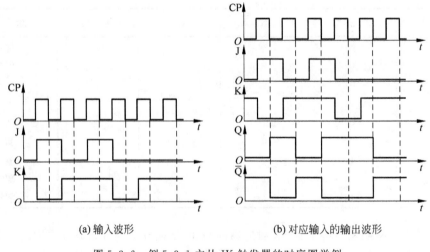

(a) 输入波形　　　　　　　　　　　(b) 对应输入的输出波形

图 5.3.6　例 5.3.1 主从 JK 触发器的时序图举例

3．动作特点

主从结构的触发器的翻转是分两步动作的。当 CP＝1 期间主锁存器接收输入端(S 和 R 或 J 和 K)的信号，被置成相应的状态，而从锁存器不动；当 CP 下降沿到来时，从锁存器按照主锁存器的状态翻转，所以 Q 和 $\overline{Q}$ 端状态的改变发生在 CP 的下降沿。

因为主锁存器本身是一个具有使能端的锁存器，所以在使能端 CP＝1 的全部时间里输入信号都将对主锁存器起控制作用。

主从 JK 触发器具有一次翻转现象，即在 CP 为 1 的时间里，主锁存器有可能随着输入信号的变化而变化，且至多只能变一次，简称一次变现象。

在图 5.3.3 所示的电路中，当触发器为 0 态时，Q＝0，$\overline{Q}$＝1，8 门被封锁，也即 K 的输入端被封锁，只有 J 的输入有可能改变主锁存器的状态。当 J 输入在 0 和 1 之间变化时，主锁存器将反复在保持和置 1 之间变化，所以主锁存器只可能变一次，且只有在 CP＝1 期间如果 J 值变为 1 时，则主锁存器状态变成 1，而因 K 输入端被封锁，置 0 信号无效，主锁存器状态不会再变成 0，所以在 CP 的下降沿到来时刻，无论 J 和 K 的值是什么，触发器的状态只能为 1 态。

同样，当触发器为 1 态时，Q＝1，$\overline{Q}$＝0 时，7 门被封锁，也即 J 的输入端被封锁，只有 K 的输入有可能改变主锁存器的状态。当 K 输入在 0 和 1 之间变化时，主锁存器将反复在保持和置 0 之间变化，所以主锁存器只可能变一次，且只有在 CP＝1 期间如果 K 值变为 1，则主锁存器状态变成 0，而因 J 输入端被封锁，置 1 信号无效，主锁存器状态不会再变成 1，所以在 CP 的下降沿到来时，无论 J 和 K 的值是什么，触发器的状态只能为 0 态。

由此，无论触发器原来的状态是什么，在 CP 为 1 期间，若 J 和 K 值发生多次变化，则在 CP 的下降沿时，触发器的状态有可能与该时刻的 J、K 取值组合无关，而与 CP 为 1 期间 J 或 K 变化的值有关。

【例 5.3.2】 已知主从 JK 触发器的输入信号和 CP 信号波形图如图 5.3.7(a)所示，试对应画出触发器时序图。

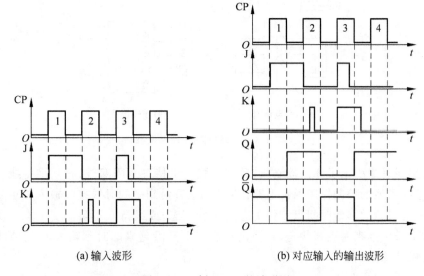

(a) 输入波形　　　　　　(b) 对应输入的输出波形

图 5.3.7　例 5.3.2 的波形图

解：根据主从 JK 触发器的动作特点可知，当 CP＝1 期间，如果 J 和 K 的状态都没有改变，则当 CP 下降沿到来时，触发器的状态就依据输入 J 和 K 的组合，进行置 0、置 1、保持和翻转的动作。当 CP＝1 时，如果 J 和 K 的状态发生了改变，则触发器出现一次变现象。在本例中，在第 2 个 CP 脉冲期间，K 的逻辑值有过变化，即由 0 变过 1，所以，当 CP 下降沿到来时，触发器状态将由原来的 1 态变成 0 态。同样，在第 3 个 CP 脉冲期间，J 变过 1，所以在 CP 下降沿到来时刻，触发器的状态将由原来的 0 态变成 1 态。时序图如图 5.3.7(b)所示。

5.4　边沿触发器

由于主从 JK 触发器有一次变现象，所以在 CP＝1 期间，要求 J 和 K 信号保持不变。但实际上往往有干扰信号，如果触发器接收干扰信号，且把干扰信号记忆下来，就会造成错误翻转。为了解决这个问题，人们相继研制了各种边沿触发器(edge-triggered flip-flop)，使触发器的次态仅仅取决于 CP 信号下降沿(或上升沿)到达时刻输入信号的状态，而在此之前和之后输入状态的变化对触发器的次态没有影响。

目前，边沿触发器分为维持阻塞触发器、利用门电路传输延迟时间的边沿触发器和利用 CMOS 传输门的边沿触发器。

下面以维持阻塞 D 触发器为例，分析边沿触发器的结构特点和动作特点。

1. 电路结构与工作原理

图 5.4.1(a)所示为由 6 个与非门组成的维持阻塞 D 触发器。

其中，1、2 门构成基本 SR 锁存器，3、4 门起导引作用，5 门和 6 门的作用是将输入信号 D 同相送到 5 门输出端，反相送到 6 门输出端。

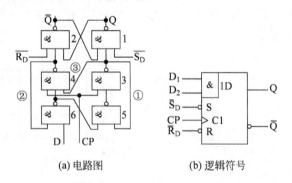

(a) 电路图　　　　　(b) 逻辑符号

图 5.4.1　维持阻塞 D 触发器

在电路设计中引入了 3 条控制线，分别为置 1 维持置 0 阻塞线、置 0 维持线、置 1 阻塞线，利用这 3 条线的控制作用保证电路在 CP 的上升沿到来的时候接收输入并更新状态，在 CP 的上升沿过后的其他时间里维持 1 态阻止变 0 态，或维持 0 态阻止变 1 态。所以，此电路只有在上升沿到来时更新状态，且输出状态与上升沿到来的时刻输入 D 的值相同，其他时间里将保持原来的状态不变。

2. 逻辑功能描述

1) 特性表(见表 5.4.1)

表 5.4.1 D 触发器的特性表

CP	D	Q^n	Q^{n+1}	功能
×	×	×	Q^n	保持
↑	0	0	0	置 0
↑	0	1	0	置 0
↑	1	0	1	置 1
↑	1	1	1	置 1

从表 5.4.1 可以看出,此触发器为 CP 上升沿有效。

在有些集成电路触发器产品中,输入端 D 不止一个,在这种情况下,各个输入端之间的关系是与的逻辑关系。如在图 5.4.1(b)中,D_1 和 D_2 之间的关系是相与的逻辑关系。$\overline{S}_D$ 和 $\overline{R}_D$ 是异步置位端和异步复位端,这两个端可作为控制输入端,无论 CP 是什么状态,能够将触发器的状态直接置 1 和置 0。

2) 特性方程

由表 5.4.1 特性表可以得到特性方程如下:

$$Q^{n+1} = D \quad (当 CP \uparrow 时) \tag{5.4.1}$$

3) 状态图

由特性表得到状态图,如图 5.4.2 所示。

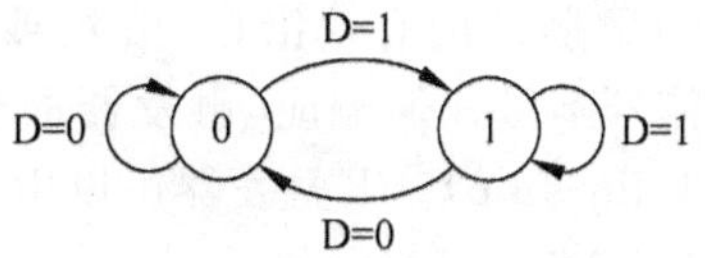

4) 时序图

【例 5.4.1】 已知上升沿触发的维持阻塞 D 触发器的输入信号和 CP 信号波形如图 5.4.3(a)所示,试对应画出触发器时序图。

图 5.4.2 维持阻塞 D 触发器状态图

解:D 触发器具有置 0 和置 1 的功能,上升沿触发的维持阻塞 D 触发器在 CP 的上升沿时状态才能更新,所以,虽然本例中在 CP 为 1 期间输入 D 的状态有了变化,但触发器的状态更新只由 CP 上升沿时 D 的值决定,若此时 D 为 0 时,输出为 0;若 D 为 1 时,输出为 1。画出时序图如图 5.4.3(b)所示。

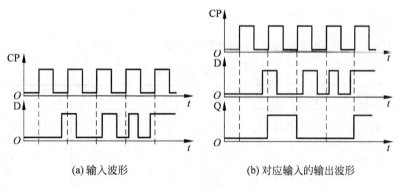

(a) 输入波形　　　　　　(b) 对应输入的输出波形

图 5.4.3 例 5.4.1 图

3．动作特点

维持阻塞 D 触发器在 CP 脉冲上升沿到来之后，经几个门的延迟便完成了状态转换，在 CP=1 期间，D 输入的改变不会对触发器的状态产生影响。所以每来一个 CP 脉冲，触发器不会产生两次或多次翻转，因而克服了空翻。此外，这种触发器是在 CP 脉冲上升沿触发翻转的，新状态取决于 CP 脉冲上跳时刻 D 的状态，而 D 的状态只需维持极短的时间，一旦状态翻转之后允许 D 的状态改变，所以，它属于边沿型触发器，在逻辑符号中，CP 输入端处加有动态符号"∧"。维持阻塞结构的 D 触发器的抗干扰能力要比主从结构的触发器强。

4．其他结构的边沿触发器

边沿触发器除了维持阻塞结构的 D 触发器以外，还有利用传输延迟时间的边沿触发器和利用 CMOS 传输门的边沿触发器，其动作特点和维持阻塞 D 触发器一样，在 CP 的上升沿或下降沿到来时刻，触发器的状态才能更新，其他时间里触发器的状态不会改变。

5.5 其他逻辑功能触发器

5.5.1 T 触发器

在数字电路中，有时只需要 JK 触发器的翻转和保持功能，当输入信号 T=1 时，每来一个 CP 脉冲的有效沿（上升沿或下降沿），触发器的状态就翻转一次，而当 T=0 时，对 CP 信号不做任何响应，触发器的状态保持不变。具备这种逻辑功能的触发器叫 T 触发器（T flip-flop）。T 触发器可以由 JK 触发器转换得到，其电路如图 5.5.1(a)所示，逻辑符号如图 5.5.1(b)所示。

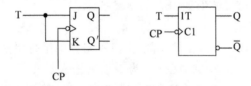

(a) 由JK触发器构成的T触发器   (b) T触发器符号

图 5.5.1 T 触发器

1) 特性表

图 5.5.1(a)所示电路的 T 触发器的特性表如表 5.5.1 所示。

表 5.5.1 T 触发器特性表

CP	T	Q^n	Q^{n+1}	功 能
×	×	×	Q^n	保持
↓	0	0	0	保持
↓	0	1	1	保持
↓	1	0	1	翻转
↓	1	1	0	翻转

从表中可以看出，T触发器具有保持和翻转的功能。

2) 特性方程

由特性表可以得到特性方程如下：

$$Q^{n+1} = T\,\overline{Q^n} + \overline{T}Q^n = T \oplus Q^n \quad （当 CP \downarrow 时） \tag{5.5.1}$$

3) 状态图

由特性表得到状态图，如图 5.5.2 所示。

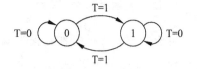

5.5.2 T′触发器

图 5.5.2 T 触发器的状态图

在数字电路中，有时只需要 JK 触发器的翻转功能，每来一个 CP 脉冲的有效沿（上升沿或下降沿），触发器的状态就翻转一次，而在其他时刻，触发器的状态保持不变。具备这种逻辑功能的触发器叫 T′触发器（T′flip-flop）。T′触发器可以分别由 JK、D 和 T 触发器转换得到，其电路如图 5.5.3 所示，其中图 5.5.3(a) 为下降沿有效，图 5.5.3(b) 为下降沿有效。

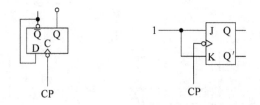

(a) 由D触发器构成的T′触发器　　(b) 由JK触发器构成的T′触发器

图 5.5.3 T′触发器

1. 特性表

图 5.5.3(a)所示的 T′触发器的特性表，如表 5.5.2 所示。

表 5.5.2 T′触发器的特性表

CP	Q^n	Q^{n+1}	功能
×	×	Q^n	保持
↓	0	1	翻转
↓	1	0	翻转

2. 特性方程

由特性表得到特性方程如下：

$$Q^{n+1} = \overline{Q^n} \quad （当 CP \uparrow 时） \tag{5.5.2}$$

5.6 不同触发器之间的逻辑功能转换

目前生产的时钟触发器定型产品中多数为 D 触发器和 JK 触发器，其他功能的触发器可通过 D 触发器和 JK 触发器的输入端接上相应的转换电路来得到。通常是将原触发器和新触发器的特性方程联系起来,找到原触发器输入信号与新触发器输入信号及现态之间的逻辑函数关系,以便确定转换电路。

5.6.1　D触发器转换成其他触发器

1. D触发器转换成 JK 触发器

由于 D 触发器的特性方程为 $Q^{n+1}=D$,而 JK 触发器的特性方程为 $Q^{n+1}=J\,\overline{Q^n}+\overline{K}Q^n$,可得到 $D=J\,\overline{Q^n}+\overline{K}Q^n$,故由 4 个与非门和 D 触发器转换而成的 JK 触发器的逻辑电路,如图 5.6.1 所示。

2. D触发器转换成 T′触发器

D 触发器的特性方程为 $Q^{n+1}=D$,而 T′触发器的特性方程为 $Q^{n+1}=\overline{Q^n}$,所以 $D=\overline{Q^n}$,得到如图 5.6.2 所示的转换电路。

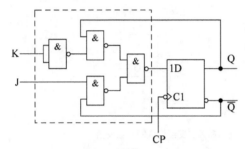
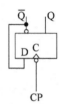

图 5.6.1　由 D 触发器构成的 JK 触发器　　　　图 5.6.2　D 触发器转换成 T′触发器

5.6.2　JK触发器转换成其他触发器

1. JK触发器转换成 D 触发器

JK 触发器的特性方程为 $Q^{n+1}=J\,\overline{Q^n}+\overline{K}Q^n$,D 触发器的特性方程为 $Q^{n+1}=D=D\,\overline{Q^n}+DQ^n$,所以 $J\,\overline{Q^n}+\overline{K}Q^n=D\,\overline{Q^n}+DQ^n$,由此得出 $J=D,K=\overline{D}$,得到如图 5.6.3 所示的转换电路。

2. JK触发器转换成 T 触发器

JK 触发器的特性方程为 $Q^{n+1}=J\,\overline{Q^n}+\overline{K}Q^n$,T 触发器的特性方程为 $Q^{n+1}=T\,\overline{Q^n}+\overline{T}Q^n$,所以 $J\,\overline{Q^n}+\overline{K}Q^n=T\,\overline{Q^n}+\overline{T}Q^n$,由此得出 $J=T,K=T$,得到如图 5.6.4 所示的转换电路。

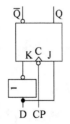
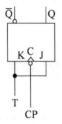

图 5.6.3　JK 触发器转换成 D 触发器　　　　图 5.6.4　JK 触发器转换成 T 触发器

其他触发器之间的转换，读者也可以自行分析。

5.7　各种触发器逻辑功能描述及动作特点

5.7.1　各种触发器的逻辑功能描述

1. SR 触发器

SR 触发器具有置0、置1和保持的功能，但它具有约束条件，即 R 和 S 不能同时为1。
SR 触发器特性表如表 5.7.1 所示。
SR 触发器的特性方程如下：

$$\left.\begin{array}{l} Q^{n+1} = S + \bar{R}Q^n \quad (CP\downarrow) \\ SR = 0 \end{array}\right\} \tag{5.7.1}$$

2. JK 触发器

JK 触发器具有置0、置1、保持和翻转的功能，也叫全功能触发器。
JK 触发器特性表如表 5.7.2 所示。

<table>
<tr><td colspan="4">表 5.7.1　SR 触发器特性表</td><td colspan="4">表 5.7.2　JK 触发器特性表</td></tr>
<tr><th>S</th><th>R</th><th>Q^{n+1}</th><th>功　　能</th><th>J</th><th>K</th><th>Q^{n+1}</th><th>功　　能</th></tr>
<tr><td>0</td><td>0</td><td>Q^n</td><td>保持</td><td>0</td><td>0</td><td>Q^n</td><td>保持</td></tr>
<tr><td>0</td><td>1</td><td>0</td><td>置0</td><td>0</td><td>1</td><td>0</td><td>置0</td></tr>
<tr><td>1</td><td>0</td><td>1</td><td>置1</td><td>1</td><td>0</td><td>1</td><td>置1</td></tr>
<tr><td>1</td><td>1</td><td>1^*</td><td>约束</td><td>1</td><td>1</td><td>$\bar{Q}$</td><td>翻转</td></tr>
</table>

JK 触发器的特性方程如下：

$$Q^{n+1} = J\,\overline{Q^n} + \bar{K}Q^n \tag{5.7.2}$$

3. D 触发器

D 触发器具有置0、置1的功能。
D 触发器特性表如表 5.7.3 所示。
D 触发器特性方程如下：

$$Q^{n+1} = D \tag{5.7.3}$$

4. T、T′触发器

T 触发器具有保持和翻转的功能。它只有一个输入端 T。
当 T=0 时，在 CP 有效信号到来时，触发器将保持原来的状态。
当 T=1 时，在 CP 有效信号到来时，触发器将跳变为相反的状态。
T 触发器特性表如表 5.7.4 所示。

表 5.7.3 D 触发器特性表		
D	**Q^{n+1}**	**功　能**
0	0	置 0
1	1	置 1

表 5.7.4 T 触发器特性表		
T	**Q^{n+1}**	**功　能**
0	Q^n	保持
1	$\overline{Q}$	翻转

T 触发器特性方程如下：

$$Q^{n+1} = T\,\overline{Q^n} + \overline{T}Q^n \tag{5.7.4}$$

T′ 触发器没有输入端，它只有翻转功能。当 CP 有效信号到来时，触发器将跳变为相反的状态，相当于 T 触发器的输入端 T＝1。

T′ 触发器特性方程如下：

$$Q^{n+1} = \overline{Q^n} \tag{5.7.5}$$

5.7.2　各种锁存器和触发器动作特点

1. 锁存器

基本 SR 锁存器没有选通控制端，所以输入信号在其全部作用时间里都能直接改变 Q 和 $\overline{Q}$ 的状态，能够直接置位或复位。

具有使能端的锁存器具有使能控制端 CP，所以，输入信号在使能端 CP 有效的全部时间里能够直接改变 Q 和 $\overline{Q}$ 的状态，输入和输出呈透明状态；而在使能端 CP 无效的时间里被封锁，锁存器输出状态保持不变。

2. 主从触发器

具有使能端的锁存器输出状态的更新是在使能端的高电平或低电平时刻，而触发器输出状态的更新是在时钟脉冲的上升沿或下降沿到来时刻。

主从 SR 触发器由主锁存器和从锁存器组成。在 CP＝1 期间，主锁存器接收输入信号，从锁存器保持状态不变；当 CP 下降沿到来时，主锁存器被封锁，其输出作为从锁存器的输入，从锁存器的状态按照主锁存器状态更新。由此可知，触发器的状态更新发生在时钟脉冲 CP 下降沿到来的时刻，但由于 CP＝1 时输入信号和主锁存器呈透明状，触发器的状态不仅与 CP 下降沿时刻的 S、R 有关，还与主锁存器的空翻后的状态有关。

由于主从 JK 触发器在主锁存器打开期间输入信号 J、K 时主锁存器的状态可能随之发生变化，且至多发生一次变化，所以，在 CP 下降沿到来时刻，从锁存器的状态不仅与此刻的 J、K 有关，还与主锁存器的状态有关，因而主从 JK 触发器具有一次变特性。

3. 边沿触发器

由于在结构上进行了改进，边沿触发器彻底消除了主从触发器存在的一次变现象，输出状态的更新是在时钟脉冲的上升沿或下降沿到来时刻。

边沿触发器分为上升沿有效和下降沿有效的触发器。触发器的状态仅由有效沿到来时刻输入信号的组合决定，所以具有较强的抗干扰能力。

4. 几种触发器逻辑功能及动作特点对照

归纳以上介绍的触发器，按照逻辑功能分类，各种触发器的逻辑功能对照如表 5.7.5 所示。

表 5.7.5 各种触发器逻辑功能对照

类型 项目	SR 锁存器	JK 触发器	D 触发器	T 触发器
逻辑符号				
特性表	S R Q^{n+1} 0 0 Q^n 0 1 0 1 0 1 1 1 约束	J K Q^{n+1} 0 0 Q^n 0 1 0 1 0 1 1 1 $\overline{Q^n}$	D Q^n Q^{n+1} 0 0 0 0 1 0 1 0 1 1 1 1	T Q^n Q^{n+1} 0 0 0 0 1 1 1 0 1 1 1 0
特性方程	$\begin{cases}Q^{n+1}=S+\overline{R}Q^n\\ SR=0\end{cases}$	$Q^{n+1}=J\overline{Q^n}+\overline{K}Q^n$	$Q^{n+1}=D$	$Q^{n+1}=T\oplus Q^n$
状态图				
特点	①信号双端输入 ②具有置0、置1和保持功能 ③S和R具有约束关系，SR=0	①信号双端输入 ②具有置0、置1、保持和翻转功能 ③输入无约束条件	①信号单端输入 ②具有置0、置1功能	①信号单端输入 ②具有保持和翻转功能

归纳以上介绍的触发器,按照结构不同,各种触发器的动作特点对照如表5.7.6所示。

表5.7.6　各种触发器动作特点对照

结构形式	基本 SR 锁存器	具有使能端的锁存器	主从结构触发器	边沿触发触发器
状态转换的动作特点	① 输入信号的状态直接控制 Q 和 $\bar{Q}$ 的状态 ② 输入信号有约束关系,约束条件 RS=0	① 在使能端有效时,输入和输出呈透明关系 ② RS 锁存器要求 RS=0	① 状态翻转分两步动作:CP=1,主触发器接收输入信号;CP 下降沿到来时,从触发器按主触发器的状态翻转 ② 每个 CP 周期 Q 和 $\bar{Q}$ 的状态只能变化一次 ③ SR 触发器要求 SR=0 ④ JK 触发器有一次变化问题	① 触发器 Q 和 $\bar{Q}$ 的状态在 CP 上升(或下降)沿翻转 ② 触发器的次态仅决定于 CP 上升(或下降)沿到达时输入状态 ③ 每个 CP 周期 Q 和 $\bar{Q}$ 的状态只可能变化一次

5. 几种集成触发器

下面列出几种常用 D、JK 和 SR 型集成触发器的引脚图(见图5.7.1)。其中7474、7477和74175为 D 触发器,7472和7476为 JK 触发器,74279为 SR 锁存器。

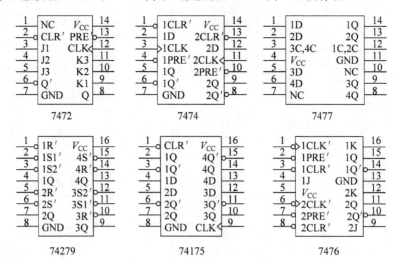

图 5.7.1　几种集成触发器引脚图

5.8　触发器应用举例

在实际调试逻辑电路时,经常碰到给定各种输入波形,要求画出触发器的工作波形的情况,这时必须注意以下几点:

(1) 给定 $\overline{R}_D$ 或 $\overline{S}_D$ 信号,则必须考虑 $\overline{R}_D$ 或 $\overline{S}_D$ 的异步清0或异步置1的功能,异步信号比其他信号优先。

(2) 不同触发方式的触发器动作时刻不同,基本SR锁存器没有触发脉冲,输入信号直接影响锁存器的输出状态;D锁存器输入信号在CP脉冲电平(高电平或低电平)有效时影响锁存器的输出状态;主从JK触发器输入信号在CP下降沿时影响触发器的输出状态,但它有一次变现象;边沿触发器在CP脉冲有效沿(上升沿或下降沿)时影响触发器的输出状态。

(3) 确定触发器输入端的状态,并注意它和CP脉冲的关系。在不要求考虑触发器中门电路的延迟时间的条件下,如时钟脉冲与输入值的跳变发生在同一时刻,则输入值应取跳变前的状态。

【例5.8.1】 下降沿触发的JK触发器输入波形如图5.8.1所示。已知输入信号 $\overline{R}_D$、$\overline{S}_D$、J和K的电压波形,试画出Q的波形。

解:输入信号 $\overline{S}_D$ 在第一时间为0,所以触发器在 $\overline{S}_D$ 到来的时刻置成1,在 $\overline{S}_D$ 无效以后CP下降沿到来时刻由J和K的值来决定触发器的状态。在 $\overline{R}_D$ 和CP同时到来时,由 $\overline{R}_D$ 决定触发器的状态,所以在第5个CP脉冲到来时,触发器的状态清零。

【例5.8.2】 试设计四人抢答电路。四人参加比赛,每人一个按钮,其中一人按下按钮后,相应的指示灯亮。在有人按下按钮以后,其他人再按下按钮不起作用。

解:本题目可以用74LS175四D触发器实现。74LS175的内部包含了四个D触发器,将抢答开关分别接在每个D输入端,抢答未开始先清零,指示灯灭,每个 $\overline{Q^n}$ 端通过1门和2门反馈到3门的输入端,且值为1,使3门开启,3门接受CP脉冲。当抢答开始后,如果有人在第一时间按下开关,则该触发器置1,该指示灯亮,每个 $\overline{Q^n}$ 端通过1门和2门反馈到3门输入端的值变0,封锁了CP信号,触发器的状态不能改变,所以其他人再按下按钮也不起作用。电路如图5.8.2所示。

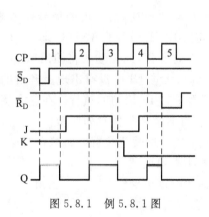

图5.8.1 例5.8.1图

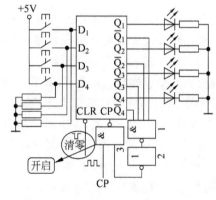

图5.8.2 例5.8.2图

本设计也可以省掉时钟脉冲源,用锁存器代替D触发器,使电路简化,读者可以自行设计。

问题:如果要求将指示灯换成数码管显示第一时间抢先的选手号码,应如何设计电路?

5.9　用 VHDL 描述触发器 *

　　上一章对组合逻辑电路的 VHDL 实现进行了简单的介绍,本节讨论时序电路的基本部件——锁存器和触发器的建模,首先介绍有关基础知识,然后以实例进行说明。

　　在 VHDL 中,常采用不完整的条件语句描述时序电路。这里以 D 触发器为例进行分析。

　　【例 5.9.1】 D 触发器或锁存器的 VHDL 描述。

```
LIBRARY IEEE ;
USE IEEE.STD_LOGIC_1164.ALL ;
ENTITY DFF1 IS
  PORT (CLK : IN STD_LOGIC ;
           D : IN STD_LOGIC ;
           Q : OUT STD_LOGIC );
  END ;
ARCHITECTURE  arch OF DFF1 IS
  SIGNAL Q1 : STD_LOGIC ;
  BEGIN
   PROCESS (CLK)
    BEGIN
     IF  CLK'EVENT AND CLK = '1'
          THEN  Q1 <= D ;
     END IF;
          Q <= Q1;
    END PROCESS;
  END arch;
```

　　上例中,采用进程 PROCESS(CLK)实现 D 触发器的描述,括号内的信号叫做敏感信号,只有敏感信号发生变化该进程才能被启动,语句"CLK′EVENT AND CLK＝'1'"表示检测时钟信号 CLK 的上升沿,如果 CLK 出现上升沿的变化,此表达式将输出"true",条件满足,执行后续赋值操作。如果 CLK 没有发生变化,或者说 CLK 没有出现上升沿的变化,IF 语句不满足条件,将跳过赋值表达式"Q1＜＝D"而结束 IF 语句的执行。在这个例子中,IF 语句结构中没有 ELSE 项,无法明确指出当 IF 语句不满足条件时如何操作,对于这种情况,VHDL 综合器将理解为不满足时,Q1 保持原值不变。这就意味着电路综合时必须引进时序元件来保存 Q1 中的原值,这种利用不完整条件语句描述寄存器元件,从而构成时序电路的方式是 VHDL 描述时序电路最重要的方法。通常,完整的条件语句只能构成组合逻辑电路。图 5.9.1 和图 5.9.2 给出了 D 触发器对应的元件电路图和仿真波形图。

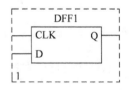

图 5.9.1　D 触发器生成
元件电路图

　　例 5.9.1 仅实现了上升沿触发的基本操作,如需置位和复位操作,改动程序即可。其他如 SR 触发器、JK 触发器的实现请读者自行分析。

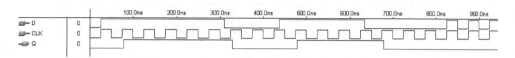

图 5.9.2　D 触发器仿真波形图

本章小结

前几章介绍的门电路可以构成组合逻辑电路,同样,锁存器和触发器也是构成各种复杂数字系统的一种基本逻辑单元。

锁存器和触发器有两个稳态,可以保存 1 位二值信息,具有记忆功能。因此,触发器是数字系统里的存储单元。

锁存器按其动作特点分类有基本 SR 锁存器和具有使能端的锁存器,是对脉冲电平敏感的电路,具有"透明"特性和"锁存"特性。

触发器与锁存器不同,是对脉冲边沿敏感的电路,按其动作特点分类有主从触发和边沿触发两种。

触发器按逻辑功能分类有 SR 触发器、D 触发器、JK 触发器、T 触发器、T′触发器等。

锁存器和触发器的电路结构形式和逻辑功能是两个不同的概念,两者没有固定的对应关系。同一种逻辑功能的触发器可以用不同的电路结构实现,因而可以具有不同的动作特点;同一种电路结构的触发器可以做成不同的逻辑功能。不要把这两个概念相混淆。

当使用触发器电路时,不仅要知道它的逻辑功能,还必须知道它的电路结构类型。只有这样,才能把握住它的动作特点,做出正确的设计。

双语对照

锁存器　latch
触发器　flip-flop
时钟　clock
SR 锁存器　S-R latch
特性表　characteristic table
特性方程　characteristic equation
状态图　state diagram
时序图　timing diagram
去抖电路　switch deouncer

D 锁存器　D latch
主从 SR 触发器　master/slave SR flip-flop
主锁存器　master latch
从锁存器　slave latch
主从 JK 触发器　master/slave JK flip-flop
边沿触发器　edge-triggered flip-flop
T 触发器　T flip-flop
T′触发器　T′flip-flop

习题

1. 基本 SR 锁存器的逻辑符号和输入波形如图 5.1 所示,试画出 Q、$\overline{Q}$ 端波形。

2. 两个 TTL 或非门组成图 5.2(a)所示电路。已知输入 R、S 的波形如图 5.2(b)所示。

(1) 画出电路输出 Q、$\overline{Q}$ 端波形。(2)导出电路 Q 端特征方程。

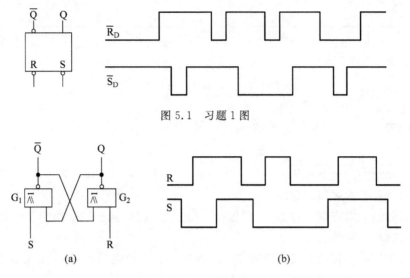

图 5.1　习题 1 图

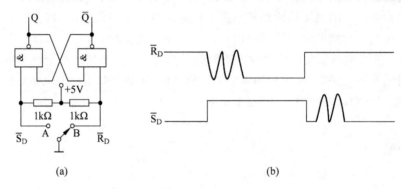

图 5.2　习题 2 图

3. 如图 5.3(a)所示,由两个 TTL 与非门构成的开关消振电路。当开关由 A 点拨向 B 点及由 B 点拨向 A 点时的波形如图 5.3(b)所示,试画出 Q、$\overline{Q}$ 端波形,并说明电路消振的原理。

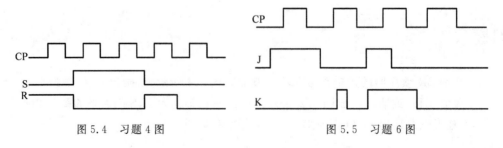

图 5.3　习题 3 图

4. 具有使能端的 SR 锁存器的初态为 0,当 R、S 和 CP 端有如图 5.4 所示的波形时,试画出输出端 Q 的波形。

5. 将具有使能端的 SR 锁存器的 S 和 $\overline{Q}$,R 和 Q 端相连构成新的触发器,其特征方程是什么? 在时钟 CP 的作用下,Q 端的状态怎样变化? 你认为存在什么问题?

6. 已知负边沿翻转的主从 JK 触发器的时钟信号 CP 和输入信号 J、K 的波形如图 5.5所示,试画出 Q 端的波形。设触发器的初态为 0。

图 5.4　习题 4 图　　　　　　　　　图 5.5　习题 6 图

7. 下降沿触发的边沿触发器组成图 5.6(a)所示电路。已知电路的输入波形如图 5.6(b)所示。画出 $Q_1 \sim Q_4$ 的波形。设触发器的初态为 0。

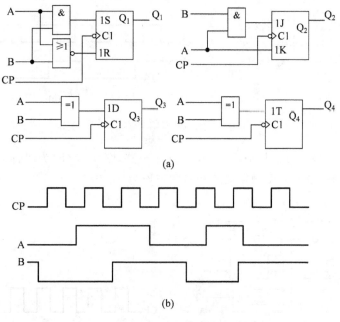

(a)

(b)

图 5.6　习题 7 图

8. 电路如图 5.7 所示，已知 D 触发器为正边沿翻转的边沿触发器，JK 触发器为负边沿翻转的边沿触发器。试画出 Q 端的波形。设触发器的初态为 0。

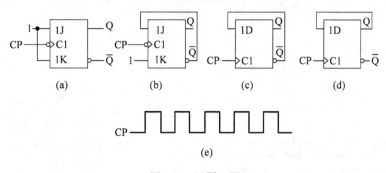

图 5.7　习题 8 图

9. 触发器组成图 5.8(a)所示电路，输入波形如图 5.8(b)所示。设触发器的初态为 0。画出 Q_1、Q_2 的波形。

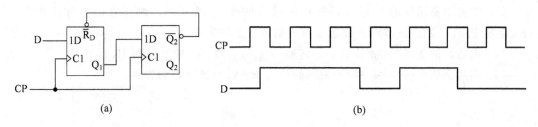

图 5.8　习题 9 图

10. 维持阻塞 D 触发器和边沿 JK 触发器组成图 5.9(a)所示电路,图 5.9(b)为输入波形。画出 Q_1、Q_2 的波形。

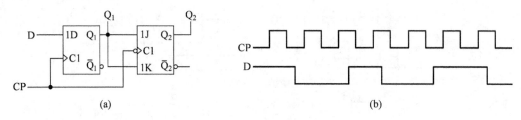

图 5.9　习题 10 图

11. 维持阻塞 D 触发器接成图 5.10(a)所示电路,图 5.10(b)为时钟 CP 的波形。试画出 Q_1、Q_2 和 Z 端的波形。设触发器的初始状态均为 0。

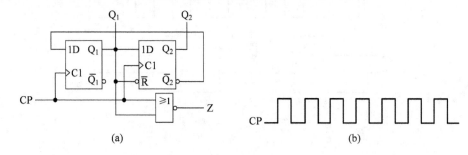

图 5.10　习题 11 图

12. 边沿 JK 触发器组成图 5.11(a)所示电路,图 5.11(b)为输入波形。试画出 Q_1、Q_2、Z 端的波形。设 Q_1、Q_2 初态为 0。

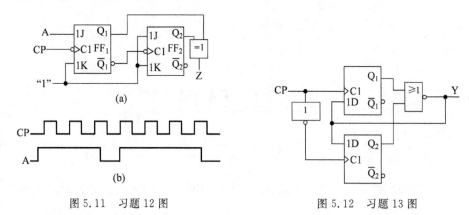

图 5.11　习题 12 图　　　　图 5.12　习题 13 图

13. 维持阻塞结构的 D 触发器构成的电路如图 5.12 所示。画出在时钟脉冲作用下 Q_1、Q_2 及输出 Y 的电压波形。设触发器的初始状态均为 0。

14. 用适当的逻辑门,将 D 触发器转换为 T 触发器、RS 触发器和 JK 触发器。

15. 用适当的逻辑门,将 JK 触发器转换为 RS 触发器和 D 触发器。

第6章

时序逻辑电路

内容提要

- 时序逻辑电路的结构特点。
- SSI 时序逻辑电路的分析方法和设计方法。
- 常用 MSI 计数器、寄存器功能及其应用。
- 用 VHDL 语言设计时序逻辑电路*。

6.1 时序逻辑电路综述

6.1.1 时序逻辑电路的特点

数字电路分为两大类——组合逻辑电路和时序逻辑电路。

组合逻辑电路通常由逻辑门电路、只读存储器(ROM)、可编程逻辑器件(PLD)以及现场可编程门阵列(FPGA)等组成,电路在任何时刻的输出信号仅仅取决于该时刻的输入信号。

时序逻辑电路通常由组合逻辑电路和存储电路两部分组成,而且从输出到输入之间应有反馈路径。由于存储电路能将电路的状态记忆下来,并和当前的输入信号一起决定电路的输出信号,所以,电路在任何时刻的输出状态不仅与该时刻电路的输入信号有关,还与电路原来的状态有关。这种现在和过去的联系,在时间上用先后次序来表示,称为时序。时序逻辑电路简称为时序电路。时序电路是数字系统中不可缺少的组成部分。

在第 4 章开篇述及少数服从多数的表决等逻辑问题,可以用简单的组合逻辑电路实现,而多人智力抢答、电梯的升降等问题则需要用时序逻辑电路实现。这是由于第 1 个例子结果的得出与原来的状态无关,不需要存储原来的状态,而后两个例子的结果与原来的状态有关,在处理过程中需要记忆原来的状态。如多人智力抢答例子,需要对参加竞赛的选手抢答的先后顺序做出记忆才能判断谁是第一时间抢答的选手;电梯的升降逻辑电路也应该对电梯现所处的楼层做出记忆才能对选择的目的地楼层做出正确升降的逻辑控制。由此,两种电路需要用不同特性的逻辑电路来实现。

数字系统中,经常需要排列操作顺序、计时、延时、分频、接收并保存数据等控制,如果缺少时序逻辑电路,就无法完成这种操作。

与组合逻辑电路不同,时序逻辑电路的结构具有如下特点:

（1）信号的路径具有两个方向，一个是从输入端到输出端的正向信号通路，另一个是从输出端到输入端的反馈回路。

（2）电路是由组合逻辑电路和存储电路（如触发器）连接而成，含有记忆元件。

6.1.2　时序逻辑电路的基本概念

1. 时序逻辑电路的组成

时序逻辑电路的结构框图如图 6.1.1 所示。

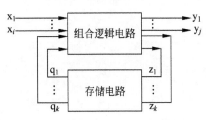

图 6.1.1　时序逻辑电路的结构框图

在图 6.1.1 中，$X(x_1, x_2, \cdots, x_i)$表示外来的输入信号；$Y(y_1, y_2, \cdots, y_j)$表示时序逻辑电路的输出信号；$Z(z_1, z_2, \cdots, z_k)$表示存储电路的输入信号；$Q(q_1, q_2, \cdots, q_k)$表示存储电路的输出状态。

由图 6.1.1 可以看出，时序逻辑电路在结构上具有两个显著特点：第一，时序逻辑电路通常包括组合电路和存储电路两个部分，因为时序逻辑电路要求任何时刻的输出状态不仅与该时刻电路的输入信号有关，还和电路原来的状态有关，所以需要具有记忆功能的存储电路，触发器是存储电路的核心。第二，存储电路的输出状态通常反馈到组合电路的输入端，与输入信号共同决定时序逻辑电路的输出状态。

这些信号的逻辑关系可以用下列三组方程来描述：

$Z = F_1[X, Q^n]$——驱动方程；

$Q^{n+1} = F_2[Z, Q^n]$——状态方程；

$Y = F_3[X, Q^n]$——输出方程。

由上述三组方程可以看出，驱动方程 Z 和输出方程 Y 均由现时输入 X 和现时状态（简称现态）Q^n 决定，状态方程 Q^{n+1} 由驱动信号 Z 和现态 Q^n 决定。为了书写方便，通常用 Q 来表示 Q^n。

例如，如图 6.1.2 所示时序逻辑电路是由 D 触发器、门电路与非门和非门组成的。

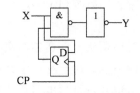

图 6.1.2　时序逻辑电路图例

由电路可得驱动方程为：$D = X$

状态方程：$Q^{n+1} = D \cdot CP = X \cdot CP$　（CP 上升沿有效）

输出方程为：$Y = \overline{\overline{XQ}} = XQ$

2. 时序逻辑电路的分类

时序电路根据输出信号的特点划分为米利型（Mealy-type）和穆尔型（Moore-type）。

由 $Y = F_3[X, Q^n]$ 表达式可以看出，输出信号 Y 不仅与存储电路的现时状态 Q^n 有关，还与输入信号 X 有关，这种电路叫米利型时序电路。如果输出信号里，输入信号 X 没有参与作用，即 $Y = F_3[Q^n]$，这种电路的输出信号仅仅取决于存储电路的状态，与输入信号无关，叫穆尔型时序逻辑电路。可见，穆尔型时序逻辑电路只是米利型时序逻辑电路的特例而已。

时序逻辑电路根据存储电路中触发器的动作特点的不同，划分为同步时序逻辑电路

（synchronous sequential circuit）和异步时序逻辑电路（asynchronous sequential circuit）。在同步时序逻辑电路中，所有触发器状态的变化都是在同一时钟信号操作下同时发生的，具有统一的时钟脉冲。在异步时序逻辑电路中，触发器状态的变化是分步动作的，不是同时发生的，所以没有统一的时钟脉冲。一般来说，同步时序逻辑电路的工作速度比异步时序逻辑电路快，但它的结构比异步时序逻辑电路复杂。

与组合电路相同，时序逻辑电路按照所用器件规模大小的不同，也可分为：小规模（SSI）、中规模（MSI）、大规模（LSI）、超大规模（VLSI）、特大规模（ULSI）等。

常用时序逻辑功能器件根据逻辑功能不同可分为计数器、寄存器和顺序脉冲发生器等。其中，计数器不仅能用于对时钟脉冲计数，还可以用于分频、定时、产生节拍脉冲和脉冲序列以及进行数字运算等；寄存器用于寄存一组二值代码，还可以用来实现数据的串行-并行转换、数值的计算以及数据处理等；顺序脉冲发生器用于产生一组时间上有一定先后顺序的脉冲信号。

6.1.3 时序逻辑电路的描述

正如组合逻辑电路有其逻辑功能的描述方法（如真值表、函数表达式、逻辑图、时序图等）一样，时序逻辑电路也有其特有的描述方法。时序逻辑电路的逻辑功能可以用数学表达式（即驱动方程、状态方程、输出方程），表格（即状态转换表），图解（即状态转换图）以及时序波形图（即时序图）来表示，下面具体说明。

1. 数学描述

时序逻辑电路的逻辑功能可以用若干方程来表示。在时序逻辑电路中每个触发器的输入端与输入信号和现态的关系式叫驱动方程，也叫激励方程。每个触发器的驱动方程代入特性方程得到的次态方程叫状态方程。时序逻辑电路中输出信号与输入信号和现态的关系式叫输出方程。

2. 表格描述

如果将任何一组输入变量及电路初态的取值代入状态方程和输出方程即可算出电路的次态和现态下的输出值；将得到的次态作为新的初态，和这时的输入变量取值一起再代入状态方程和输出方程进行计算，又得到一组新的次态和输出值。如此继续下去，把全部的输入变量和现态的取值组合与计算得到的次态和输出变量的结果列成真值表，得到的就是状态转换表。

3. 图解描述

时序逻辑电路在输入信号发生变化时，由一种状态转换为另一种状态，采用图解的方式描述这种转换关系显得更加形象、直观，便于分析和设计时序逻辑电路。时序逻辑电路的状态转换图与前一章里已经讲述的触发器的状态转换图有些相似，用圆圈表示电路的所有触发器的各个状态，用箭头表示状态转换的方向。所不同的是在箭头旁注明状态转换前的输入变量取值和输出值，通常将输入变量取值写在斜线以上，将输出值写在斜线以下。另外，构成时序逻辑电路的触发器可能不只是一个，所以在状态图里表明电路的状态要由多个触发器的状态罗列。

4. 时序图描述

时序逻辑电路的输入、输出及状态之间的转换关系可以形象地用时序波形图的形式来描述。所谓时序图,就是输入、输出和状态按时间顺序变化的波形图。

例如,在图 6.1.3(a)所示的时序逻辑电路中,时序图由时钟信号 CP、输入 X、输出 Y、触发器状态 Q 表示,其时序图如图 6.1.3(b)所示。

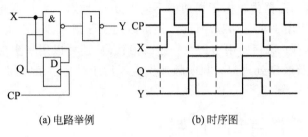

(a)电路举例　　　　　(b)时序图

图 6.1.3　时序逻辑电路

6.2　SSI 时序逻辑电路分析

6.2.1　SSI 时序逻辑电路分析步骤

时序逻辑电路的分析就是根据给定的时序逻辑电路图,通过分析,求出输出的变化规律,以及电路状态的转换规律,进而说明该时序逻辑电路的逻辑功能和工作特性。

分析时序逻辑电路的一般过程如图 6.2.1 所示。

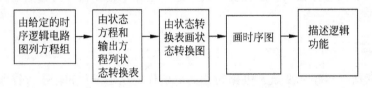

图 6.2.1　时序逻辑电路分析的一般步骤

下面给出分析时序逻辑电路的具体步骤:

(1) 根据给定的时序逻辑电路图写出一组方程式:

① 各触发器的时钟信号 CP 的方程。

② 各触发器的驱动方程。

③ 将驱动方程代入该触发器的特性方程得到状态方程。

④ 时序电路的输出方程。

(2) 由状态方程和输出方程,列出该时序逻辑电路的状态转换表。

(3) 由状态转换表画出状态转换图。

(4) 由状态转换表或状态转换图画出时序图。

(5) 检查电路能否自启动。

（6）用文字描述给定时序逻辑电路的逻辑功能。

上述步骤不是固定不变的，可根据具体情况而定。例如，在同步时序逻辑电路中，各触发器的时钟输入端都接至同一个时钟脉冲源，因此各触发器的时钟信号 CP 的逻辑表达式就可以不写。

6.2.2 SSI 时序逻辑电路分析举例

【例 6.2.1】 试分析如图 6.2.2 所示穆尔型同步时序逻辑电路。

解：由于本电路为同一个时序逻辑脉冲 CP 控制，所以它是同步时序逻辑电路。

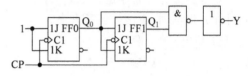

图 6.2.2 例 6.2.1 电路图

（1）首先写出触发器的驱动方程：

$$J_0 = K_0 = 1 \qquad J_1 = K_1 = Q_0$$

（2）将驱动方程代入 JK 触发器的状态方程：

$$Q_0^{n+1} = \overline{Q_0}$$
$$Q_1^{n+1} = Q_1 \oplus Q_0$$

（3）根据逻辑电路得出输出方程：

$$Y = Q_1 Q_0$$

（4）列出逻辑电路的状态转换表，如表 6.2.1 所示。

表 6.2.1 例 6.2.1 状态转换表

Q_1^n	Q_0^n	Q_1^{n+1}	Q_0^{n+1}	Y
0	0	0	1	0
0	1	1	0	0
1	0	1	1	0
1	1	0	0	1

（5）根据状态转换表画出状态转换图，如图 6.2.3 所示。

（6）画出时序逻辑电路波形图，如图 6.2.4 所示，由逻辑电路图可以看出逻辑电路是在时钟信号 CP 下降沿到达时工作的，设其初始状态为 00。

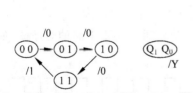

图 6.2.3 例 6.2.1 状态转换图

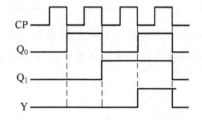

图 6.2.4 例 6.2.1 时序图

（7）逻辑功能分析。

从以上分析可以推出，该电路随着时钟的节拍始终循环 4 个状态，即 00、01、10、11，每循环 1 次，输出信号 Y 输出 1 个正脉冲。实际上，电路对时钟脉冲计数，状态按照二进制规律递增,当数值为最大 11 时,输出一个进位信号 Y 为高电平,再来一个时钟脉冲时回到最小的状态 00,随即继续循环计数。在数字电路中,如果计数方式按二进制规律递增,称为二进制加法计数器,若以循环的状态数命名,则称为四进制计数器。本例的电路为具有进位功能的四进制加法计数器,Y 为进位信号。有关计数器的内容在 6.4 节将详细介绍。

【例 6.2.2】 试分析如图 6.2.5 所示穆尔型异步时序逻辑电路。

解:

(1) 写方程。

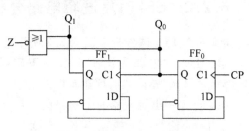

图 6.2.5　例 6.2.2 电路图

该电路为异步时序逻辑电路,每个触发器的时钟方程不同,应该分别写出来。

① 写出 CP 方程:

$$CP_0 = CP\uparrow$$
$$CP_1 = Q_0\uparrow$$

② 写出驱动方程:

$$D_0 = \overline{Q_0^n}$$
$$D_1 = \overline{Q_1^n}$$

③ 写出输出方程:

$$Z = \overline{Q_1^n}\ \overline{Q_0^n}$$

④ 写出 D 触发器的特性方程,然后将各驱动方程代入 D 触发器的特性方程,得各触发器的次态方程,即状态方程:

$$Q_0^{n+1} = D_0 = \overline{Q_0^n},\quad CP\uparrow$$
$$Q_1^{n+1} = D_1 = \overline{Q_1^n},\quad Q_0\uparrow$$

(2) 由状态方程画状态转换表,如表 6.2.2 所示。

表 6.2.2　例 6.2.2 状态转换表

Q_1^n	Q_0^n	Q_1^{n+1}	Q_0^{n+1}/Z	CP_1	CP_0
0	0	1	1/1	√	√
1	1	1	0/0	无	√
1	0	0	1/0	√	√
0	1	0	0/0	无	√

(3) 根据状态转换表画状态转换图,如图 6.2.6 所示。

(4) 根据状态转换表或状态转换图,可画出在 CP 脉冲作用下电路的时序图,如图 6.2.7 所示。

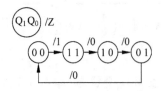

图 6.2.6　例 6.2.2 状态转换图

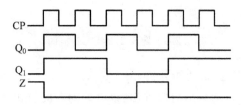

图 6.2.7　例 6.2.2 时序图

（5）逻辑功能分析。

由状态转换图可知：该电路一共有 4 个状态 00、11、10、01，在时钟脉冲作用下，按照减 1 规律循环变化，所以是一个四进制减法计数器，Z 是借位信号。

【例 6.2.3】 试分析如图 6.2.8 所示米利型同步时序逻辑电路。

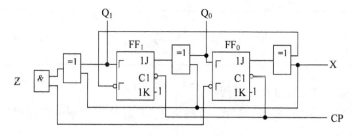

图 6.2.8 例 6.2.3 电路图

解：

（1）写方程。

该电路为同步时序逻辑电路，时钟方程可以不写。

① 写出驱动方程：

$$J_0 = X \oplus \overline{Q_1^n} \qquad J_1 = X \oplus Q_0^n$$
$$K_0 = 1 \qquad K_1 = 1$$

② 写出输出方程：

$$Z = (X \oplus Q_1^n) \cdot \overline{Q_0^n}$$

③ 写出 JK 触发器的特性方程，然后将各驱动方程代入 JK 触发器的特性方程，得各触发器的次态方程，即状态方程：

$$Q_0^{n+1} = J_0 \, \overline{Q_0^n} + \overline{K_0} Q_0^n = (X \oplus \overline{Q_1^n}) \, \overline{Q_0^n}$$
$$Q_1^{n+1} = J_1 \, \overline{Q_1^n} + \overline{K_1} Q_1^n = (X \oplus Q_0^n) \cdot \overline{Q_1^n}$$

当 X＝0 时，触发器的次态方程简化为：

$$Q_0^{n+1} = \overline{Q_1^n \, Q_0^n}$$
$$Q_1^{n+1} = Q_0^n \, \overline{Q_1^n}$$

输出方程简化为：

$$Z = Q_1^n \, \overline{Q_0^n}$$

当 X＝1 时，触发器的次态方程简化为：

$$Q_0^{n+1} = Q_1^n \, Q_0^n$$
$$Q_1^{n+1} = Q_0^n \, \overline{Q_1^n}$$

输出方程简化为：

$$Z = \overline{Q_1^n} \, \overline{Q_0^n}$$

（2）由状态方程画状态转换表，如表 6.2.3 所示。

表 6.2.3　例 6.2.3 状态转换表

$Q_1^{n+1}Q_0^{n+1}/Z$　X $Q_1^nQ_0^n$	0	1
0　0	0　1/0	1　0/1
0　1	1　0/0	0　0/0
1　0	0　0/1	0　1/0

（3）画状态转换图，如图 6.2.9 所示。

（4）根据状态转换表或状态转换图，可画出在 CP 脉冲作用下电路的时序图，如图 6.2.10 所示。

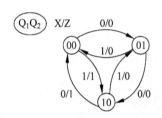

图 6.2.9　例 6.2.3 状态转换图

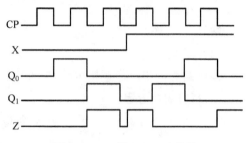

图 6.2.10　例 6.2.3 时序图

（5）逻辑功能分析。

该电路一共有 3 个状态 00、01、10。当 X=0 时，按照加 1 规律从 00→01→10→00 循环变化，并每当转换为 10 状态（最大数）时，输出 Z=1；当 X=1 时，按照减 1 规律从 10→01→00→10 循环变化，并每当转换为 00 状态（最小数）时，输出 Z=1。

所以该电路是一个可逆的三进制计数器，当加法计数时，Z 作为进位脉冲信号；当减法计数时，Z 作为借位脉冲信号。

6.3　SSI 时序逻辑电路设计

6.3.1　SSI 时序逻辑电路设计步骤

时序逻辑电路设计是时序逻辑电路分析的逆过程，即根据给定的逻辑功能要求，选择适当的逻辑器件，设计出符合要求的时序逻辑电路。如果采用触发器和门电路设计时序逻辑电路，则属于小规模时序逻辑电路设计。设计时，力求所用的触发器和门电路的数目最少，得到最简的逻辑电路。

设计同步时序逻辑电路的一般过程如图 6.3.1 所示。

下面给出设计时序逻辑电路的具体步骤：

（1）逻辑抽象，得出电路的原始状态转换图或状态转换表。

根据给定的逻辑设计要求进行逻辑抽象，确定状态及状态间转换，初步画出状态转换

图 6.3.1 时序逻辑电路设计的一般步骤

图。由于可能包含多余的状态,故称为原始状态图,这一过程称为状态指定,这一步是非常重要的,其正确与否关系到所设计的时序逻辑电路能否完成设计要求的逻辑功能。

(2) 状态化简。

将原始状态转换表中多余的状态消去,从而得到最简状态表,这一步关系到组成记忆电路的单元数(触发器的个数)。等价的状态是多余的,所谓状态等价是指两个或两个以上的状态,当输入相同时,输出相同,次态相同。

(3) 状态编码。

把最简状态表中每个字符表示的状态用二进制代码表示,以便与各触发器的状态相对应,从而做出状态编码表。不同的编码方案将得出繁简不同的组合电路。所以选取的编码方案应该有利于所选触发器的驱动方程及电路输出方程的简化。

(4) 选择触发器的类型和个数。

选择触发器的类型不同也会使电路的繁简程度不同,在实际应用中,这一步应根据整个系统对状态转换时间的要求选择不同触发方式的触发器,同时在选择触发器时还应考虑到器件的供应情况,并应力求减少系统中使用的触发器种类。

触发器个数 n 的选择应遵循以下规律:

$$2^{n-1} < M \leqslant 2^n$$

其中,M 为需要设计的时序逻辑电路的状态数。

(5) 画次态卡诺图。

根据简化的状态转换图,将输入逻辑变量和触发器的初态作为输入变量,画出触发器的次态函数和输出函数的卡诺图,再划分出每个触发器的次态卡诺图。

(6) 求输出方程、状态方程各触发器的驱动方程。

将次态卡诺图化简或变换,得到电路的输出方程和每个触发器的状态方程,将此与对应触发器的特性方程比较,对应得到该触发器的驱动方程。

(7) 画逻辑电路图,检查自启动。

根据触发器的驱动方程连接各个触发器的输入端,并根据输出方程连接得到逻辑电路图。

最后,将状态图中未列出的 $2^n - M$ 个状态列出来,得到完整的状态图,检查自启动能力。

6.3.2 SSI 时序逻辑电路设计举例

【例 6.3.1】 用 JK 触发器设计一个带有进位输出端的十三进制计数器。

解:十三进制计数器应有 13 个不同的状态用来计 13 个数,在时钟脉冲信号操作下自动地依次从一个状态转为下一个状态,所以它没有输入逻辑变量,只有进位输出信号。因此,此计数器属于穆尔型的简单时序逻辑电路。

（1）进行逻辑抽象,得出原始状态转换图。

13 个状态分别用 S_0, S_1, …, S_{12} 来表示,画出原始状态图,如图 6.3.2 所示。

取进位输出信号为 C,且当有进位输出信号时 C=1,反之 C=0。

（2）状态化简。

因为十三进制计数器必须用 13 个不同的状态表示已经输入的脉冲数,所以状态转换图已不能再化简。

（3）状态编码。

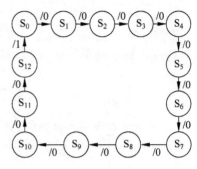

图 6.3.2　例 6.3.1 原始状态图

因为对状态分配没有特殊的要求,取自然二进制数的 0000~1100 作为 S_0~S_{12} 的编码,得到状态转换表,如表 6.3.1 所示。

表 6.3.1　例 6.3.1 状态转换表

十进制数	Q_3	Q_2	Q_1	Q_0	Q_3^{n+1}	Q_2^{n+1}	Q_1^{n+1}	Q_0^{n+1}	C
0	0	0	0	0	0	0	0	1	0
1	0	0	0	1	0	0	1	0	0
2	0	0	1	0	0	0	1	1	0
3	0	0	1	1	0	1	0	0	0
4	0	1	0	0	0	1	0	1	0
5	0	1	0	1	0	1	1	0	0
6	0	1	1	0	0	1	1	1	0
7	0	1	1	1	1	0	0	0	0
8	1	0	0	0	1	0	0	1	0
9	1	0	0	1	1	0	1	0	0
10	1	0	1	0	1	0	1	1	0
11	1	0	1	1	1	1	0	0	0
12	1	1	0	0	0	0	0	0	1

（4）选择触发器。

采用 JK 触发器。因为 $M=13$, $2^3<13<2^4$,所以取 $n=4$,用 4 个触发器可以实现。

（5）画次态卡诺图,如图 6.3.3 所示。

$$Q_3^{n+1}Q_2^{n+1}Q_1^{n+1}Q_0^{n+1}/C$$

$Q_3^nQ_2^n$ \ $Q_1^nQ_0^n$	00	01	11	10
00	0001/0	0010/0	0100/0	0011/0
01	0101/0	0110/0	1000/0	0111/0
11	0000/1	××××/×	××××/×	××××/×
10	1001/0	1010/0	1100/0	1011/0

图 6.3.3　例 6.3.1 次态卡诺图

将次态卡诺图划分为每个次态函数卡诺图,如图 6.3.4 所示。

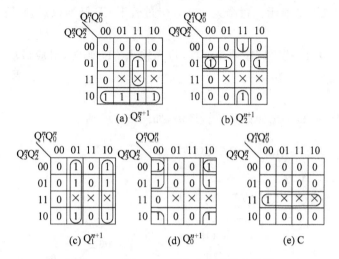

图 6.3.4 例 6.3.1 每个次态函数卡诺图

得到状态方程为:

$$Q_3^{n+1} = \overline{Q_2} Q_3 + Q_2 Q_1 Q_0 \overline{Q_3}$$

$$Q_2^{n+1} = \overline{Q_3} \ \overline{Q_1} Q_2 + \overline{Q_3} \ \overline{Q_0} Q_2 + Q_1 Q_0 \overline{Q_2}$$

$$Q_1^{n+1} = Q_0 \overline{Q_1} + \overline{Q_0} Q_1$$

$$Q_0^{n+1} = \overline{Q_3} \ \overline{Q_0} + \overline{Q_2} \ \overline{Q_0}$$

输出方程为:

$$C = Q_3 Q_2$$

(6) 将状态方程和 JK 触发器的特性方程比较,得到驱动方程为:

$$J_3 = Q_2 Q_1 Q_0 \qquad K_3 = Q_2$$

$$J_2 = Q_1 Q_0 \qquad K_2 = \overline{\overline{Q_3} \ \overline{Q_1 Q_0}}$$

$$J_1 = Q_0 \qquad K_1 = Q_0$$

$$J_0 = \overline{Q_3 Q_2} \qquad K_0 = 1$$

(7) 画逻辑电路图,并检查自启动。

根据驱动方程和输出方程连接电路,得到逻辑电路图,如图 6.3.5 所示。

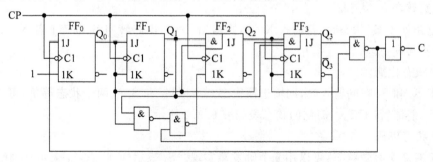

图 6.3.5 例 6.3.1 逻辑电路图

将 3 个无效状态 1101,1110,1111 代入状态方程和输出方程里得到对应的次态,画出完整的状态图,如图 6.3.6 所示。每个无效状态经过若干 CP 脉冲以后,都可以跳入有效状态里,故能够自启动。

【例 6.3.2】 设计一"011"序列检测器,每当输入 011 码时,对应最后一个 1,电路输出为 1。

解:

(1)进行逻辑抽象,得出原始状态转换图,如图 6.3.7 所示。

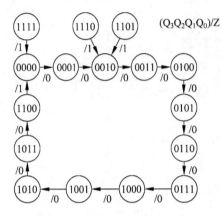

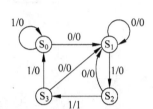

图 6.3.6　例 6.3.1 完整的状态图　　　图 6.3.7　例 6.3.2 原始状态转换图

因为该电路在连续收到信号 011 时输出为 1,其他情况下输出为 0,因此要求该电路能记忆收到的输入为 1、收到 1 个 0、连续收到 01、连续收到 011 后的状态。所以电路应有 4 个状态,用 S_0 表示收到 1 个 1,用 S_1 表示收到 1 个 0,用 S_2 表示连续收到 01,用 S_3 表示连续收到 011 时的状态。

设输入信号为 X,输出信号为 Z,当输入信号为 011 序列时,输出 Z＝1,否则 Z＝0。

先假设电路处于 S_0 状态,在此状态下电路可能的输入有 X＝0 和 X＝1 两种情况。若 X＝0,则输出 Z＝0,电路转向 S_1 状态;若 X＝1,则输出 Z＝0,但电路保持 S_0 状态不变。

当电路处于 S_1 状态时,若输入 X＝0,则输出 Z＝0,电路保持 S_1 状态不变;若 X＝1,则输出 Z＝0,但电路转向 S_2 状态。

当电路处于 S_2 状态时,若输入 X＝0,则输出 Z＝0,电路转向 S_1 状态;若 X＝1,则输出 Z＝1,电路转向 S_3 状态。

当电路处于 S_3 状态时,若输入 X＝0,则输出 Z＝0,电路转向 S_1 状态;若 X＝1,则输出 Z＝0,电路转向 S_0 状态。

(2)状态化简。

由于 S_0 和 S_3 在同输入时,同输出同次态。所以 S_0 和 S_3 这两个状态等价,可以消去一个。将 S_3 消掉,留下 S_0。简化的状态表如表 6.3.2 所示。

(3)状态编码。

由于有 3 个有效状态,可以用 2 个触发器实现。S_0 表示 00 状态,S_1 表示 01 状态,S_2 表示 10 状态,得到状态转换表如表 6.3.3 所示。

表 6.3.2 例 6.3.2 状态转换表化简过程

X ＼ S_n	0	1	X ＼ S_n	0	1
S_0	$S_1/0$	$S_0/0$	S_0	$S_1/0$	$S_0/0$
S_1	$S_1/0$	$S_2/0$	S_1	$S_1/0$	$S_2/0$
S_2	$S_1/0$	$S_3/1$			
S_3	$S_1/0$	$S_0/0$	S_2	$S_1/0$	$S_0/1$

（4）选择触发器。

采用 T 触发器。因为 $M=3,2^1<3<2^2$，所以取 $n=2$，用 2 个触发器可以实现。

（5）画次态卡诺图。

由状态转换表得到次态卡诺图，如图 6.3.8 所示。

表 6.3.3 例 6.3.2 简化后的状态转换表

X ＼ $Q_{1n}Q_{0n}$	0	1
0 0	01/0	00/0
0 1	01/0	10/0
1 0	01/0	00/1

X ＼ Q_1Q_0	00	01	11	10
0	01/0	01/0	××/×	01/0
1	00/0	10/0	××/×	00/1

图 6.3.8 例 6.3.2 的次态卡诺图

得到状态方程为：

$$Q_1^{n+1}=X\,\overline{Q_1}\,Q_0$$
$$Q_0^{n+1}=\overline{X}$$
$$Z=XQ_1\,\overline{Q_0}$$

（6）将状态方程和 T 触发器的特性方程比较，得到驱动方程：

$$T_1=Q_1+XQ_0$$
$$T_0=\overline{X}\,\overline{Q_0}+XQ_0$$

（7）画逻辑图，检查自启动。

根据驱动方程和输出方程连线，得到逻辑电路图，如图 6.3.9 所示。

将无效状态 11 代入状态方程和输出方程里得到对应的次态，画出完整的状态图，如图 6.3.10 所示。无效状态经过 1 个 CP 脉冲以后，能够跳入有效状态里，故能够自启动。

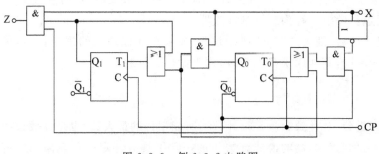

图 6.3.9 例 6.3.2 电路图

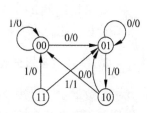

图 6.3.10 例 6.3.2 完整
状态图

6.4　常用 MSI 时序逻辑器件

在计算机和其他数字系统中,广泛应用两种时序逻辑功能器件——计数器和寄存器。计数器的基本功能是统计时钟脉冲的个数,即实现计数操作,也可用于分频、定时、产生节拍脉冲等。寄存器的基本功能是存储或传输用二进制数码表示的数据或信息,即完成代码的寄存、移位和传输操作。

6.4.1　计数器分类

计数器(counter)是数字系统中最常用的基本逻辑部件。它的基本功能是记录输入脉冲个数,它所能记忆的最大脉冲个数称为该计数器的"模"。N 进制计数器具有 N 个不同的状态,当计数脉冲输入时,按顺序循环置不同的状态计入个数。如计算机中的时序发生器、时间分配器、分频器、程序计数器和指令计数器等都要用到计数器;数字化仪表中的压力、时间、温度等物理量的 A/D、D/A 转换都要通过脉冲计数来实现。

计数器的种类繁多,主要分类方式有以下几种。

1. 按触发方式分类

计数器按触发方式分为同步计数器(synchronous counter)和异步计数器(asynchronous counter)两种。实际上,计数器内部由若干个触发器构成,计数器的状态实际上是内部所有触发器状态的集合。同步计数器采用统一时钟,将输入计数脉冲直接加到计数器中所有触发器的时钟脉冲输入端,即所有的触发器公用一个时钟脉冲源,所以各触发器的状态可以同时改变。异步计数器只有部分触发器的时钟脉冲输入端接到计数脉冲,而另一部分触发器的时钟脉冲输入端接到其他触发器的输出信号,所以各触发器的状态更新并非都同时发生,有先有后。一般来说,同步计数器的计数速度快,但需要较多的门电路,电路复杂。

2. 按编码规律分类

计数器按编码规律分为二进制计数器(binary counter)、二-十进制计数器(BCD counter)和循环码计数器(cyclic code counter)。

二进制计数器按照二进制规律进行计数。如果计数器中有 n 个触发器,它的基数是 2,且计数容量满足 $N=2^n$,则这类计数器称为二进制计数器。

如果按照 BCD 码的规律计数,则为二-十进制计数器,如果按照循环码的规律计数,即相邻计数状态只有一个因子不同,其他因子都改变时,称为循环码计数器。

3. 按计数容量分类

计数器也可以按计数容量分类,计数容量是指计数器所能累计的最大数,也是计数过程中所经历有效状态的个数,又称为计数器的模或计数长度。除了具有特定计数规律的二进制计数器、二-十进制计数器和循环码计数器以外的计数器也叫任意进制计数器,这种计数器无上述计数规律,如果计数容量为 N,称为 N 进制计数器,或模 N 计数器。如 $N=12$,则这种计数器通常称为十二进制计数器，或模 12 计数器；如 $N=6$，则这种计数器通常称为六进制计数器，或模 6 计数器。

4. 按计数增减趋势分类

按计数的增减趋势，可以把计数器划分为加法计数器（up binary counter）、减法计数器（down binary counter）和可逆计数器（up-down binary counter）三种。计数器里的数随着计数脉冲的输入而递增的叫加法计数器。反之叫减法计数器。可增可减的叫可逆计数器。

加法计数器从 0 开始计数，每输入一个计数脉冲，就在原来计数的基础上进行加 1 运算，按自然顺序一直递增，计到事先预定的最大数（模）时，产生进位输出；再输入一个计数器脉冲，该计数器由最大数变为 0，又从 0 开始计数；同时比它高一位的计数器因有进位也加 1 计数。

减法计数器的计数过程是加法计数器的逆过程。每输入一个计数脉冲，减法计数器就在原来计数基础上减 1 运算，依次递减到 0 时，产生借位输出；再输入一个计数脉冲时，该计数器变为最大数，同时比它高一位的计数器因有借位也减 1 计数。

可逆计数器是在加减控制信号的作用下，可做加法计数或减法计数，数值可增可减。需要注意的是，可逆计数器不能同时既做加法计数，又做减法计数。

另外，如果计数器的计数顺序不是自然顺序，那么这些计数器属于一般计数器，不属于加减之类。

6.4.2 计数器结构及工作原理

1. 异步二进制计数器

异步计数器在做加法或减法计数时是采取从低位到高位逐位进位或借位的方式工作的。因此，计数器内部的各个触发器不是同步翻转的。

1）异步二进制加法计数器

首先分析二进制加法的计数规则。假设四位二进制加法计数器的输出为 $Q_3Q_2Q_1Q_0$，则状态图和时序图如图 6.4.1 和图 6.4.2 所示。加法计数从 0000 开始，每来一个 CP 计数脉冲 $Q_3Q_2Q_1Q_0$ 数递增。由时序图可以看出：Q_0 的数每来一个 CP 脉冲都要翻转，Q_1 的数在 Q_0 由 1 翻成 0 时翻转，Q_2 的数在 Q_1 由 1 翻成 0 时翻转，Q_3 的数在 Q_2 由 1 翻成 0 时翻转，即高位触发器在低位触发器的数全 1 时，再来一个计数脉冲翻转。如果使用下降沿动作的 T' 触发器组成计数器，则只要将低位触发器的 Q 端接至高位触发器的时钟输入端就可以了。当低位由 1 变成 0 时，对应 Q 端的下降沿正好可以作为高位触发器的时钟信号。

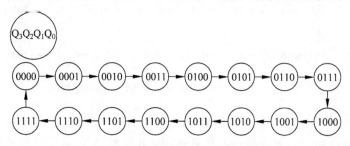

图 6.4.1 四位二进制加法计数器的状态图

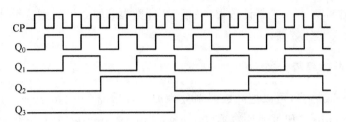

图 6.4.2　四位二进制加法计数器的时序图

如图 6.4.3 所示是用 T' 触发器构成的四位二进制加法计数器。图中 T' 触发器是由 JK 触发器转换来的。由于该触发器是下降沿触发的触发器,所以进位信号是从低位的 Q 端引出。如果采用上升沿触发的 T' 触发器,进位信号应从 $\overline{Q}$ 端引出。

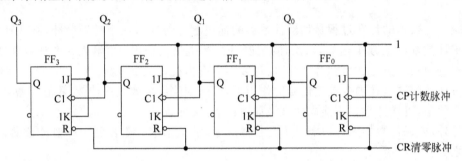

图 6.4.3　用 T' 触发器构成的四位异步二进制加法计数器

2) 异步二进制减法计数器

异步二进制减法计数器与前面介绍的异步二进制加法计数器类似,只不过是把加法的进位变成减法的借位而已。首先分析二进制减法的计数规则。假设四位二进制减法计数器的输出为 $Q_3Q_2Q_1Q_0$,减法计数从 1111 开始,每来一个 CP 计数脉冲 $Q_3Q_2Q_1Q_0$ 里的数递减,其状态图和时序图如图 6.4.4 和图 6.4.5 所示。由时序图可以看出 Q_0 的数每来一个 CP 脉冲都要翻转,Q_1 的数在 Q_0 由 0 翻成 1 时翻转,Q_2 的数在 Q_1 由 0 翻成 1 时翻转,Q_3 的数在 Q_2 由 0 翻成 1 时翻转。如果使用上升沿动作的 T' 触发器组成计数器,则只要将低位触发器的 Q 端接至高位触发器的时钟输入端就可以了。当低位由 0 变成 1 时,对应 Q 端上升沿正好可以作为高位触发器的时钟信号。

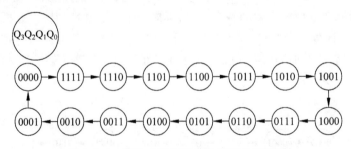

图 6.4.4　四位二进制减法计数器的状态图

如图 6.4.6 所示是用 T' 触发器构成的四位二进制减法计数器。图中 T' 触发器是由 D 触发器转换来的。由于该触发器是上升沿触发的触发器,所以借位信号是从低位的 Q 端引出。如果采用下降沿触发的 T′ 触发器,借位信号应从 $\overline{Q}$ 端引出。

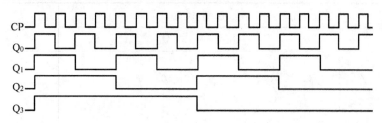

图 6.4.5 四位二进制减法计数器的时序图

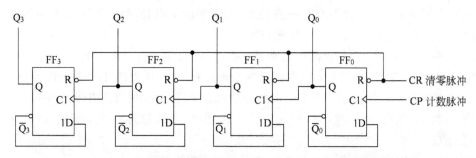

图 6.4.6 用 T′ 触发器构成的四位异步二进制减法计数器

2. 同步二进制计数器

1) 同步二进制加法计数器

因为是"同步"方式,所以将所有触发器的 CP 端连在一起,接计数脉冲,所以各个触发器的翻转是在同步信号供给的同时,还要靠每个触发器的输入端的控制。

从表 6.4.1 中可以得知,每个触发器的动作只有两个——保持和翻转,而高位触发器的翻转是在低位触发器的状态为全 1 时,再来一个 CP 脉冲时产生的。

表 6.4.1 四位二进制加法计数器的状态转换表

计数脉冲序号	电 路 状 态				等效十进制数
	Q_3	Q_2	Q_1	Q_0	
0	0	0	0	0	0
1	0	0	0	1	1
2	0	0	1	0	2
3	0	0	1	1	3
4	0	1	0	0	4
5	0	1	0	1	5
6	0	1	1	0	6
7	0	1	1	1	7
8	1	0	0	0	8
9	1	0	0	1	9
10	1	0	1	0	10
11	1	0	1	1	11

续表

计数脉冲序号	电路状态				等效十进制数
	Q_3	Q_2	Q_1	Q_0	
12	1	1	0	0	12
13	1	1	0	1	13
14	1	1	1	0	14
15	1	1	1	1	15
16	0	0	0	0	0

因为 T 触发器只有两个功能——保持和翻转,所以采用 JK 触发器实现 T 触发器功能,达到同步二进制加法计数目的。具体实现如下:

FF_0:每来一个 CP,向相反的状态翻转一次,所以选 $T_0 = J_0 = K_0 = 1$。

FF_1:当 $Q_0 = 1$ 时,来一个 CP,向相反的状态翻转一次,所以选 $T_1 = J_1 = K_1 = Q_0$。

FF_2:当 $Q_0 Q_1 = 1$ 时,来一个 CP,向相反的状态翻转一次,所以选 $T_2 = J_2 = K_2 = Q_0 Q_1$。

FF_3:当 $Q_0 Q_1 Q_2 = 1$ 时,来一个 CP,向相反的状态翻转一次,所以选 $T_3 = J_3 = K_3 = Q_0 Q_1 Q_2$。

按上述分析连接线路,得到如图 6.4.7 所示的逻辑电路图。

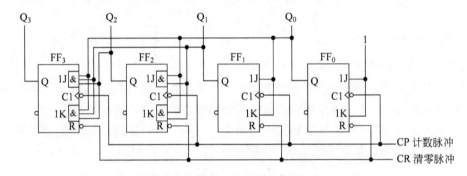

图 6.4.7　同步四位二进制加法计数器

2) 同步二进制减法计数器

从减法计数可以看出,当低位触发器全 0 时,再来一个 CP 脉冲,高位触发器就会翻转。可将高位触发器接成 T 触发器,而每个触发器的 T 输入端接到所有低位触发器的 $\overline{Q}$ 的与。驱动方程组如下:

$$
\left.
\begin{aligned}
J_0 &= K_0 = 1 \\
J_1 &= K_1 = \overline{Q_0} \\
J_2 &= K_2 = \overline{Q_1}\ \overline{Q_0} \\
J_3 &= K_3 = \overline{Q_2}\ \overline{Q_1}\ \overline{Q_0}
\end{aligned}
\right\}
\tag{6.4.1}
$$

按上式连接电路,就可以得到同步四位二进制减法计数器。

3) 同步二进制可逆计数器

设计可逆计数器应该再引入一个加/减控制信号 X,用 X 值大小来决定做加法运算还是减法运算。即:

当控制信号 X＝0 时，$FF_1 \sim FF_3$ 中的各 J、K 端分别与低位各触发器的 $\overline{Q}$ 端相连，作减法计数。

当控制信号 X＝1 时，$FF_1 \sim FF_3$ 中的各 J、K 端分别与低位各触发器的 Q 端相连，作加法计数。

各触发器的驱动方程组合，可得到：

$$\left.\begin{array}{l}
J_0 = K_0 = 1 \\
J_1 = K_1 = XQ_0 + \overline{X}\,\overline{Q_0} \\
J_2 = K_2 = XQ_0 Q_1 + \overline{X}\,\overline{Q_0}\,\overline{Q_1} \\
J_3 = K_3 = XQ_0 Q_1 Q_2 + \overline{X}\,\overline{Q_0}\,\overline{Q_1}\,\overline{Q_2}
\end{array}\right\} \qquad (6.4.2)$$

按上式连接线路，就得到如图 6.4.8 所示的同步二进制可逆计数器。

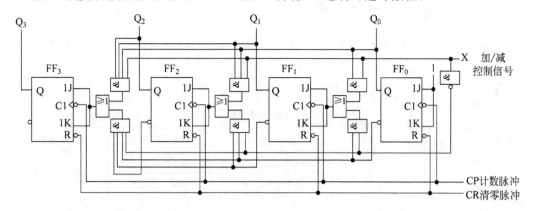

图 6.4.8　同步二进制可逆计数器

从前面的异步和同步计数器可以看出，异步计数器结构简单，但计数速度慢；同步计数器虽然结构复杂，但计数速度快。

3. 十进制计数器

8421 码十进制计数器有同步和异步之分，也有加法和减法之分。这里只介绍同步十进制加法计数器。

8421 码十进制加法计数器的状态转换图如图 6.4.9 所示。同步 8421 码十进制加法计数器可以用前一节介绍的同步时序逻辑电路的设计方法来实现，设计过程不再赘述，只画出电路图，如图 6.4.10 所示。

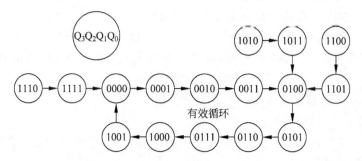

图 6.4.9　8421 码十进制加法计数器状态转换图

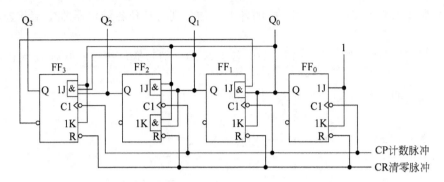

图 6.4.10　8421 码同步十进制加法计数器

6.4.3　集成计数器结构及功能

前面介绍的计数器是由若干触发器和门电路拼接而成的,属于小规模时序逻辑电路。实际上已有中规模集成计数器,在简单的小型数字系统中被广泛采用。

下面介绍几种常用的典型集成计数器,如表 6.4.2 所示。

表 6.4.2　几种典型的集成计数器

CP 脉冲引入方式	型　　号	计 数 模 式	清 零 方 式	预置数方式
同步	74160	十进制加法	异步(低电平)	同步(低电平)
	74161	4 位二进制加法	异步(低电平)	同步(低电平)
	74162	十进制加法	同步(低电平)	同步(低电平)
	74163	4 位二进制加法	同步(低电平)	同步(低电平)
	74LS190	单时钟十进制可逆	无	异步(低电平)
	74191	单时钟 4 位二进制可逆	无	异步(低电平)
	74192	双时钟十进制可逆	异步(高电平)	异步(低电平)
	74193	双时钟 4 位二进制可逆	异步(高电平)	异步(低电平)
异步	74LS293	4 位二进制加法	异步(高电平)	无
	74LS290	二-五-十进制加法	异步(高电平)	异步(高电平)

1. 74161-异步清零、同步预置数 4 位二进制加法计数器

74161 是 4 位二进制同步加法计数器。该电路除了具有二进制加法计数的基本功能外,还具有异步清零、同步预置数和保持等附加功能。

$\overline{R}_D$:异步清零端,低电平有效,当它为低电平时 $Q_3 Q_2 Q_1 Q_0 = 0$。

$\overline{L}_D$:同步预置数端,低电平有效,当它为低电平时,下一个 CP 到来时 $Q_3 Q_2 Q_1 Q_0 = D_3 D_2 D_1 D_0$。

$D_3 D_2 D_1 D_0$:并行数据输入端,与 $\overline{L}_D$ 配合使用。

$Q_3 Q_2 Q_1 Q_0$:并行输出端。

EP、ET:使能输入端,当它们之中有一个为 0 时,计数器保持原态;它们为全 1 时,计数器进行十六进制计数。

其功能如表 6.4.3 所示,符号和引脚图如图 6.4.11 所示。

表 6.4.3　74161 的功能表

清零	预置	使能		时钟	预置数据输入				输 出				工 作 模 式
$\overline{R_D}$	$\overline{L_D}$	EP	ET	CP	D_3	D_2	D_1	D_0	Q_3	Q_2	Q_1	Q_0	
0	×	×	×	×	×	×	×	×	0	0	0	0	异步清零
1	0	×	×	↑	d_3	d_2	d_1	d_0	d_3	d_2	d_1	d_0	同步置数
1	1	0	×	×	×	×	×	×	保持				数据保持
1	1	×	0	×	×	×	×	×	保持				数据保持
1	1	1	1	↑	×	×	×	×	计数				加法计数

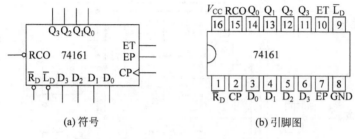

(a) 符号　　　　　　(b) 引脚图

图 6.4.11　74161 4 位二进制计数器

74161 时序图如图 6.4.12 所示。

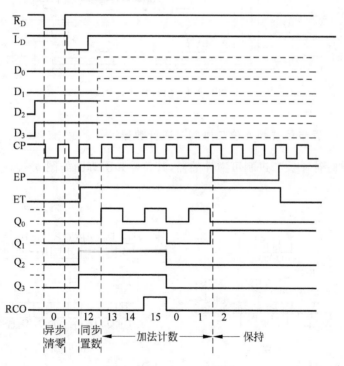

图 6.4.12　74161 时序图

74161 内部电路图如图 6.4.13 所示。

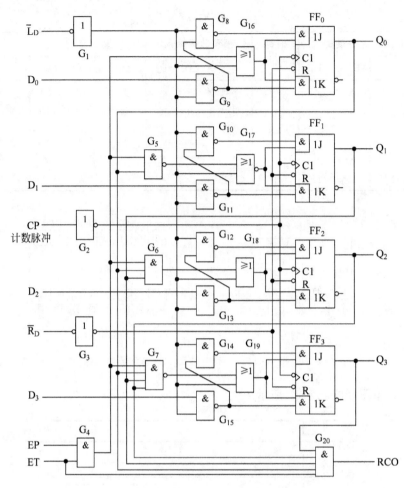

图 6.4.13　74161 电路图

2. 74191——异步预置数 4 位二进制可逆计数器

74191 是单时钟 4 位二进制可逆计数器,其符号和引脚图如图 6.4.14 所示。

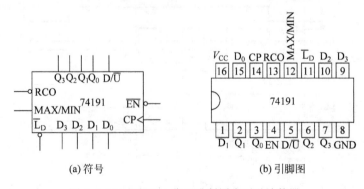

(a) 符号　　　　　(b) 引脚图

图 6.4.14　74191 4 位二进制同步可逆计数器

$\overline{L}_D$：异步预置数端，当它为低电平时，$Q_3Q_2Q_1Q_0=D_3D_2D_1D_0$。

$D_3D_2D_1D_0$：并行数据输入端。

$Q_3Q_2Q_1Q_0$：并行数据输出端。

$\overline{EN}$：使能输入端，当它为1时，计数器保持原态不变；当它为0时，计数器计数。

$D/\overline{U}$：加减控制端，当它为0时，计数器进行加法计数；当它为1时，计数器进行减法计数。

其功能表如表6.4.4所示。

表6.4.4 74191的功能表

预置	使能	加/减控制	时钟	预置数据输入				输 出				工 作 模 式
$\overline{L}_D$	$\overline{EN}$	$D/\overline{U}$	CP	D_3	D_2	D_1	D_0	Q_3	Q_2	Q_1	Q_0	
0	×	×	×	d_3	d_2	d_1	d_0	d_3	d_2	d_1	d_0	异步置数
1	1	×	×	×	×	×	×	保持				数据保持
1	0	0	↑	×	×	×	×	加法计数				加法计数
1	0	1	↑	×	×	×	×	减法计数				减法计数

3. 74160——异步清零、同步预置1位十进制加法计数器

74160是8421BCD码同步加法计数器，其符号和引脚图如图6.4.15所示。

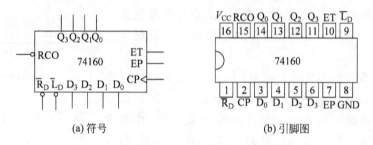

图6.4.15 74160十进制加法计数器

$\overline{R}_D$：异步清零端，当它为低电平时 $Q_3Q_2Q_1Q_0=0$。

$\overline{L}_D$：同步预置数端，当它为低电平时，下一个CP到来时 $Q_3Q_2Q_1Q_0=D_3D_2D_1D_0$。

$D_3D_2D_1D_0$：并行数据输入端。

$Q_3Q_2Q_1Q_0$：数据输出端。

EP、ET：使能输入端，当它们之中有一个为0时，计数器保持原态；它们为全1时，计数器进行十进制计数。

其功能表如表6.4.5所示，符号和引脚图如图6.4.15所示。

表6.4.5 74160的功能表

清零	预置	使能		时钟	预置数据输入				输 出				工 作 模 式
$\overline{R}_D$	$\overline{L}_D$	EP	ET	CP	D_3	D_2	D_1	D_0	Q_3	Q_2	Q_1	Q_0	
0	×	×	×	×	×	×	×	×	0	0	0	0	异步清零
1	0	×	×	↑	d_3	d_2	d_1	d_0	d_3	d_2	d_1	d_0	同步置数
1	1	0	×	×	×	×	×	×	保持				数据保持
1	1	×	0	×	×	×	×	×	保持				数据保持
1	1	1	1	↑	×	×	×	×	十进制计数				加法计数

4. 74163——同步清零、同步预置数 4 位十六进制加法计数器

74163 是十六进制同步加法计数器。芯片引脚图及功能和 74161 同,唯一区别是:74163 是同步清零,即当 $\overline{CR}=0$ 时,再来一个 CP 各触发器才能清零。其符号如图 6.4.16 所示,功能表如表 6.4.6 所示。

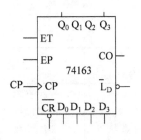

图 6.4.16　74163 4 位十六进制计数器的符号

表 6.4.6　74163 的功能表

CP	$\overline{CR}$	$\overline{L_D}$	ET	EP	功　　能
↑	0	×	×	×	同步清零
↑	1	0	×	×	预 置 数
×	1	1	0	1	保持
×	1	1	1	0	保持,但 CO=0
↑	1	1	1	1	模 16 加法计数

5. 74290——异步清零异步置 9 二-五-十进制计数器

74290 是异步二-五-十进制计数器。74290 内部包含一个独立的 1 位二进制计数器和一个独立的异步五进制计数器,引脚图如图 6.4.17 所示。

二进制计数器的时钟输入端为 CP_1,输出端为 Q_0;五进制计数器的时钟输入端为 CP_2,输出端为 Q_1、Q_2、Q_3。如果将 Q_0 与 CP_2 相连,CP_1 作时钟脉冲输入端,$Q_0 \sim Q_3$ 作输出端,则为 8421BCD 码十进制计数器。其中,$R_{0(1)}$、$R_{0(2)}$ 为异步清零端,高电平有效。

$R_{9(1)}$、$R_{9(2)}$ 为异步置 9 端,高电平有效。其功能表如表 6.4.7 所示,电路图如图 6.4.18 所示。

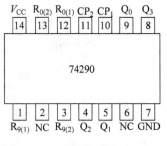

图 6.4.17　74290 二-五-十进制计数器引脚图

表 6.4.7　74290 的功能表

复位输入		置位输入		时钟	输出				工作模式
$R_{0(1)}$	$R_{0(2)}$	$R_{9(1)}$	$R_{9(2)}$	CP	Q_3	Q_2	Q_1	Q_0	
1	1	0	×	×	0	0	0	0	异步清零
1	1	×	0	×	0	0	0	0	
×	×	1	1	×	1	0	0	1	异步置数(9)
0	×	0	×	↓	计数				加法计数
0	×	×	0	↓	计数				
×	0	0	×	↓	计数				
×	0	×	0	↓	计数				

6.4.4　寄存器的结构及功能

一些数字系统在处理数据时常常需要将一些数码暂时保存起来,这种存放数码的逻辑

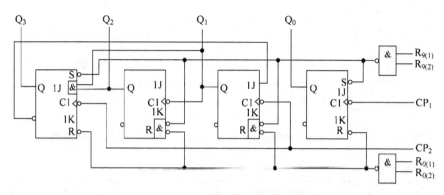

图 6.4.18　74290 的电路图

部件称为寄存器(register)。因为一个触发器能存储 1 位二进制数据,所以 n 个触发器可以组成存储一组 n 位二进制数据的寄存器。寄存器按其功能特点分为锁存器、数码寄存器和移位寄存器。

锁存器能够在使能有效的情况下,输出跟随输入而变化,在使能无效时,锁存最后时刻接收的输入信号。数码寄存器用来存放一组数据,在控制信号的作用下能够具有置数和保持的功能;移位寄存器除了存储数据外,还具有移位的功能。在移位脉冲的作用下,移位寄存器中的二进制数据可向左或向右依次移动位置。总之,寄存器一般应具备以下 4 种功能。

(1) 清除数码:将寄存器里的数码清除。

(2) 接收数码:在写入脉冲作用下,将外来的输入数码送到寄存器的输入端。

(3) 寄存数码:寄存器只有在寄存指令作用下,才能将输入端收到的数码寄存起来,当寄存之后,只要不出现清零或其他指令,寄存的数码就不会变。

(4) 输出数码:寄存器只有在收到读出指令之后,才通过读出电路输出数码。

1. 多位锁存器

锁存器是具有"透明"特性的一种寄存器,所谓"透明"特性是指在使能状态时,输出随输入信号的变化而变化(即输出端相当于直接同输入端连接);当使能信号结束时,其跳变前那一时刻的输入数据被锁存。

常用的中规模集成锁存器有双 2 位锁存器、双 4 位锁存器、8 位锁存器和 8 位可寻址锁存器等。图 6.4.19 是 8 位锁存器 74LS373 的逻辑框图,G 为使能端,高电平有效;$\overline{OE}$ 为输出控制端,低电平有效。若令 $\overline{OE}=0$,则 G=1 时,输出端状态随输入端数据变化而变化(即透明状态);当 G=0 时,输出端状态将保持不变,输出状态是在使能信号 G 由 1→0 时完成锁存的。

$\overline{OE}=1$ 时,输出呈高阻态。

图 6.4.20 是 8 位可寻址锁存器 74LS259 的逻辑框图。$\overline{G}$ 为使能端,D 为数据输入端,$\overline{C_r}$ 为清除端,C、B、A 为地址输入端。当 $\overline{G}=0$ 时,数据输入端同 C、B、A 地址所确定的输出端保持透明;当 $\overline{G}$ 由 0→1 时,由 C、B、A 地址确定将输入数据锁存至相应输出端。其锁存选择表如表 6.4.8 所示。

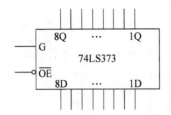
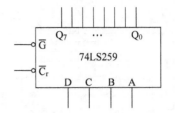

图 6.4.19　74LS373 锁存器逻辑框图　　　图 6.4.20　74LS259 锁存器逻辑框图

表 6.4.8　74LS259 的锁存选择表

C	B	A	被寻址输出端	C	B	A	被寻址输出端
0	0	0	0	1	0	0	4
0	0	1	1	1	0	1	5
0	1	0	2	1	1	0	6
0	1	1	3	1	1	1	7

2. 数码寄存器

数码寄存器由若干个触发器组成,故引入时钟控制端,在时钟脉冲的有效边沿时刻寄存输入数码,其他时刻将保持不变。

数码寄存器 74LS175 的电路图如图 6.4.21 所示。

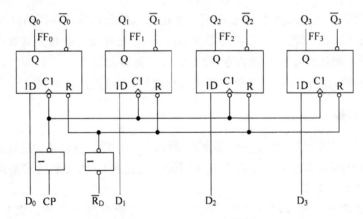

图 6.4.21　74LS175 电路图

其中,$\overline{R}_D$ 是异步清零控制端,低电平有效。$D_0 \sim D_3$ 是并行数据输入端,CP 为时钟脉冲端,上升沿有效,即当 CP 上升沿到来时,寄存器将寄存数码。$Q_0 \sim Q_3$ 是并行数据输出端。功能表如表 6.4.9 所示。

3. 移位寄存器

移位寄存器(shift register)不但可以寄存数码,而且在移位脉冲作用下,寄存器中的数码可根据需要向左或向右依次移动。

表 6.4.9　74LS175 的功能表

清　零	时　钟	输　入				输　出				工 作 模 式
$\overline{R}_D$	CP	D_0	D_1	D_2	D_3	Q_0	Q_1	Q_2	Q_3	
0	×	×	×	×	×	0	0	0	0	异步清零
1	↑	D_0	D_1	D_2	D_3	D_0	D_1	D_2	D_3	数码寄存
1	1	×	×	×	×	保持				数据保持
1	0	×	×	×	×	保持				数据保持

1) 单向移位寄存器(unidirectional shift register)

（1）右移寄存器。

右移寄存器的功能是在移位脉冲的作用下,寄存器中的数码依次向高位移动。

4 位右移寄存器的电路图如图 6.4.22 所示,其结构特点是左边触发器的输出端接右邻触发器的输入端。

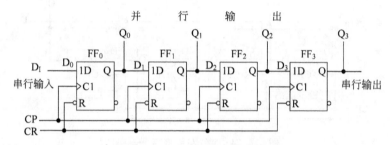

图 6.4.22　4 位右移寄存器电路图

设移位寄存器的初始状态为 0000,串行输入数码 $D_I=1101$,从高位到低位依次输入。其状态转换表如表 6.4.10 所示。

表 6.4.10　4 位右移寄存器状态转换表

移 位 脉 冲	输 入 数 码	输　出			
CP	D_I	Q_0	Q_1	Q_2	Q_3
0	0	0	0	0	0
1	1	1	0	0	0
2	1	1	1	0	0
3	0	0	1	1	0
4	1	1	0	1	1

在 4 个移位脉冲作用下,输入的 4 位串行数码 1101 全部存入了寄存器中。这种输入方式称为串行输入方式。4 位右移寄存器的时序图如图 6.4.23 所示。

由于右移寄存器移位的方向为 $D_I \rightarrow Q_0 \rightarrow Q_1 \rightarrow Q_2 \rightarrow Q_3$,即由低位向高位移,所以又称为上移寄存器。

（2）左移寄存器。

左移寄存器的功能是在移位脉冲的作用下,寄存器中的数码依次向低位移动。

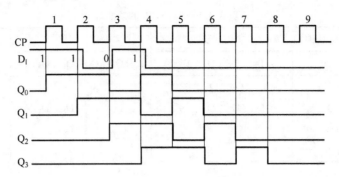

图 6.4.23　4 位右移寄存器时序图

4 位左移寄存器的电路图如图 6.4.24 所示,其结构特点是右边触发器的输出端接左邻触发器的输入端。

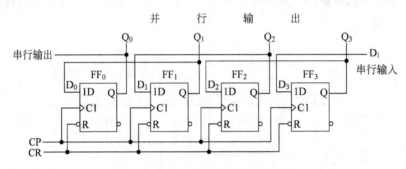

图 6.4.24　4 位左移寄存器电路图

由于左移寄存器移位方向为 $D_I \rightarrow Q_3 \rightarrow Q_2 \rightarrow Q_1 \rightarrow Q_0$,即由高位向低位下移,所以又称为下移寄存器。

2) 双向移位寄存器

将右移寄存器和左移寄存器组合起来,并引入一控制端,便构成既可左移又可右移的双向移位寄存器(bidirectional shift register)。74LS194 为 4 位双向移位寄存器,具有并行输入、并行输出、串行输入和串行输出的功能。电路图如图 6.4.25 所示。

74LS194 双向移位寄存器的符号及引脚图如图 6.4.26 所示。各个引脚功能说明如下:

D_{SL}:左移串行输入端,在实现左移时,输入信号在此输入,在 Q_3 输出。

D_{SR}:右移串行输入端,在实现左移时,输入信号在此输入,Q_0 输出。

Q_0:左移串行输出端。

Q_3:右移串行输出端。

$D_3 D_2 D_1 D_0$:并行输入端,四位二进制信号并行输入时,在此引入。

$Q_3 Q_2 Q_1 Q_0$:并行输出端,四位二进制信号并行输出时,在此引出。

$S_1 S_0$:使能控制端。当其为:

00:保持

01:右移

10:左移

11:并行置数

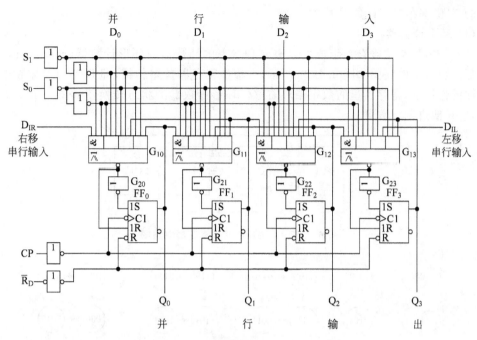

图 6.4.25　双向移位寄存器 74LS194 电路图

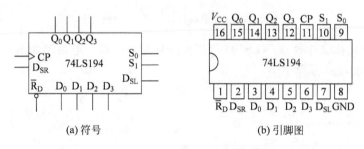

| (a) 符号 | (b) 引脚图 |

图 6.4.26　74LS194 双向移位寄存器

表 6.4.11 给出了 74LS194 的具体功能。

表 6.4.11　74LS194 功能表

输　入										输　出				工　作　模　式
清零	控制		串行输入		时钟	并行输入					输　出			
$\overline{R}_D$	S_1	S_0	D_{SL}	D_{SR}	CP	D_0	D_1	D_2	D_3	Q_0	Q_1	Q_2	Q_3	
0	×	×	×	×	×	×	×	×	×	0	0	0	0	异步清零
1	0	0	×	×	×	×	×	×	×	Q_0^n	Q_1^n	Q_2^n	Q_3^n	保持
1	0	1	×	1	↑	×	×	×	×	1	Q_0^n	Q_1^n	Q_2^n	右移，D_{SR} 为串行输
1	0	1	×	0	↑	×	×	×	×	0	Q_0^n	Q_1^n	Q_2^n	入，Q_3 为串行输出
1	1	0	1	×	↑	×	×	×	×	Q_1^n	Q_2^n	Q_3^n	1	左移，D_{SL} 为串行输
1	1	0	0	×	↑	×	×	×	×	Q_1^n	Q_2^n	Q_3^n	0	入，Q_0 为串行输出
1	1	1	×	×	↑	D_0	D_1	D_2	D_3	D_0	D_1	D_2	D_3	并行置数

3）移位寄存器型计数器

（1）环形计数器。

用一个 n 位移位寄存器组成的具有 n 种状态的计数器叫环形计数器（ring counter），4 位环形计数器的电路图如图 6.4.27 所示，将移位寄存器首尾相接，即 $D_0=Q_3$，则在输入时钟脉冲的作用下，寄存器里的数据循环右移。环形计数器的状态转换图如图 6.4.28 所示，可见，它是四进制计数器。

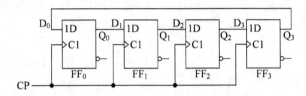

图 6.4.27　4 位环形移位寄存器电路图

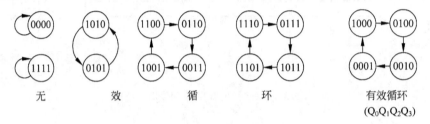

图 6.4.28　环形移位寄存器状态转换图

此外，用集成移位计数器 74LS194 可以实现环形计数器。电路图如图 6.4.29 所示，状态转换图如图 6.4.30 所示。

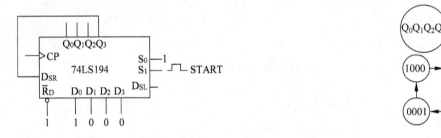

图 6.4.29　74LS194 构成环形计数器电路图　　图 6.4.30　74LS194 构成环形计数器的状态转换图

（2）扭环形计数器。

环形计数器电路的利用率不高。如果将 n 位移位寄存器的串行输出取反，反馈到串行输入端，得到的计数器称为扭环形计数器（twisted-ring counter）。如图 6.4.31 所示，使 $D_0=\overline{Q_3}$，则电路的利用率提高了一倍。

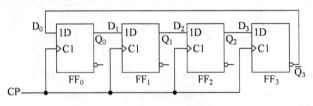

图 6.4.31　扭环形计数器电路图

可见,由 4 位移位寄存器组成的扭环形计数器是一个八进制计数器,且电路在每次状态转换时只有一位触发器改变状态,因而在将电路状态译码时不会产生竞争-冒险现象。由此可以分析,用 n 位移位寄存器可以构成 $2n$ 进制扭环形计数器。图 6.4.32 是扭环形计数器状态转换图。

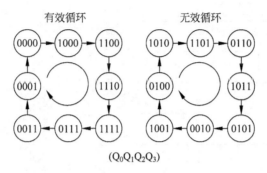

图 6.4.32 扭环形计数器状态转换图

此外,用集成移位计数器 74LS194 可以实现扭环形计数器。与构成环形计数器接法不同,构成扭环形计数器时,将 Q_3 取反以后接入右移输入即可,电路图如图 6.4.33 所示,其状态转换图如图 6.4.34 所示。

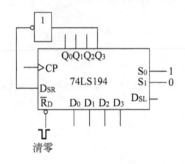

图 6.4.33 74LS194 构成扭环形计数器

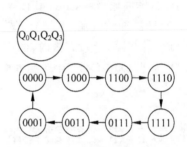

图 6.4.34 74LS194 构成扭环形计数器的状态转换图

6.4.5 顺序脉冲发生器简介*

在有些数字系统中,要求系统按照事先规定的顺序进行一系列的操作。这就要求系统的控制部分能给出在时间上有一定先后顺序的脉冲信号。顺序脉冲发生器(sequential pulse generator)就是用来产生这样一组顺序脉冲的电路。

用译码器 74LS138 和计数器 74LS161 可以构成顺序脉冲发生器,能够产生 8 个顺序脉冲,电路图如图 6.4.35 所示,输出波形如图 6.4.36 所示。

此外,还有 CD4017 集成顺序脉冲发生器,它能够产生 10 个顺序脉冲。具体芯片引脚图如图 6.4.37 所示。各引脚功能如下:

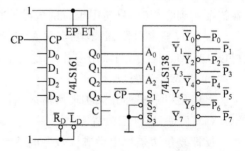

图 6.4.35 74LS138 和 74LS161 构成顺序脉冲发生器

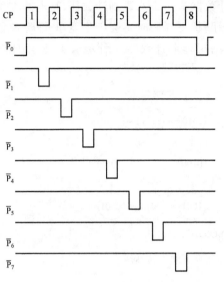

图 6.4.36　顺序脉冲发生器时序图

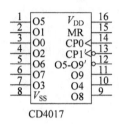

图 6.4.37　CD4017 顺序脉冲发生器
引脚图

MR：输入使能端，低电平有效，当高电平时，输出 O0＝1，O1～O9＝0。

CP0：计数脉冲输入端，上升沿有效。

CP1′：计数脉冲输入端，下降沿有效。

O0～O9：输出端，计数有效时，顺序产生正脉冲。

O5～O9′：当 O0～O4 产生正脉冲时，该输出端为 1，当 O5～O9 产生正脉冲时，该输出端为 0。

6.5　MSI 时序逻辑器件的应用

6.5.1　计数器的应用

1. 任意进制计数器设计

尽管集成计数器的品种很多，但也不可能任意进制的计数器都有其对应的集成产品。在需要用到它们时，只能用现有的成品计数器外加适当的电路连接而成。

现有 N 进制计数器，若要实现 M 进制计数器，当 $M < N$，则只需一片 N 进制计数器就可以；当 $M > N$ 时，则需用多片 N 进制计数器级联。

1）当 $M < N$ 时

可以用以下三种方法实现所需进制计数器。

（1）反馈复位（反馈清零）法。

反馈复位法是利用集成计数器的清零功能来实现任意进制计数器的方法。具体是利用计数器输出端经控制逻辑反馈到清零输入端 $\overline{R}_D$ 所形成的复位信号（如果复位端低电平有效，则使其置 0；如果复位端高电平有效，则使其置 1），使计数器在按自然顺序计数的过程中,迫使输出端跳过无效状态,来构成所需的 M 进制计数器。

如果计数器的 $\overline{R}_D$ 端同步清零,则输出反馈状态是有效状态,反馈状态应是计数器的 $M-1$ 数;如果 $\overline{R}_D$ 端异步清零,则输出反馈状态是无效状态,反馈状态应是计数器的 M 数。

(2) 反馈预置数法。

反馈预置数法是利用集成计数器的预置数功能来实现任意进制计数器的方法。具体是利用计数器输出端经控制逻辑反馈到预置数端 $\overline{L}_D$ 所形成的预置信号(如果预置数端低电平有效,则使其置 0;如果预置数端高电平有效,则使其置 1),使计数器在按自然顺序计数的过程中,迫使输出端跳过无效状态,来构成所需的 M 进制计数器。

反馈预置数法根据预置的数的不同,可分为以下四种。

- 置 0 法:计数器所预置的初始值为全 0,$D_n \sim D_0 = 0 \sim 0$。如果计数器的 $\overline{L}_D$ 端是同步预置,则输出反馈状态是有效状态,反馈状态应是计数器的 $M-1$ 的数;如果 $\overline{L}_D$ 端是异步预置,则输出反馈状态是无效状态,反馈状态应是计数器的 M 数。

- 置最大数法:计数器所预置的初始值为最大数,$(D_n \sim D_0)_{10} = N-1$。如果计数器的 $\overline{L}_D$ 端是同步预置,则输出反馈状态是有效状态,反馈状态应是计数器的 $M-2$ 的数;如果 $\overline{L}_D$ 端是异步预置,则输出反馈状态是无效状态,反馈状态应是计数器的 $M-1$ 数。

- 置任意数法:该方法是从所置入的数 L 对应的状态开始顺序数至 M 个状态,构成 M 进制计数器。如果计数器的 $\overline{L}_D$ 端是同步预置,则输出反馈状态是有效状态,反馈状态应是计数器的 $L+M-1$ 的数;如果 $\overline{L}_D$ 端是异步预置,则输出反馈状态是无效状态,反馈状态应是计数器的 $L+M$ 的数。

- 进位输出置最小数法。

计数器所预置的数值为 M 进制计数器里最小的状态。此法利用计数器进位输出端 C 的进位输出,使计数器置入最小数,来实现任意进制计数器。如果计数器的 $\overline{L}_D$ 端是同步预置,则输出反馈状态最大数是有效状态,预置的数 $D_n \sim D_0$ 应是计数器的 $N-M$ 的数;如果 $\overline{L}_D$ 端是异步预置,则输出反馈状态最大数是无效状态,预置的数 $D_n \sim D_0$ 应是计数器的 $N-(M+1)$ 数。

2) 当 $M > N$ 时

用多片 N 进制计数器级联实现 M 进制计数器。因低位片和高位片之间有进位,根据进位方式的不同分为串行进位方式和并行进位方式。每种方式都可以用上述反馈复位法、反馈预置数法等方法来实现。

如果 M 可以分解为两个小于或等于 N 的因数相乘,即 $M = N_1 \times N_2$,则可先将各片构成对应的 N_1 进制计数器和 N_2 进制计数器,再用串行进位方式或并行进位方式,而级与级之间不用反馈逻辑就可以实现 M 进制计数器。

如果 M 是素数,不能分解为两个小于等于 N 的因数相乘,即 $M = N_1 \times N + N_2$,各级之间用串行进位或并行进位方式的同时,配合用上述两种反馈方法就可以实现。

(1) 串行进位方式。

低位片的进位输出信号作为高位片的时钟输入信号,将每片的计数使能端置成计数状态。实际上,级联以后的计数器是异步计数器。

（2）并行进位方式。

将所有片的 CP 端连在一起作为外部计数脉冲输入,低位片的进位输出信号作为高位片的计数使能信号。实际上,级联以后的计数器是同步计数器。

3）应用实例

【**例 6.5.1**】　用集成计数器和与非门实现六进制计数器。

解：用两种方式实现本题要求。

（1）用反馈复位法实现。

① 采用异步清零端实现

74160 是同步十进制计数器,清零（复位）端 $\overline{R}_D$ 是异步控制端,所以反馈状态是无效计数状态,应是计数器的 M 数,即是 6,对应状态为 0110。电路图如图 6.5.1 所示,状态转换图如图 6.5.2 所示。

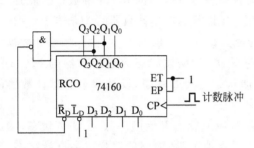

图 6.5.1　例 6.5.1 图用 74160 清零法构成
六进制计数器

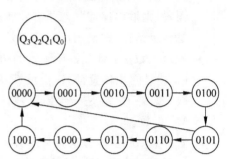

图 6.5.2　例 6.5.1 六进制计数器
状态转换图

② 用同步清零端实现

74163 是同步 4 位二进制计数器,清零（复位）端 $\overline{R}_D$ 是同步控制端,所以反馈状态是有效计数状态,应是计数器的 $M-1$ 的数,即是 5,对应状态为 0101。

电路图如图 6.5.3 所示,状态转换图如图 6.5.4 所示。

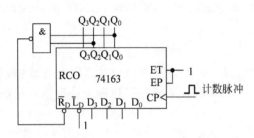

图 6.5.3　例 6.5.1 用 74163 清零法构成
六进制计数器

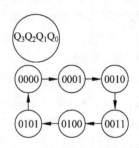

图 6.5.4　例 6.5.1 用 74163 构成六进制
计数器状态转换图

（2）用反馈置数法实现。

① 置 0 法

将并行输入端 $D_3D_2D_1D_0=0$,因 74160 是同步十进制计数器,预置数端 $\overline{L}_D$ 是同步控制端,所以反馈状态是有效计数状态,应是计数器的 $M-1$ 的数,即是 5,对应状态为 0101。

电路图如图 6.5.5 所示。

② 置最大数法

因 74160 是同步十进制计数器,最大数为 1001,将并行输入端 $D_3D_2D_1D_0=1001$,预置数端 $\overline{L}_D$ 是同步控制端,所以反馈状态是有效计数状态,应是计数器的 $M-2$ 的数,即是 4,对应状态为 0100。

电路图如图 6.5.6 所示。

③ 置任意数法

电路图如图 6.5.7 所示。

并行输入端 $D_3D_2D_1D_0=0011$,预置数端 $\overline{L}_D$ 是同步控制端,所以反馈状态是有效计数状态,反馈状态应是计数器的 $L+M-1=3+6-1=8$ 的数,对应状态为 1000,其中,L 为预置数。

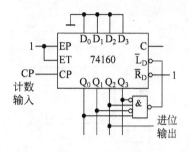

图 6.5.5 例 6.5.1 用 74160 置 0 法构成六进制计数器

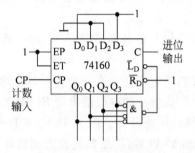

图 6.5.6 例 6.5.1 用 74160 置最大数法构成六进制计数器

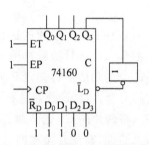

图 6.5.7 例 6.5.1 用 74160 置任意数法构成六进制计数器

【例 6.5.2】 用集成计数器 74191 和与非门组成余 3 码十进制计数器。

解:并行输入端 $D_3D_2D_1D_0=0011$,因 74191 是同步 4 位二进制可逆计数器,预置数端 $\overline{L}_D$ 是异步控制端,所以反馈状态是无效计数状态,应是计数器的 $L+M=3+10=13$ 数,对应状态为 1101,其中,L 为预置数。电路图如图 6.5.8 所示,状态转换图如图 6.5.9 所示。

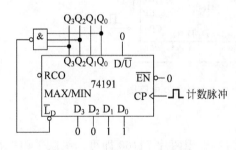

图 6.5.8 例 6.5.2 电路图

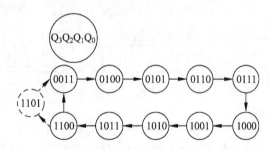

图 6.5.9 例 6.5.2 状态转换图

【例 6.5.3】 用集成计数器 74160 和与非门组成七进制计数器。

解:进位输出置最小数法实现,即利用计数器进位输出端 C 的进位输出,使计数器置入最小数,来实现七进制计数器。

先找应置入的最小数。因为计数器 74160 的 $\overline{L}_D$ 端是同步预置数端,所以输出反馈状态最大数是有效状态,预置的数 $D_n \sim D_0$ 应是计数器的 $N-M=10-7=3$ 的数,对应计数器的状态为 0011。电路图如图 6.5.10 所示,状态转换图如图 6.5.11 所示。

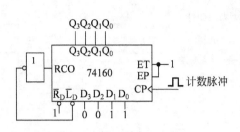

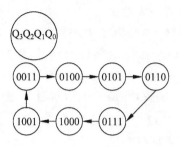

图 6.5.10　例 6.5.3 电路图　　　　图 6.5.11　例 6.5.3 状态转换图

【例 6.5.4】 用 74160 组成 48 进制计数器。

解：因为 $N=48$，而 74160 为模 10 计数器，所以要用两片 74160 构成此计数器。先将两芯片采用并行进位方式连接成 100 进制计数器，然后再用反馈复位法组成四十八进制计数器。

并行进位法是将低位片的进位输出信号作为高位片的计数使能信号，将所有片的 CP 端连在一起作为外部计数脉冲输入。

由 74160 的功能表得知，EP、ET 为使能输入端，当它们之中有一个为 0 时，计数器保持原态；它们为全 1 时，计数器进行十进制计数。现将低位片的进位输出端 RCO 接入高位的 EP、ET 端，将两片的 CP 输入端连在一起接到外部的计数脉冲。因为 $48=4\times10+8$，将低位片接成八进制，高位片接成四进制，在计数器计满 48 以后，用反馈复位方式整体置 0。因为 74160 的 $\overline{R}_D$ 是异步清零端，所以高位计数器和低位计数器的反馈的数分别是 4 和 8。

如果所选用的计数器的 $\overline{R}_D$ 是同步清零端，则反馈的数应退一个数，即高位计数器反馈的数不变，是 4，而低位计数器反馈的数应是 7。电路图如图 6.5.12 所示。

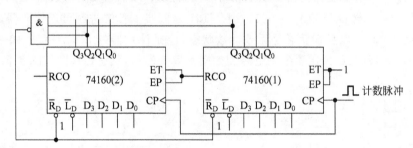

图 6.5.12　例 6.5.4 构成四十八进制计数器电路图

【例 6.5.5】 用 74160 实现百进制计数器。

解：由于 $100=10\times10$，74160 是模 10 计算器，所以用两片 74160 即可。级联采用串行进位方式，将每片的输入使能端 EP、ET 接 1，使每片计数器置成计数状态，低位进位输出经反相接入高位 CP 输入端，计数脉冲从低位 CP 端输入。这样，就实现了百进制计数。电路图如图 6.5.13 所示。

【例 6.5.6】 试用 74160 实现二十九进制。

解：(1) 用并行进位法和反馈复位法实现。

由于 $29=2\times10+9$，低位接成九进制，高位接成二进制，当计满 29 以后反馈，利用 $\overline{R}_D$ 端整体复位，实现二十九进制。电路图如图 6.5.14 所示。

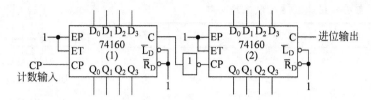

图 6.5.13 例 6.5.5 电路图

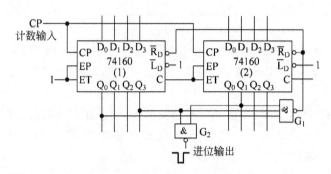

图 6.5.14 例 6.5.6 电路图

（2）用并行进位法和反馈置数法实现。

同样，因 $29=2\times10+9$，低位接成九进制，高位接成二进制，当计满 29 以后反馈，利用 $\overline{L}_D$ 端整体置数，实现二十九进制。因 $\overline{L}_D$ 是同步预置数端，所以低位计数器反馈状态的数应退一个，即应是 8。电路图如图 6.5.15 所示。

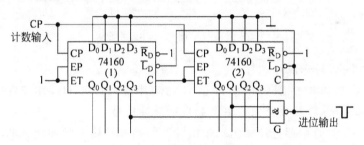

图 6.5.15 例 6.5.6 电路图

2. 其他时序电路设计

在数字信号的传输和检测中，有时需要一组特定的串行数字信号。这种串行数字信号叫序列信号。它在时钟脉冲作用下产生一串周期性的二进制信号。产生序列信号的电路叫做序列信号发生器。简单的序列信号发生器可以用计数器、门电路和数据选择器等电路实现。

【例 6.5.7】 用 74161 及门电路产生序列信号 01010。

解：序列信号 01010 的序列长度为 5，需用 74161 和门电路构成五进制计数器。从74161 中选择 5 个状态构成五进制计数器，依次对应状态定义 Z 的输出为 0、1、0、1、0。状态转换表如表 6.5.1 所示，得到 Z 的表达式为 $Z=\overline{Q_2}Q_0$，得到电路图如图 6.5.16 所示。

表 6.5.1 例 6.5.6 状态转换表

Q_2^n	Q_1^n	Q_0^n	Q_2^{n+1}	Q_1^{n+1}	Q_0^{n+1}	Z
0	0	0	0	0	1	0
0	0	1	0	1	0	1
0	1	0	0	1	1	0
0	1	1	1	0	0	1
1	0	0	0	0	0	0

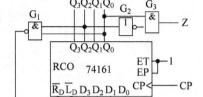

图 6.5.16 例 6.5.7 电路图

【例 6.5.8】 试用计数器 74161 和数据选择器设计一个 01100011 序列发生器。

解：因序列长度为 8，故将 74161 构成八进制计数器，并选用数据选择器 74151 产生所需序列。

由于计数器的输出接到数据选择器的地址输入，所以随着计数器计数，数据选择器的地址依次从 $000 \rightarrow 001 \rightarrow 010 \rightarrow \cdots \rightarrow 111$，故 Z 的输出依次为 $D_0 \rightarrow D_1 \rightarrow D_2 \rightarrow \cdots \rightarrow D_7$，得到 01100011 序列。电路图如图 6.5.17 所示。

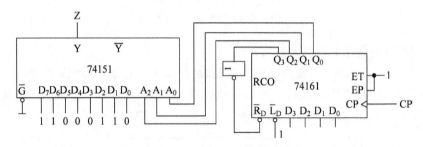

图 6.5.17 例 6.5.8 电路图

【例 6.5.9】 设计秒脉冲信号。

解：某石英晶体振荡器输出脉冲信号的频率为 32 768Hz，用 74161 组成分频器（frequency division），将其分频为频率为 1Hz 的脉冲信号。

前面提到，模 N 计数器进位输出端输出脉冲的频率是输入脉冲频率的 $1/N$，因此可用模 N 计数器组成 N 分频器。

因为 $32\ 768 = 2^{15}$，经 15 级二分频，就可获得频率为 1Hz 的脉冲信号。因此将四片 74161 级联，从高位片（4）的 Q_2 输出即可。电路图如图 6.5.18 所示。

实际上，CD4060 是十四位二进制分频器，所以从 CD4060 的最高位 Q_{14} 输出是 2Hz，而 74LS74 内有两个 D 触发器，用其中的一个 D 触发器就可以将 2Hz 变成 1Hz。接线示意图如图 6.5.19 所示。

6.5.2 寄存器的应用

【例 6.5.10】 用两片 74194 接成 8 位双向移位寄存器。

解：寄存器中的右移的含义是将低位向高位移动，左移的含义是将高位向低位移动。

现将两片 74194 中低位片的右移输出端 Q_3 接至高位片的右移输入 D_{1R} 端，将高位片的左移输出端 Q_0 接到低位片的左移输入 D_{1L} 端，同时把两片的左、右移控制端 S_1、S_0 并联使

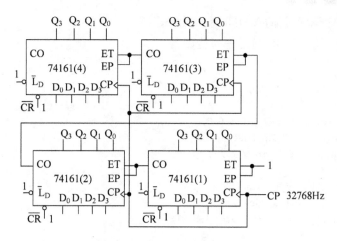

图 6.5.18 例 6.5.9 秒脉冲发生器——用 74161 实现

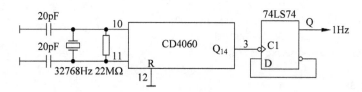

图 6.5.19 例 6.5.9 秒脉冲发生器——用 CD4060 实现

用,并把 CP 和 $\overline{R}_D$ 分别并联即可。电路图如图 6.5.20 所示。

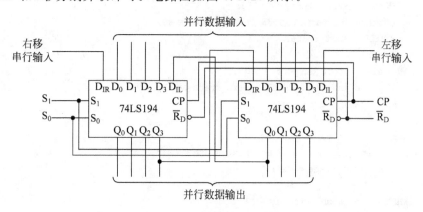

图 6.5.20 例 6.5.10 电路图

6.6 用 VHDL 语言实现时序逻辑电路设计 *

前述两章分别介绍了用 VHDL 描述组合逻辑电路和触发器的方法,本节将在前几节的基础上讨论如何用 VHDL 语言描述时序电路。

6.6.1 状态转换图的 VHDL 描述

本节以例 6.6.1 实现了一个"011"序列检测器,每当输入 011 码时,对应最后一个 1,电

路输出为 1,该序列检测器的 VHDL 实现如下:

【例 6.6.1】　用 VHDL 描述序列检测器。

```vhdl
LIBRARY IEEE;
USE IEEE.STD_LOGIC_1164.ALL;
ENTITY s_machine IS
  PORT ( clk,reset     : IN STD_LOGIC;
      state_inputs : IN STD_LOGIC;
      comb_outputs : OUT STD_LOGIC );
END s_machine;
ARCHITECTURE behv OF s_machine IS
  TYPE FSM_ST IS (s0,s1,s2,s3);
  SIGNAL current_state,next_state: FSM_ST;
BEGIN
 REG: PROCESS (reset,clk)
  BEGIN
    IF reset = '1' THEN    current_state <= s0;
    ELSIF clk = '1' AND clk'EVENT THEN
      current_state <= next_state;
    END IF;
  END PROCESS;
COM:PROCESS(current_state,state_Inputs)
BEGIN
    CASE current_state IS
      WHEN s0 => comb_outputs <= '0';
        IF state_inputs = '1' THEN   next_state <= s0;
          ELSE   next_state <= s1;
        END IF;
      WHEN s1 =>   comb_outputs <= '0';
        IF state_inputs = '0' THEN   next_state <= s1;
        ELSE   next_state <= s2;
        END IF;
      WHEN s2 =>   comb_outputs <= '0';
        IF state_inputs = '0' THEN   next_state <= s1;
        ELSE   next_state <= s3;
        END IF;
      WHEN s3 =>   comb_outputs <= '1';
        IF state_inputs = '0' THEN   next_state <= s1;
        ELSE   next_state <= s0;
        END IF;
    END case;
  END PROCESS;
  END behv;
```

上述程序采用有限状态机实现,有限状态机及其设计是数字系统设计的重要组成部分,VHDL 语言支持状态机设计,只要把实际问题转换成状态转换表或者状态转换图即可,采用硬件描述语言设计状态机使状态机的设计更简单和实用。

用 VHDL 语言可以设计不同表达方式和不同功能的状态机。状态机的分类方法很多,从状态机的信号输出方式上分为 Moore 型和 Mealy 型状态机;从结构上分,有单进程状态机和多进程状态机两种。无论是哪种类型的状态机,通常都包括说明部分、主控时序进程、主控组合进程、辅助进程等几个部分。说明部分使用 TYPE 语句定义新的数据类型,此数据类型为枚举型,其元素通常以状态机的状态名来定义,例 6.6.1 中采用的 s0、s1、s2 和 s3。主控时序进程是负责状态机运转和在时钟驱动下负责状态转换的进程。例 6.6.1 中进程"REG"即主控时序进程。主控组合进程的任务是根据外部输入的控制信号,这些控制信号可能来自于状态机外部的信号,也可能来自于状态机内部其他非主控的组合或时序进程的信号,并结合当前状态的状态值确定下一状态(next_state)的取向,即 next_state 的取值内容,同时确定对外输出的内容。例 6.6.1 中进程"COM"即主控组合进程。图 6.6.1 给出了该检测器的仿真波形图。

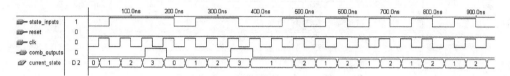

图 6.6.1 序列检测器的仿真波形图

由该波形图可以看出,一旦检测到序列"011",输出信号为"1"。

6.6.2 计数器的 VHDL 实现

【例 6.6.2】 用 VHDL 实现计数器。

```
LIBRARY IEEE;
USE IEEE.STD_LOGIC_1164.ALL;
USE IEEE.STD_LOGIC_UNSIGNED.ALL;
ENTITY t74ls161 IS
  PORT(clr,ld,ce,pe,clk  : IN STD_LOGIC;
       q :OUT STD_LOGIC_VECTOR(3 DOWNTO 0);
       p: IN STD_LOGIC_VECTOR(3 DOWNTO 0)
       );
  END t74ls161;
  ARCHITECTURE arch OF t74ls161 IS
  SIGNAL m : STD_LOGIC_VECTOR(3 DOWNTO 0);
   BEGIN
  PROCESS(clr,clk)
     BEGIN
      IF(clr = '0') THEN
        m <= "0000";
      ELSIF(clk' event and clk = '1') THEN
        IF(ld = '0') THEN
           m <= p;
      ELSIF(ce = '0' or pe = '0') THEN
           m <= m;
      ELSE
        m <= m + 1;
      END IF;
   END IF;
```

```
    q < = m;
END PROCESS;
END ARCH;
```

由该程序可以看出,清零信号 clr 的优先级最高,排在时钟信号 clk 的前面,所以该计数器属于异步复位,其他控制信号均出现在 clk 之后,属于同步信号。图 6.6.2 给出了计数器的仿真波形图。

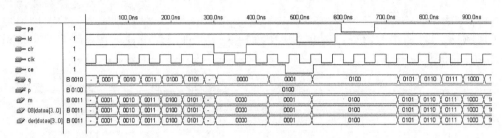

图 6.6.2　计数器的仿真波形图

由上述波形图可以看出,当 clr 为低电平时,清零功能实现,当 ld 信号为低电平时,置数功能实现,当 ce 或者 pe 为低电平时,保持功能有效。

本章小结

时序逻辑电路以锁存器和触发器作为基本逻辑单元,其特点是任意时刻的输出不仅与该时刻的输入状态有关,还与电路原来的状态有关。时序逻辑电路功能可以由逻辑方程组、状态转换表、状态转换图和时序图来描述。

与组合逻辑电路类似,时序逻辑电路按其规模分类也分为 SSI、MSI、LSI、VLSI 等。SSI 时序逻辑电路由若干锁存器和触发器组成,可以灵活地实现各种时序逻辑功能。

通用的标准化 MSI 时序逻辑器件功能强,使用方便、可靠,它的扩展端为设计复杂数字系统提供扩展空间,在使用时应弄清其使能有效的条件。

计数器是一种简单而又最常用的 MSI 时序逻辑器件。计数器不仅能用于统计输入脉冲的个数,还常用于分频、定时、产生节拍脉冲等。

用已有的 N 进制集成计数器产品利用其扩展端可以构成 M(任意)进制的计数器。

寄存器也是一种常用的 MSI 时序逻辑器件。寄存器可以寄存数据,还可以移位数据,可对串行或并行输入的数据进行并行或串行变换,利用扩展端还可以构成计数器。

对于大型复杂的数字系统,需用的器件增多,利用可编程逻辑器件(PLD)设计系统更占优势。

双语对照

米利型	mealy-type	同步时序电路	synchronous sequential circuit
穆尔型	moore-type	异步时序电路	asynchronous sequential circuit

计数器　counter

同步计数器　synchronous counter

异步计数器　asynchronous counter

二进制计数器　binary counter

二-十进制计数器　BCD counter

循环码计数器　cyclic code counter

二进制加法计数器　up binary counter

二进制减法计数器　down binary counter

二进制可逆计数器　up-down binary counter

寄存器　register

移位寄存器　shift register

单向移位寄存器　unidirectional shift register

双向移位寄存器　bidirectional shift register

环形计数器　ring counter

扭环形计数器　twisted-ring counter

顺序脉冲发生器　sequential pulse generator

分频器　frequency division

习题

1. 试说明描述触发器逻辑功能的方法有哪几种。

2. 试画出"101"序列检测器的状态转换图,已知此检测器的输入、输出序列如下:

(1) 输入 X:010101101

　　输出 Z:000101001

(2) 输入 X:0101011010

　　输出 Z:0001000010

3. 试分析如图 6.1 所示时序逻辑电路的功能,作出状态转换表和状态转换图。

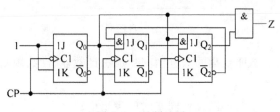

图 6.1 习题 3 图

4. 试分析图 6.2 所示时序逻辑电路的功能,写出电路的驱动方程、状态方程,作出状态转换表、状态转换图。判断电路能否自启动。

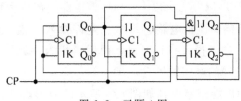

图 6.2 习题 4 图

5. 试分析图 6.3 所示时序逻辑电路的功能,写出电路的驱动方程、状态方程,作出状态转换表、状态转换图。判断电路的逻辑功能。

6. 试分析图 6.4 所示时序逻辑电路的功能。写出电路的驱动方程和状态方程,画出电路的状态转换图,并检查能否自启动。

7. 分析图 6.5 所示时序逻辑电路的功能。写出电路的驱动方程和状态方程,画出电路的状态转换图。

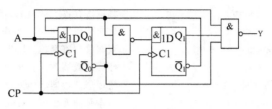

图 6.3　习题 5 图

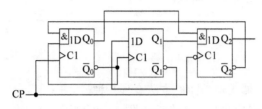

图 6.4　习题 6 图

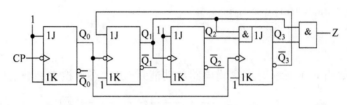

图 6.5　习题 7 图

8. 设计一个按自然态序变化的六进制同步加法计数器,计数规则为逢 6 进 1,产生一个进位输出。

9. 按图 6.6 所示状态转换图设计同步时序逻辑电路。

10. 用边沿 JK 触发器设计一同步时序电路,其状态转换图如图 6.7 所示,要求电路最简。

11. 设计一个串行数据检测器。该检测器有一个输入端 X,它的功能是对输入信号进行检测。当连续输入三个 1(以及三个以上 1)时,该电路输出 Y=1,否则输出 Y=0。

12. 设计一个自动售票的逻辑电路。每次只允许投入一枚五角或一元的硬币,累计投入两元硬币给出一张票。如果投入一元五角硬币后再投入一元硬币,则给出一张票的同时还应找回五角钱。要求设计的电路能够自启动。

13. 在某计数器的输出端观察得到如图 6.8 所示的波形,试确定该计数器的模。

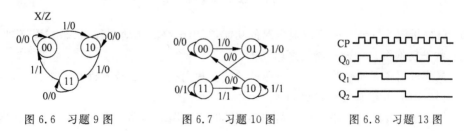

图 6.6　习题 9 图　　　　图 6.7　习题 10 图　　　　图 6.8　习题 13 图

14. 试用 2 片 74LS194 组成 8 位双向移动寄存器的逻辑图。

15. 由集成十进制计数器 74LS160 构成的逻辑电路如图 6.9 所示。画出 Y 端的波形，并说明 Y 与时钟信号 CP 之间的频率关系。

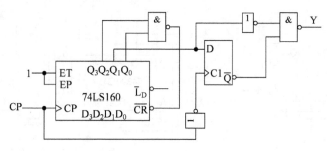

图 6.9 习题 15 图

16. 试分析图 6.10 所示电路，说明它是多少进制计数器。

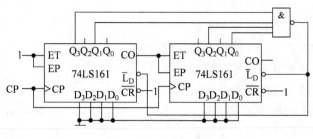

图 6.10 习题 16 图

17. 试分析图 6.11 所示电路，说明它是多少进制计数器。

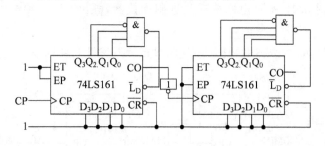

图 6.11 习题 17 图

18. 用一片 74161 和必要的门电路构成一可控计数器，试分析图 6.12 所示电路的工作特点。

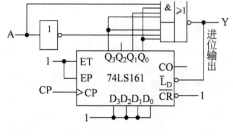

图 6.12 习题 18 图

19. 用一片74LS161和必要的门电路构成一可控计数器,试分析图6.13所示电路的工作特点。

20. 试分析图6.14所示电路,说明它是多少进制计数器。

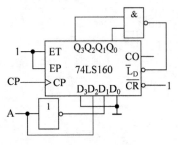

图6.13　习题19图

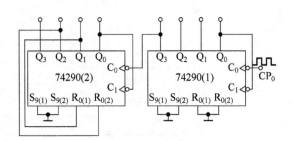

图6.14　习题20图

21. 试分别用以下芯片设计模13计数器:

(1) 利用74161的异步清零功能。

(2) 利用74163的同步清零功能。

(3) 利用74161或74163的同步预置数功能。

(4) 利用74290的异步清零功能。

22. 试分别用以下芯片设计模58计数器:

(1) 利用74161的异步清零功能。

(2) 利用74163的同步清零功能。

(3) 利用74161或74163的同步预置数功能。

(4) 利用74290的异步清零功能。

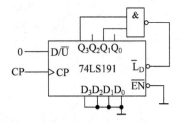

图6.15　习题23图

23. 试分析图6.15所示电路构成几进制计数器,画出状态转换图。

24. 试分析图6.16所示电路的功能,说明它是多少进制计数器。

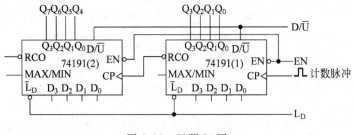

图6.16　习题24图

25. 用74194实现下列环形计数器:

(1) 模5计数器。

(2) 模9计数器。

26. 用74194实现下列扭环形计数器:

(1) 模6计数器。

(2) 模14计数器。

27. 试分析图 6.17 所示由 4 位双向移位 74LS194 构成的电路。要求列出状态转换表，分析其电路的功能。

28. 电路如图 6.18 所示，试完成以下任务：

(1) 列出电路的状态转换表。

(2) 写出 Y 端的序列。

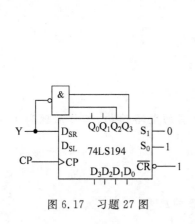

图 6.17　习题 27 图

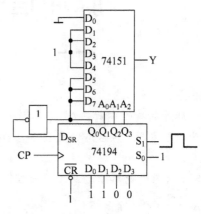

图 6.18　习题 28 图

第7章
脉冲信号的产生与整形

内容提要

- 矩形脉冲的特性参数。
- 施密特触发器、单稳态触发器和多谐振荡器的电路结构、工作原理和主要参数的计算。
- 555定时器的电路结构及工作原理。
- 555定时器应用。
- 施密特触发器、单稳态触发器和多谐振荡器的应用。

7.1 矩形脉冲的特性参数

在数字系统中处理的信号都是二进制的数字信号,只有0或者1,矩形脉冲(rectangular pulse)常作为时钟控制信号来使用,输出逻辑值为1对应高电平,输出逻辑值为0时对应低电平,其波形示意图如图7.1.1所示。

矩形脉冲及其主要参数如下:

(1) 脉冲周期(period)T:在周期性脉冲序列中,两个相邻脉冲间的时间间隔为脉冲周期。周期的单位有秒(s)、毫秒(ms)、微秒(μs)和纳秒(ns)。若已知频率的大小,则周期等于频率的倒数,即

$$T = 1/f \qquad (7.1.1)$$

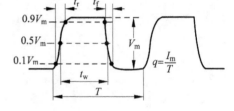

图 7.1.1　矩形脉冲特性参数

(2) 脉冲频率(frequency)f:单位时间内脉冲重复的次数,单位有赫兹(Hz)、千赫兹(kHz)和兆赫兹(MHz),且

$$f = 1/T$$

(3) 脉冲幅度 V_m:脉冲电压波形变化的最大值,单位为伏(V)。

(4) 脉冲上升时间 t_r:脉冲前沿从 $0.1V_m$ 上升到 $0.9V_m$ 所需的时间,单位与周期 T 相同。

(5) 脉冲下降时间 t_f:脉冲后沿从 $0.9V_m$ 下降到 $0.1V_m$ 所需的时间,单位与周期 T 相同。

(6) 脉冲宽度 t_w:从脉冲前沿 $0.5V_m$ 到后沿 $0.5V_m$ 所需的时间,单位与周期 T 相同。

(7) 占空比 q:脉冲宽度与脉冲周期的比值,即

$$q = t_w / T$$

上升时间 t_r 和下降时间 t_f 越短,矩形脉冲的上升沿和下降沿越陡。在理想的矩形脉冲中,脉冲上升时间 t_r 和下降时间 t_f 都为零。

7.2 几种脉冲产生与整形单元电路

在数字系统中,常常需要不同宽度、不同幅值和不同形状的脉冲信号,而脉冲信号中最常见的是矩形脉冲,如时序电路中的时钟脉冲就是一种矩形脉冲。

获取矩形脉冲的方法主要有以下两种。

(1) 通过整形电路获取。

通过整形电路(shaping circuit)获取,如用施密特触发器和单稳态触发器将已有的周期性变化的波形进行整形,产生矩形脉冲。

(2) 通过脉冲波形产生电路获取。

通过脉冲波形产生电路(waveform generation circuit)获取,如多谐振荡器可以直接产生矩形脉冲。

这些矩形脉冲的产生和整形电路可以用小规模逻辑门及少量的电阻、电容连接而成,也可以用已做好的通用集成电路实现,还可以用 555 定时器外部配接少量的阻容元件构成。

脉冲波形产生和整形电路,在波形变换与产生、测量与控制、家用电器、电子玩具等许多领域有着广泛的应用。

7.2.1 施密特触发器

1. 施密特触发器特性及符号

施密特触发器(schmitt trigger)是脉冲波形变换中经常使用的一种电路,其电压传输特性如图 7.2.1 所示。它具有如下特点:

(1) 该电路具有两个稳态,是一种双稳态触发器。一个稳态输出是高电平 V_{OH},另一个稳态输出是低电平 V_{OL}。

(2) 两个稳态之间的转换都需要外加触发信号,当输入信号达到某一电压值时,输出电压会发生突变。

(3) 输入信号在上升和下降过程中,电路状态转换对应的输入电平不同,即有两个阈值。在两个稳态之间转换时输入端需要加上不同的阈值电压 V_{T+} 和 V_{T-}。两者之差称为回

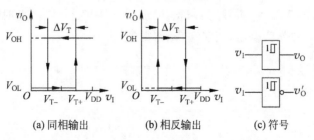

(a) 同相输出　　　　(b) 相反输出　　　　(c) 符号

图 7.2.1 施密特触发器传输特性及符号

差,用 ΔV_{T} 表示,输入信号和输出信号的这种传输特性称为滞回特性。

(4) 电路状态转换时有正反馈过程,使输出波形边沿变陡。

利用施密特触发器的这些特点不仅能将边沿变化缓慢的信号波形整形为边沿陡峭的矩形波,而且可以将叠加在矩形脉冲高、低电平上的噪声有效地消除。

施密特触发器的图形符号如图 7.2.1(c)所示。其中上图为同相输出的施密特触发器的符号,下图为反相输出的施密特触发器的符号。

2. 门电路组成的施密特触发器

1) 电路结构

由 CMOS 门组成的施密特触发器如图 7.2.2 所示。电路中两个 CMOS 反相器串接,分压电阻 R_1、R_2 将输出端的电压反馈到输入端对电路产生影响。

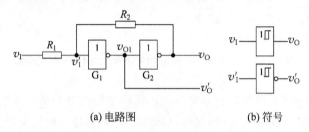

(a) 电路图　　　　　　　　　(b) 符号

图 7.2.2　CMOS 反相器组成的施密特触发器

2) 工作原理

假定电路中 CMOS 反相器的电源电压为 V_{DD},则反相器的阈值电压 $V_{\mathrm{th}}=V_{\mathrm{DD}}/2$,且 $R_1<R_2$,输入信号 v_{I} 为三角波,下面分析电路的工作过程。

由电路可以看出,G_1 门的输入电平 v_{I}' 决定着电路的状态,根据叠加原理有

$$v_{\mathrm{I}}' = \frac{R_2}{R_1+R_2} \cdot v_{\mathrm{I}} + \frac{R_2}{R_1+R_2} \cdot v_{\mathrm{O}} \tag{7.2.1}$$

(1) 当 $v_{\mathrm{I}}=0\mathrm{V}$ 时,G_1 门截止,$V_{\mathrm{O1}}=V_{\mathrm{OH}}=V_{\mathrm{DD}}$,$G_2$ 门导通,输出端 $v_{\mathrm{O}}=V_{\mathrm{OL}}=0\mathrm{V}$。此时

$$v_{\mathrm{I}}' = \frac{R_2}{R_1+R_2} \cdot v_{\mathrm{I}} + \frac{R_2}{R_1+R_2} \cdot v_{\mathrm{O}} = 0\mathrm{V}$$

(2) v_{I} 从 0V 电压逐渐增加,只要 $v_{\mathrm{I}}'<V_{\mathrm{th}}$,则电路保持 $v_{\mathrm{O}}=0$ 不变。

当 v_{I} 上升使得 $v_{\mathrm{I}}'=V_{\mathrm{th}}$ 时,使电路产生如下正反馈过程:

$$v_{\mathrm{I}}' \uparrow \longrightarrow v_{\mathrm{O1}} \downarrow \longrightarrow v_{\mathrm{O}} \uparrow$$

G_1 门导通,$V_{\mathrm{O1}}=V_{\mathrm{OL}}=0\mathrm{V}$,$G_2$ 门截止,输出端 $v_{\mathrm{O}}=V_{\mathrm{OH}}=V_{\mathrm{DD}}$,此时输入电平 v_{I} 增大时的阈值电压,称为正向阈值电压,用 $V_{\mathrm{T+}}$ 表示,得到

$$v_{\mathrm{I}}' = V_{\mathrm{th}} \approx \frac{R_2}{R_1+R_2} \cdot V_{\mathrm{T+}} \tag{7.2.2}$$

所以

$$V_{\mathrm{T+}} = \left(1+\frac{R_1}{R_2}\right)V_{\mathrm{th}} \tag{7.2.3}$$

当 $v_{\mathrm{I}}'>V_{\mathrm{th}}$ 时,电路状态维持 $v_{\mathrm{O}}=V_{\mathrm{DD}}$ 不变。

（3）v_I 继续上升，只要 $v_I > V_{T+}$，则 $v_O = V_{OH}$。v_I 继续增大，由于 $v_I > V_{T+}$，电路状态保持不变，始终有 $v_O = V_{OH} \approx V_{DD}$。

（4）v_I 至最大值后开始下降，当 $v'_I = V_{th}$ 时，电路产生如下正反馈过程：

$$v'_I \downarrow \longrightarrow v_{O1} \uparrow \longrightarrow v_O \downarrow$$

G_1 门截止，$V_{O1} = V_{OH} = V_{DD}$，G_2 门导通，输出端 $v_O = V_{OL} = 0V$，此时的输入电平为 v_I 减小时的阈值电压，称为负向阈值电压，用 V_{T-} 表示。根据式（7.2.1），此时有

$$v'_I \approx V_{th} = \frac{R_2}{R_1 + R_2} \cdot V_{T-} + \frac{R_2}{R_1 + R_2} \cdot V_{DD}$$

若 $V_{th} = \frac{1}{2} V_{DD}$，则

$$V_{T-} = \left(1 - \frac{R_1}{R_2}\right) V_{th} \tag{7.2.4}$$

只要满足 $v_I < V_{T-}$，$v_O \approx 0$ 不变。

由式（7.2.3）和式（7.2.4）可求得回差电压为

$$\Delta V_T = V_{T+} - V_{T-} \approx 2 \frac{R_1}{R_2} V_{th} \tag{7.2.5}$$

由此可见，电路有两个阈值 V_{T-} 和 V_{T+}，其中 $V_{T+} > V_{T-}$，回差 $\Delta V_T = V_{T+} - V_{T-}$，只要改变 R_1、R_2 的比值，即可调节阈值和回差电压的大小。

电路的工作波形及传输特性如图 7.2.3 所示，它具有同相的滞回传输特性。

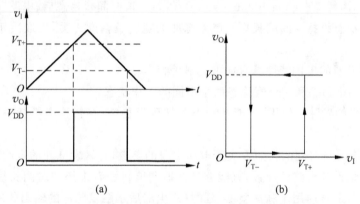

(a)　　　　　　　　　　(b)

图 7.2.3　施密特触发器工作波形及传输特性曲线

电路同时输出与 v_O 反相的 v'_O 端，可以分析出，v'_O 与 v_I 之间具有反相的滞回传输特性。综上所述，该电路为具有互补输出端的同相和反相施密特触发器。

3. 集成施密特触发器

由于施密特触发器应用非常广泛，无论 TTL 电路还是 CMOS 电路都有各种集成施密特触发器的产品。如：施密特 2 输入与非门 CC14093，CMOS 六反相器 CC40106，TTL 六反相器 CT5414/CT7414、CT54LS14/CT74LS14，四 2 输入与非门 CT54132/CT74132、CT54S132/CT74S132，双 4 输入与非门 CT5413/CT7413、CT54LS13/CT74LS13 等。

图 7.2.4 所示是国产 CMOS 集成施密特触发器 CC40106（六反相器）和 CC4093（4 个 2 输入与非门）的引脚排列图。

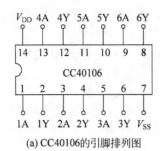 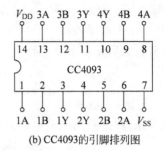

(a) CC40106的引脚排列图   (b) CC4093的引脚排列图

图 7.2.4　集成施密特触发器

由于集成电路内部器件的参数差异较大,所以 V_{T+} 和 V_{T-} 的数值有较大的分散性,同时,V_{T+} 和 V_{T-} 受电源电压的影响较大,使用不同的 V_{DD} 值,V_{T+} 和 V_{T-} 也有变动。

7.2.2　单稳态触发器

1. 单稳态触发器特性及分类

在数字电路系统中,除了上述的施密特触发电路以外,常用的脉冲整形电路还有单稳态触发器(monostable multivibrator)。这种电路只有一种稳定状态(如 0 态或 1 态),简称稳态(stable state)。工作时需要外加触发脉冲,在外加触发脉冲的作用下,进入和稳态相反的另一个状态,称为暂稳态(quasi-stable state),维持一段时间暂稳态后,电路又能自动返回原来的稳态。暂稳态维持时间的长短与触发脉冲的宽度及幅度无关,仅取决于电路本身定时元件的参数。

单稳态触发器的工作特性具有如下的显著特点:

(1) 它有一个稳态和一个暂稳态两个不同的工作状态。

(2) 在外界触发脉冲作用下,能从稳态翻转到暂稳态,在暂稳态维持一段时间以后,再自动返回稳态。

(3) 暂稳态维持时间的长短取决于电路本身的参数,与触发脉冲的宽度和幅度无关。

如果合理地设计电路的参数,就能够灵活地调节暂稳态维持的时间长短。单稳态触发器这种特性非常适合应用于脉冲整形、延时(产生滞后于触发脉冲的输出脉冲)以及定时(产生固定时间宽度的脉冲信号)等。单稳态触发器的工作特性和符号如图 7.2.5 所示。

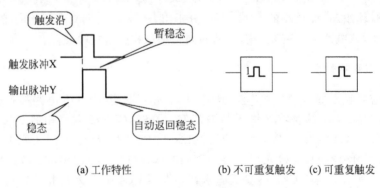

(a) 工作特性   (b) 不可重复触发   (c) 可重复触发

图 7.2.5　单稳态触发器

单稳态触发器类型繁多,可按如下分类:

(1) 按照触发沿类型分类,分为正脉冲触发(也称上升沿触发)和负脉冲触发(也称下降沿触发)。

(2) 按照触发脉冲与输出脉冲的脉宽大小对比分类,分为窄脉冲触发和宽脉冲触发。

(3) 按照触发脉冲与输出脉冲的相位关系对比分类,分为同相触发和反相触发。

(4) 按照触发的重复性分类,分为不可重复触发和可重复触发,符号如图 7.2.5 所示,有关分类定义如表 7.2.1 所示。

表 7.2.1 单稳态触发器的分类

触发沿类型分类		脉宽大小分类		相位关系分类		触发重复性分类	
正脉冲触发	负脉冲触发	窄脉冲触发	宽脉冲触发	同相触发	反相触发	不可重复触发	可重复触发

2. 集成单稳态触发器

1) 不可重复触发单稳态触发器

不可重复触发(nonretriggerable)单稳态触发器是指在暂稳态时间 t_W 内,若有新的触发脉冲到来,电路对此脉冲却不敏感,仍保持原暂稳态不变,如图 7.2.6 所示。

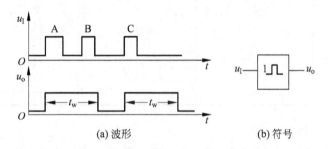

(a) 波形   (b) 符号

图 7.2.6 不可重复触发单稳态触发器

这种触发器在触发脉冲 A 作用下,电路发生翻转,进入暂稳态,在暂稳态时间内当又有其他脉冲 B 到来时,电路状态不会改变,输出脉冲宽度仍为 t_W,翻转后进入下一个触发脉冲到来时,才又进入暂稳态。

集成不可重复触发单稳态触发器 TTL 型有 74121,CMOS 型有 4528、4538、14538 等 3 种。现以 74121 为例说明其工作原理,图 7.2.7 所示为 74121 的符号及外部连接方法。

(1) 触发方式。

74121 有 3 个触发输入端,A_1、A_2 和 B,两个互补输出端 Q 和 $\overline{Q}$。

① A_1、A_2 为下降沿触发端,B 为上升沿触发端,所以可上升沿触发,也可下降沿触发。

② Q 和 $\overline{Q}$ 为互补输出,所以可同相输出,也可反相输出。

③ 要求输入脉冲的宽度比输出脉宽窄,是窄脉冲触发。

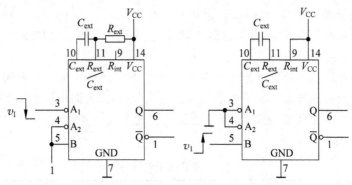

(a) 使用外接电阻R_{ext}(下降沿触发)   (b) 使用内部电阻R_{int}(上升沿触发)

图 7.2.7　集成单稳态触发器 74121 的外部连接方法

由功能表 7.2.2 可知,74121 是既可上升沿又可下降沿窄脉冲触发,并能互补输出且不可重复触发的单稳态触发器。

表 7.2.2　74121 功能表

输　　入			输　　出	
A_1	A_2	B	Q	$\overline{Q}$
0	×	1	0	1
×	0	1	0	1
×	×	0	0	1
1	1	×	0	1
1	↓	1	⊓	⊔
↓	1	1	⊓	⊔
↓	↓	1	⊓	⊔
0	×	↑	⊓	⊔
×	0	↑	⊓	⊔

(2) 定时方式选择。

定时电容 C 应接在 10、11 引脚之间,而定时电阻 R 有两种选择方式:

① 内部脉宽定时:利用片内定时电阻($2k\Omega$),将 9 引脚接至 14 引脚(电源),如图 7.2.7(b)所示。

② 外部脉宽定时:利用片外定时电阻(阻值可为 $1.4\sim40k\Omega$),将 9 引脚悬空,定时电阻接 11 引脚与 14 引脚之间,如图 7.2.7(a)所示。通常 R 的取值在 $2\sim30k\Omega$ 之间,C 的取值在 $10pF\sim10\mu F$ 之间,输出脉冲宽度($t_w\approx0.7RC$)可达 $20ns\sim200ms$。

③ 输出脉宽为: $t_w\approx0.7RC$。

图 7.2.8 为 74121 的外接引线图。

2) 可重复触发单稳态触发器

可重复触发(retriggerable)单稳态触发器,即电路在暂稳态时,如果遇到新的脉冲的到来,它的暂稳态时间将于此时重新开始记录,直至达到暂稳态时间开始翻转,迎接下一

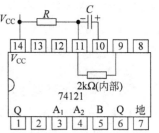

图 7.2.8　74121 的外接引线图

个触发脉冲到来。可重复触发的单稳态触发器工作波形及符号如图 7.2.9 所示。

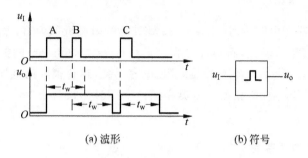

(a) 波形　　　　　　(b) 符号

图 7.2.9　可重复触发单稳态触发器

集成可重复触发单稳态触发器 TTL 型有 74122、74123，CMOS 型有 MC14528 等。

7.2.3　多谐振荡器

1. 多谐振荡器的特性及符号

在数字电路中，常常需要一种不需外加触发脉冲就能够产生具有一定频率和幅度的矩形波的电路。由于矩形波中除基波外，还含有丰富的高次谐波成分，因此称这种电路为多谐振荡器(astable multivibrator)，它常常用作脉冲信号源。施密特触发器是双稳态触发器，具有两个稳态，单稳态触发器具有一个稳态，而多谐振荡器是无稳态电路，只有两个暂稳态，在没有输入的作用下，只靠直流电源供电，就能在两个暂稳态之间来回变换，输出具有高、低电平的脉冲波形。

多谐振荡器的符号如图 7.2.10 所示。

构成多谐振荡器的电路很多，其中，石英晶体构成的多谐振荡器，以其频率的高稳定性，应用最为广泛。

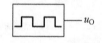

图 7.2.10　多谐振荡器符号

2. 石英晶体振荡器的符号与选频特性

图 7.2.11 为石英晶体的符号、等效电路及电抗频率特性。在石英晶体两端加上不同频率的电压信号时，它表现出不同的电抗频率特性，如图 7.2.11(c) 所示。f_S 为等效的串联谐振频率（即为石英晶体的固有频率），基本上只与晶体的几何尺寸有关。石英晶体具有很好

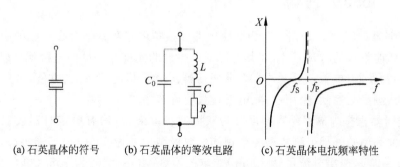

(a) 石英晶体的符号　　　(b) 石英晶体的等效电路　　　(c) 石英晶体电抗频率特性

图 7.2.11　石英晶体的符号及电抗频率响应特性

的选频特性,当信号频率在 f_S 时,等效阻抗呈纯阻性,其阻值最小,近似为零,而在 f_p 时呈纯感性。

当石英晶体串联在电路中时,由于在 f_S 处其等效阻抗近似为零,振荡信号很容易通过,其他信号频率则被衰减,因此,石英晶体振荡器(crystal oscillator)的振荡频率只取决于石英晶体的固有谐振频率 f_S,基本与外接电阻、电容无关,具有很好的选频特性,由此,又称其为石英晶体谐振器,简称石英晶振。石英晶振在出厂时即被打上"＊＊Hz"的字号,标明其固有的振荡频率。

3. 石英晶体多谐振荡器

石英晶体谐振器具有很好的选频特性,只有频率为 f_S 的信号能够顺利通过。因此,当组成多谐振荡器后,一旦接通电源,电路就会在频率 f_S 处形成自激振荡。

图 7.2.12 给出了两种常见的石英晶体振荡器电路,其谐振频率由石英晶体的固有频率决定。

图 7.2.13 为能够输出 32768Hz 的石英晶体多谐振荡器,其中 CD4069 为反相器。

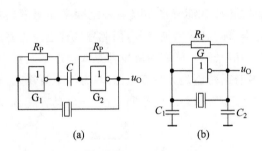

图 7.2.12 两种常见的石英晶体振荡器电路

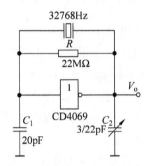

图 7.2.13 输出 32768Hz 的石英晶体
多谐振荡器

由于石英晶体振荡器的频率稳定性很高,目前广泛应用于钟表及计算机等数字式仪表。

7.3 555 定时器及其应用

7.3.1 555 定时器

555 定时器(555 timer)是一种由数字电路和模拟电路巧妙结合在一起的中规模集成电路,是一个功能很强的时基芯片,在其外部配以少量的元件和巧妙的连接就可以极为方便地构成施密特触发器、单稳态触发器和多谐振荡器。由于其使用灵活、方便,被广泛地使用在仪器与仪表、测量与控制、家用电器、电子玩具等许多领域。

555 定时器根据内部器件类型可分为双极型和单极型,均有单定时器或双定时器集成电路,且两种类型的外部引脚排列完全相同。双极型型号为 555(单)、556(双),电源电压使用范围为 5~16V,输出电流可达 200mA;单极型(CMOS)型号为 7555(单)、7556(双),电源电压使用范围为 3~18V,但输出电流在 4mA 以下,型号分别为 NE555、5G555 和 C7555

等多种。

1．555 定时器的电路结构

图 7.3.1 所示为双极型 NE555 定时器内部逻辑电路图和符号。

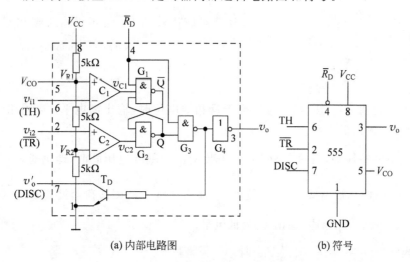

(a) 内部电路图　　　　　(b) 符号

图 7.3.1　555 定时器内部逻辑电路结构图及符号

555 定时器的内部结构如下：

（1）直接复位控制电路，由 G_3 和 G_4 门组成。

（2）分压器，由三个阻值为 $5k\Omega$ 的电阻组成。

（3）两个电压比较器 C_1 和 C_2。

（4）SR 锁存器，由 G_1 和 G_2 门组成。

（5）放电三极管 T_D。

（6）输出缓冲器 G_4。

图 7.3.2 为 555 的外部引脚图。外部有 8 个引脚，各引脚的名称如下。

1 号引脚：GND；

2 号引脚：置位控制端（也称为低触发端）；

3 号引脚：输出端；

4 号引脚：直接复位端（低电平有效）；

5 号引脚：电压控制端；

6 号引脚：复位控制端（也称为高触发端）；

7 号引脚：放电端；

8 号引脚：电源端。

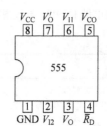

图 7.3.2　555 的引脚图

2．555 定时器的工作原理

1）直接复位

在图 7.3.1(a)中 $\overline{R}_D$ 为复位输入端，是低电平有效。当 $\overline{R}_D$ 为低电平时，不管其他输入端的状态如何，G_3 门输出为 1，G_4 门经反相，输出 v_o 为低电平。因此在正常工作时，应将其接高电平,才能使其复位无效。

2) 输入 v_{i1}、v_{i2} 和输出 v_o 的关系

(1) 分压器提供两个基准电压。

分压器由三个 $5k\Omega$ 的电阻构成,当控制电压输入端 V_{CO} 悬空时,分压器输出两个基准电压,分别为 $V_{R1} = \frac{2}{3}V_{CC}$,$V_{R2} = \frac{1}{3}V_{CC}$,分别对应比较器 C_1 的同相输入端和 C_2 的反相输入端。

(2) 当 $v_{i1} > \frac{2}{3}V_{CC}$,$v_{i2} > \frac{1}{3}V_{CC}$ 时。

比较器的特性为:当同相端电位高于反相端电位时,输出高电平;当同相端电位低于反相端电位时,输出低电平。

由比较器的特性知,当两个输入电位都比对应的基准电压高时,即 $v_{i1} > \frac{2}{3}V_{CC}$,$v_{i2} > \frac{1}{3}V_{CC}$ 时,比较器 C_1 输出低电平,比较器 C_2 输出高电平,SR 锁存器被置 0,即 Q=0,G_3 门输出 1,放电三极管 T_D 导通,输出 v_o 为低电平。

(3) 当 $v_{i1} < \frac{2}{3}V_{CC}$,$v_{i2} < \frac{1}{3}V_{CC}$ 时。

当两个输入电位都比对应的基准电压低时,即 $v_{i1} < \frac{2}{3}V_{CC}$,$v_{i2} < \frac{1}{3}V_{CC}$ 时,比较器 C_1 输出高电平,比较器 C_2 输出低电平,SR 锁存器被置 1,即 Q=1,G_3 门输出 0,放电三极管 T_D 截止,输出 v_o 为高电平。

(4) 当 $v_{i1} < \frac{2}{3}V_{CC}$,$v_{i2} > \frac{1}{3}V_{CC}$ 时。

当 $v_{i1} < \frac{2}{3}V_{CC}$,$v_{i2} > \frac{1}{3}V_{CC}$ 时,两个比较器输出均为 1,即 $v_{C1}=1$,$v_{C2}=1$,SR 锁存器的输入均为 1,其输出状态将保持不变,电路也保持原状态不变。

综上分析,可得到 555 定时器的功能表如表 7.3.1 所示。由于 G_4 为反相器,而由 T_D 组成的电路也相当于反相器,所以 v_o 和 v_o' 的逻辑值实际上是一样的。

表 7.3.1　555 定时器的功能表

输　　入			输　　出	
高触发端 TH(v_{i1})	低触发端 $\overline{TR}$(v_{i2})	直接复位 $\overline{R_D}$	输出(v_o)	放电管 T 的状态
$\times$	$\times$	0	0	导通
$< \frac{2}{3}V_{CC}$	$< \frac{1}{3}V_{CC}$	1	1	截止
$> \frac{2}{3}V_{CC}$	$> \frac{1}{3}V_{CC}$	1	0	导通
$< \frac{2}{3}V_{CC}$	$> \frac{1}{3}V_{CC}$	1	不变	不变

对于电压控制端(5 号引脚),为了防止外来干扰,通常情况是在 5 号引脚对地之间接一个 $0.01\mu F$ 的电容。如果在电压控制端(5 号引脚)施加一个外加电压(其值在 $0 \sim V_{CC}$ 之间),则比较器的参考电压将发生变化,两个基准电压分别为 V_{CO} 和 $\frac{1}{2}V_{CO}$,电路相应的触发电平也将随之变化,而其他逻辑关系保持不变。

7.3.2 555 定时器的应用

施密特触发器、单稳态触发器和多谐振荡器作为脉冲信号的整形和产生电路,在数字系统中得到广泛应用,而 555 定时器如果外接少量的阻容元件,可以实现施密特触发器、单稳态触发器和多谐振荡器。

1. 构成施密特触发器

1) 电路结构特点

由 555 定时器组成的施密特触发器电路如图 7.3.3(a)、(b)所示。只需将 555 定时器的高、低触发端 6、2 号引脚接在一起作为输入端,便构成了施密特触发器。该电路的电压传输特性为一典型的反相输出施密特触发特性,如图 7.3.3(c)所示。

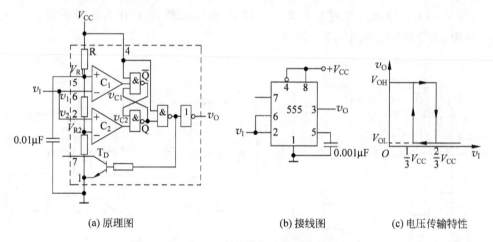

(a) 原理图   (b) 接线图   (c) 电压传输特性

图 7.3.3 由 555 定时器接成的施密特触发器

在此电路中,施密特触发器的上限阈值 V_{T+} 为 $\frac{2}{3}V_{CC}$,下限阈值 V_{T-} 为 $\frac{1}{3}V_{CC}$,并且具有滞回特性,回差电压$(V_{T+} - V_{T-})$ 为 $\frac{1}{3}V_{CC}$。如将图 7.3.3 中 5 号引脚接控制电压 V_{CO},则回差电压为 $\frac{1}{2}V_{CO}$,改变控制电压的大小,可以调节回差电压的范围。

2) 工作原理

当 555 定时器的 5 号引脚悬空时,施密特触发器的两个阈值分别为:上限阈值 $V_{T+} = \frac{2}{3}V_{CC}$,下限阈值 $V_{T-} = \frac{1}{3}V_{CC}$。假设输入电压 v_I 为三角波,其电压值在 $0 \sim V_{CC}$ 之间变化,则由反相输出的施密特触发特性分析可知:

（1）$v_I = 0$ 时，输入电压均低于两个阈值，输出 v_O 为高电平。

（2）当 $0 < v_I < \dfrac{1}{3}V_{CC}$ 时，输入电压均低于两个阈值，输出 v_O 也为高电平。

（3）当 $\dfrac{1}{3}V_{CC} < v_I < \dfrac{2}{3}V_{CC}$ 时，SR 锁存器的两个输入均为 1，输出将保持不变，所以输出 v_O 状态保持高电平不变。

（4）当 $v_I > \dfrac{2}{3}V_{CC}$ 时，输入电压高于阈值，输出 v_O 为低电平。该施密特电路经整形后输出矩形脉冲，工作波形如图 7.3.4 所示。

从以上分析可以得出，该电路为反相的施密特触发器。

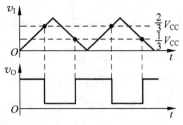

图 7.3.4　施密特触发器的工作波形

2. 构成单稳态触发器

1）电路结构特点

将 555 定时器的低触发端 2 号引脚作为输入信号端，3 号引脚作为输出端，高触发端 6 号引脚和放电端 7 号引脚连在一起后，需要与阻容元件 R 和 C 相连。其中，一路通过电阻 R 接电源 V_{CC}，另一路通过电容 C 接地。在这里，阻容元件 R、C 作为定时所需之用，电路图、接线图、工作波形图如图 7.3.5 所示。

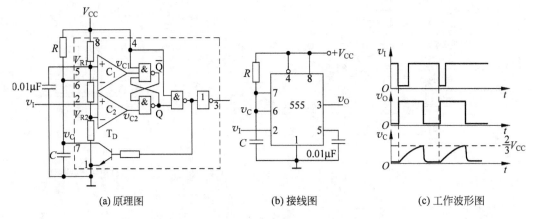

(a) 原理图　　　　　　　　(b) 接线图　　　　　　　(c) 工作波形图

图 7.3.5　由 555 定时器接成的单稳态触发器

在 555 定时器中，比较器的输出决定 SR 锁存器的输出，也即决定 555 定时器的输出电平的高低。在这里比较器 C_2 的同相端接到输入信号 v_I，由此输入信号大小与 $\dfrac{1}{3}V_{CC}$ 比较决定比较器的 C_2 输出 v_{C2}，另一个比较器 C_1 的反相端输入连接到 R、C 阻容元件组成的积分电路，由放电管 T_D 的工作状态决定比较器输入的大小。

2）工作原理

实际上，图 7.3.5 所示电路为负窄脉冲触发的反相单稳态触发器，工作原理分析如下。

（1）稳态。

$v_I = 1$ 时，因 $v_I > \dfrac{1}{3}V_{CC}$，而比较器 C_2 反相端电位为 $\dfrac{1}{3}V_{CC}$，故比较器 C_2 的输出为 1；

而在接通电源前电容 C 上的电压 $v_C \approx 0\text{V}$。这时 V_{CC} 经电阻 R 对电容 C 进行充电,其电压 v_C 随之上升。当 $v_C > \dfrac{2}{3}V_{CC}$ 时,比较器 C_1 输出低电平,$\overline{Q}=1$。

所以 SR 锁存器的输出 $Q=0$,v_O 输出低电平,放电管 T_D 导通,电容 C 放电,v_C 下降,比较器 C_1 输出 1。到此,两个比较的输出均为 1,也即 SR 锁存器的输入均为 1,SR 锁存器状态 $Q=0$ 将保持不变。此时,555 定时器的输出 v_O 保持低电平不变,处于稳态。

（2）暂稳态。

当 v_I 由 1 跳变为 0 时,因比较器 C_2 反相端电位为 $\dfrac{1}{3}V_{CC}$,比较器 C_2 的输出将变为 0,SR 锁存器的输出 Q 由 0 变为 1,v_O 输出高电平,放电管 T_D 截止,电容 C 充电,v_C 增加。当 $v_C < \dfrac{2}{3}V_{CC}$ 时,比较器 C_1 输出仍为 1,与此同时,因触发输入信号 v_I 为窄脉冲,v_I 此时早已回到高电平,使比较器 C_2 输出为 1,固 SR 锁存器保持 $Q=1$ 状态不变。也就是说,电路的暂稳态将保持一段时间。

（3）自动回到稳态。

由于放电管 T_D 为截止状态,电容 C 继续充电,当充电到 $v_C > \dfrac{2}{3}V_{CC}$ 时,比较器 C_1 输出 v_{C1} 为低电平,$\overline{Q}$ 为 1,$Q=0$,v_O 输出低电平。此时,放电管 T_D 导通,电容 C 通过放电管 T_D 迅速放电,比较器 C_1 输出为 1,SR 锁存器保持 $Q=0$ 不变,随之 v_O 输出低电平不变。

通过以上分析可以得出,该电路为负窄脉冲触发且反相输出的单稳态触发器。

问题:
（1）输入信号为什么应是窄脉冲触发?
（2）为什么输入脉冲和输出脉冲反相?
（3）为什么输入应是负脉冲触发?

3）参数计算

如果忽略放电管 T_D 的饱和压降,则 v_C 从零上升到 $\dfrac{2}{3}V_{CC}$ 的时间,即为输出电压 v_O 的脉宽,也就是输出高电平（暂稳态）的时间。脉宽的计算可利用分析 RC 电路的暂稳态过程中的三要素法进行。

$$v_C(t) = v_C(\infty) + [v_C(0^+) - v_C(\infty)]e^{-\frac{t}{\tau}} \tag{7.3.1}$$

式中,$\tau = RC$,$t = t_w$ 为脉冲宽度,则

$$t_w = RC\ln\frac{v_C(\infty) - v_C(0^+)}{v_C(\infty) - v_C(t_w)} \tag{7.3.2}$$

可知,$v_C(\infty)=V_{CC}$,$v_C(0)=0\text{V}$,$v_C(t_w)=\dfrac{2}{3}V_{CC}$。代入式（7.3.2）,得

$$t_w = RC\ln\frac{V_{CC}-0}{V_{CC}-\dfrac{2}{3}V_{CC}} = 1.1RC \tag{7.3.3}$$

这种电路可以产生脉冲宽度为从几个微秒到数分钟的单脉冲,可以通过 R、C 元件的参数调节,精度可达到 0.1%。通常 R 的取值在几百欧姆至几兆欧姆之间,电容取值为几百皮法到几百微法之间。

由于电路为窄脉冲触发，所以要求输出脉冲宽度应大于触发脉冲宽度。另外，该电路在暂稳态持续时间内，如果加入新的触发脉冲，则该脉冲不起作用，电路为不可重复触发单稳态。

问题：为什么该触发器为不可重复触发的单稳态触发器？

【例 7.3.1】 由 555 定时器构成的单稳态触发器电路如图 7.3.6(a)所示，脉冲信号如图 7.3.6(b)所示，试问：

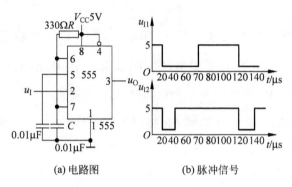

图 7.3.6　例 7.3.1 电路图与脉冲信号

(1) 图 7.3.6(b)所示波形哪个适合做输入触发信号，画出相对应的 u_c 和 u_O 波形图。

(2) 确定该电路的稳态持续时间是多少。

解：(1) 由于 555 定时器组成的单稳态触发器要求触发脉冲为负的窄脉冲触发，所以首先应该计算本电路的输出脉冲宽度 t_w，只有当输入负脉冲宽度小于电路的输出脉冲宽度 t_w 的波形时，才适合作输入触发脉冲信号。

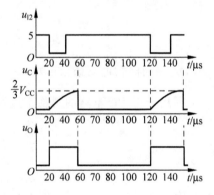

图 7.3.7　例 7.3.1 电路工作波形图

根据电路所给的参数可知电路输出脉冲宽度为：

$$t_w = 1.1RC = 1.1 \times 330 \times 0.01 = 36.3\mu s$$

由所给出的波形可知上图负脉冲宽度为 $50\mu s$，大于所要求的脉冲宽度，下图负脉冲宽度为 $20\mu s$，因此下图适合作输入触发信号，其相对应的 u_c 和 u_O 波形如图 7.3.7 所示。

(2) 电路的稳态持续时间应为输入触发信号的周期 T 减去暂稳态时间 t_w。

由图可知，触发脉冲的周期为 $T = 100\mu s$，故电路的稳态持续时间为：

$$100\mu s - 36.3\mu s = 63.7\mu s$$

3. 构成多谐振荡器

1）电路结构特点

将 555 定时器的两个触发端 2 号引脚和 6 号引脚连在一起，一路与电容 C 相接后接地，另一路通过两个串接电阻 R_1 和 R_2 接电源，放电端 7 号引脚接在 R_1 和 R_2 连接点，就构成了多谐振荡器，电路如图 7.3.8(a)所示。

实际上，电路由两部分组成，一个是 555 构成的施密特触发器，一个是 RC 充、放电回路。

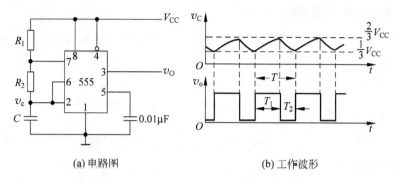

(a) 电路图 (b) 工作波形

图 7.3.8   由 555 定时器构成的多谐振荡器

只要把 555 定时器的两个触发端 2 号引脚和 6 号引脚相连作为输入,就很方便地接成反相的施密特触发器。如果再把施密特触发器的输出端经 RC 积分电路接回到它的输入端,利用施密特触发器的两个阈值,使电容电压在这两个阈值之间变化,就能交替输出高、低电平,就构成了多谐振荡器。

由于 G_4 的负载不能满足大电容 C 充、放电电流,因此采用与 G_4 门逻辑值相同的放电管 T_D 的放电端 7 号引脚接回反馈,由放电管来驱动放电电流。

2) 工作原理

(1) 电容 C 充电。

555 定时器的 2 号引脚和 6 号引脚接在一起构成施密特触发器,两个阈值分别为 $\frac{1}{3}V_{CC}$ 和 $\frac{2}{3}V_{CC}$。

接通电源后,刚开始 $v_C = 0$,两个触发端的电位均比两个阈值电压低,所以输出 v_O 为高电平。这时放电管 T_D 截止,电容 C 通过 R_1 和 R_2 被充电,v_C 上升,但只要 $v_C < \frac{2}{3}V_{CC}$,输出 v_O 仍为高电平保持不变。

(2) 电容 C 放电。

当 v_C 上升到 $\frac{2}{3}V_{CC}$ 时,v_O 为低电平,同时放电三极管 T_D 导通,此时电容 C 通过 R_2 和 T_D 放电,使 v_C 下降,但只要 $v_C > \frac{1}{3}V_{CC}$,输出 v_O 仍为低电平保持不变。

(3) 重复(1)。

当 v_C 下降到 $\frac{1}{3}V_{CC}$ 时,v_O 翻转为高电平,放电管 T_D 截止,电容 C 重又通过 R_1 和 R_2 充电,v_C 上升,重复(1)的过程。

如此周而复始,在输出端就得到一个周期性的矩形波,如图 7.3.8(b)所示。

3) 参数计算

电容 C 充电的回路为 V_{CC}、R_1、R_2 和 C,放电的回路为 C、R_2 和 T_D。根据 RC 电路暂稳态过程中的三要素法得:

$$T = RC\ln\frac{v_C(\infty) - v_C(0^+)}{v_C(\infty) - v_C(t_w)}$$

计算电容 C 放电所需时间：

因 $v_C(\infty)=0$，$v_C(0^+)=\dfrac{2}{3}V_{CC}$，$v_C(t_w)=\dfrac{1}{3}V_{CC}$，放电时间常数为 R_2C，算出电容 C 放电所需的时间为：

$$T_1 = R_2C\ln2 \approx 0.7R_2C \qquad\qquad (7.3.4)$$

计算电容 C 充电所需时间：

因 $v_C(\infty)=V_{CC}$，$v_C(0^+)=\dfrac{1}{3}V_{CC}$，$v_C(t_w)=\dfrac{2}{3}V_{CC}$，充电时间常数为 $(R_1+R_2)C$，算出电容 C 充电所需的时间为：

$$T_2 = (R_1+R_2)C\ln2 \approx 0.7(R_1+R_2)C$$

周期为：

$$T = T_1+T_2 = (R_1+2R_2)C\ln2 \approx 0.7(R_1+2R_2)C$$

其频率为：

$$f = \frac{1}{T_1+T_2} \approx \frac{1.43}{(R_1+2R_2)C} \qquad\qquad (7.3.5)$$

由以上分析可以得知，由于充电时间常数为 $(R_1+R_2)C$，放电时间常数 R_2C，由此，在一个周期里，电容 C 充电时间会大于放电时间，即维持高电平的时间大于维持低电平的时间，所以占空比大于 50%，占空比为：

$$q = \frac{T_1}{T} = \frac{R_1+R_2}{R_1+2R_2} \times 100\% > 50\%$$

4）占空比可调的电路

在图 7.3.8(a) 所示的电路的占空比（duty cycle）大于 50%，是由于充电时间常数 $(R_1+R_2)C$ 大于放电时间常数 R_2C 缘故。若想减小占空比或调节占空比的大小，就应改变充电和放电回路。

利用二极管的单向导电性，就能灵活地改变电流方向，从而改变充、放电回路。图 7.3.9 所示电路为占空比可调的多谐振荡器。该电路是利用二极管 D_1 和 D_2 的单向导电性，将电容 C 充、放电回路分开，再加上电位器 R_w，从而实现了占空比 q 的调节。

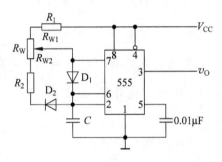

图 7.3.9　占空比可调的多谐振荡器

由图 7.3.9 可以得知，充电回路为 V_{CC}、R_1、R_{W1}、D_1 和 C，放电回路为 C、D_2、R_2、R_{W2} 和 T_D。

$$T_1 = (R_1+R_{W1})C\ln2 \approx 0.7(R_1+R_{W1})C$$
$$T_2 = (R_2+R_{W2})C\ln2 \approx 0.7(R_2+R_{W2})C$$
$$T = T_1+T_2 = (R_1+R_2+R_w)C\ln2 \approx 0.7(R_1+R_2+R_w)C$$
$$q = \frac{T_1}{T_1+T_2} = \frac{R_1+R_{W1}}{R_1+R_w+R_2} \times 100\%$$

调节 R_w 的大小，可以调节占空比。

【例 7.3.2】　电路如图 7.3.10 所示，其中 $R_1=R_2=71.5\text{k}\Omega$，$C=0.01\mu\text{F}$，二极管、运放为理想元件，电源电压为 $V_{CC}=\pm15\text{V}$。

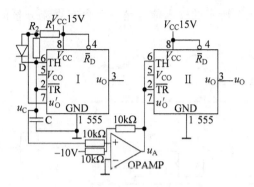

图 7.3.10 例 7.3.2 电路图

(1) 指出每个 555 定时器组成的电路是什么功能电路?

(2) 对应画出输出电压 u_O、电容电压 u_C、运放输出电压 u_A 的波形图。

(3) 计算输出电压 u_O 的周期 T 的值。

解:

(1) 由电路可知定时器 555 所组成的(Ⅰ)为多谐振荡器,(Ⅱ)为施密特触发器。

(2) 在(Ⅰ)的多谐振荡器电路中,电源为 15V,在 $u_{I1} \leqslant \frac{1}{3} V_{CC}$ 和 $u_{I2} \geqslant \frac{2}{3} V_{CC}$ 时,电路发生翻转,所以电容 C 上的电压 u_C 分别为 5V 和 10V。由于二极管的作用,且 $R_1 = R_2$,使得 1 片 555 定时器输出 u_O 的高电平维持时间和低电平维持时间 $t_{w1} = t_{w2}$,且

$$t_{w1} = t_{w2} = 0.7 R_2 C = (0.7 \times 71.5 \times 10^3 \times 0.01 \times 10^{-6})\text{s} = 0.5\text{ms}$$

由此两项可画出 u_C 的波形,如图 7.3.11(a)所示。

运算放大器组成反相加法器,其中上阈值电压:

$$V_{T+} = \frac{2}{3} V_{CC} = \frac{2}{3} \times 5 = 3.33\text{V}$$

下阈值电压:

$$V_{T-} = \frac{1}{3} V_{CC} = \frac{1}{3} \times 5 = 1.66\text{V}$$

其中输出电压的高电平 $V_{OH} \approx 5\text{V}$,低电平 $V_{OL} \approx 0\text{V}$,据此可画出运算放大器输出电压 u_A 和电路输出电压 u_O 的波形,如图 7.3.11(b)所示。

(3) 由多谐振荡的工作原理可以确定输出电压的周期 $T = 0.7(R_1 + R_2)C = 1\text{ms}$。

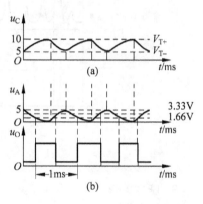

图 7.3.11 例 7.3.2 工作波形图

7.4 脉冲产生和整形电路的应用

7.4.1 施密特触发器的应用

1. 波形变换

利用施密特触发器状态转换过程中的正反馈作用,可以将边沿变化缓慢的信号变换为

矩形脉冲信号。如图 7.4.1 所示的输入信号是一个含有直流分量的正弦信号,只要输入信

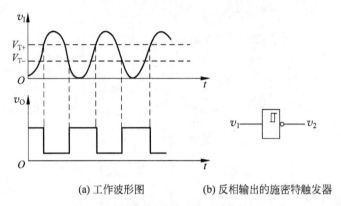

(a) 工作波形图   (b) 反相输出的施密特触发器

图 7.4.1   施密特触发器用于波形变换

号的幅度大于施密特触发器的 V_{T+} ,则施密特触发器就会输出同频率的矩形脉冲信号。

2. 脉冲鉴幅

如果将幅度不同的一串脉冲信号加到施密特触发器的输入端,只有那些幅度超过 V_{T+} 的脉冲才能产生输出信号,也就是说施密特触发器能将幅度大于 V_{T+} 的脉冲选出,即具有脉冲鉴幅能力,如图 7.4.2 所示。

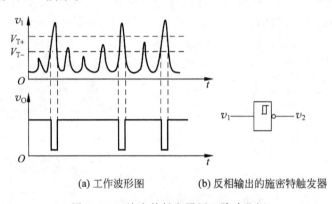

(a) 工作波形图   (b) 反相输出的施密特触发器

图 7.4.2   施密特触发器用于脉冲鉴幅

3. 脉冲整形

在数字系统中,矩形脉冲信号在传输过程中往往发生波形畸变。通过施密特触发器电路,可对这些信号进行整形,如图 7.4.3 所示。

4. 构成多谐振荡器

施密特触发器具有两个阈值,输出和输入电压之间具有滞回特性,对反相施密特触发器来说,输入电压大于大阈值时输出低电平,小于小阈值时输出高电平,而在两个阈值之间时,输出电压保持不变。如果利用施密特触发器的这种特性,使它的输入电压在 V_{T+} 和 V_{T-} 之间不停地往复变化,则在输出端就会在高低电平之间振荡,就会得到连续的矩形脉冲。

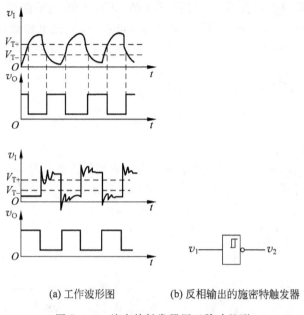

(a) 工作波形图　　　(b) 反相输出的施密特触发器

图 7.4.3　施密特触发器用于脉冲整形

为了实现上述功能,应利用反馈的理论,将反相施密特触发器的输出端经 RC 积分电路接回输入端即可,如图 7.4.4(a)所示。

(1) 通电后,假设电容两端的初始电压为零,则输出为高电平 $v_O = V_{OH}$,输出端的高电平通过电阻 R 给电容充电。

(2) 当 v_I 充电到使输入电压 $v_I = V_{T+}$ 时,输出电压 v_O 跳变为低电平,$v_O = V_{OL}$,这时电容又经 R 开始放电。

(3) 当 v_I 放电到使 $v_I = V_{T-}$ 时,输出电压 v_O 跳为高电平,$v_O = V_{OH}$,电容又开始充电。

周而复始地进行下去,电路就不停地振荡,其对应的波形如图 7.4.4(b)所示。

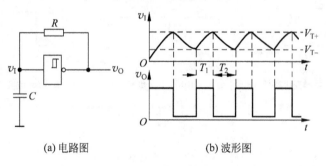

(a) 电路图　　　　　(b) 波形图

图 7.4.4　施密特触发器用于产生矩形脉冲

若采用 CMOS 施密特触发器,其输出高电平 $V_{OH} \approx V_{DD}$,输出低电平 $V_{OL} \approx 0$,其振荡周期 T 可按下式计算

$$T = T_1 + T_2 = RC\ln\frac{V_{DD} - V_{T-}}{V_{DD} - V_{T+}} + RC\ln\frac{V_{T+}}{V_{T-}} = RC\ln\left(\frac{V_{DD} - V_{T-}-V_{T+}}{V_{DD} - V_{T+}-V_{T-}}\right)$$

上述多谐振荡器通过改变 R、C 的值可以调节振荡频率,但不能调整脉冲的占空比 $q=T_1/T$。要想改变占空比,应利用二极管的单向导电性,改变充电和放电的回路,以改变高、低电平的维持时间,达到调节占空比的目的,其电路如图 7.4.5 所示。

7.4.2 单稳态触发器的应用

1. 脉冲整形

(1) 对不规则脉冲整形。

输入为不规则的脉冲信号,或者在信号中夹杂着高频干扰信号,经过单稳态触发器能够输出规则的矩形波,消除高频干扰信号,如图 7.4.6 所示。

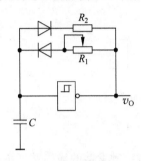

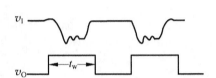

图 7.4.5 施密特触发器用于产生占空
比可调的矩形脉冲

图 7.4.6 单稳态触发器用于脉冲整形

(2) 改变脉冲宽度、脉冲幅度。

通过单稳态触发器可以改变脉冲参数。根据要求可以将正、负宽、窄脉冲整形为不同极性、不同宽度和不同幅度的输出脉冲,波形变换如图 7.4.7 所示。

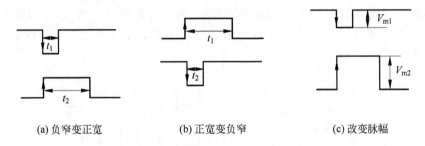

(a) 负窄变正宽　　　　　(b) 正宽变负窄　　　　　(c) 改变脉幅

图 7.4.7 单稳态触发器用于波形变换

2. 脉冲定时

脉冲定时通常用于两种情况:一是动作延时,二是延时动作。

(1) 动作延时。

所谓动作延时就是整个动作过程保持一段时间,如图 7.4.8(a)所示。由于单稳态触发器能产生具有一定宽度 t_W 的矩形脉冲,如果用这个脉冲去控制一个电路,就可以使它在 t_W 时间内工作或不工作。在图 7.4.9(a)中,用单稳态触发电路的输出信号去控制与门的一个输入端,那么在 t_W 期间与门工作,v_A 的信号可以通过,而其他时间将被封锁,工作波形如图 7.4.9(b)所示。

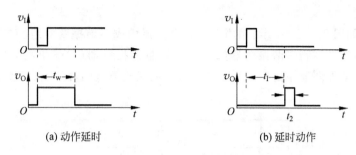

(a) 动作延时 (b) 延时动作

图 7.4.8 单稳态触发器用于脉冲定时工作波形

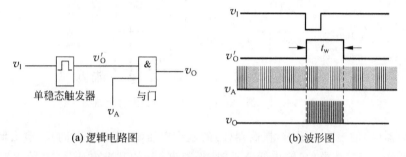

(a) 逻辑电路图 (b) 波形图

图 7.4.9 单稳态触发器用于动作延时电路图

（2）延时动作。

在电路设计中，往往需要某一动作启动以后进行 t_1 时间，当第一个动作结束以后，紧接着进行另一个动作，并进行 t_2 时间结束。例如，往往在设计逻辑电路时对电路的复位信号须延迟一段时间，这样才能使复位可靠、有效，当可靠复位以后，需要启动其他工作。其工作波形如图 7.4.8(b) 所示。

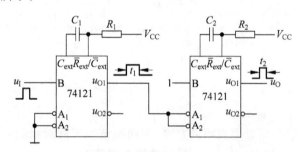

图 7.4.10 单稳态触发器用于延时动作电路图

完成这种功能的电路如图 7.4.10 所示。这里有两个单稳态触发器，第一个单稳态触发器用于动作之前的 t_1 延时，第二个单稳态触发器用于动作过程的延时。

7.4.3 多谐振荡器的应用

多谐振荡器用于产生具有一定频率和幅度的矩形波，主要用于数字电路的信号源。

【例7.4.1】 试设计模拟急救车扬声器发音（高低音）的电路。

解： 急救车扬声器的发音为高低音交替，所以在设计电路时，应想法使振荡电路输出的频率自动改变。

设计电路如图 7.4.11 所示,用两个 555 定时器构成多谐振荡器组。多谐振荡器(1)输出为低频信号,用来控制多谐振荡器(2)的 5 号引脚,振荡器(2)输出高频信号。用振荡器(1)输出的高低电平调节振荡器(2)的基准电压,改变充放电的时间,从而改变振荡器输出的频率。

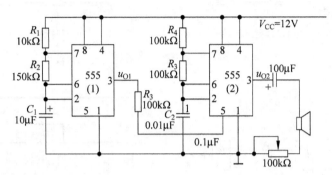

图 7.4.11   例 7.4.1 急救车扬声器发音电路图

当振荡器(1)输出高电平时,振荡器(2)的基准电压高,充放电时间长,输出低频信号,扬声器发出低音;当振荡器(1)输出低电平时,振荡器(2)的基准电压低,充放电时间短,输出高频信号,扬声器发出高音,工作波形如图 7.4.12 所示。

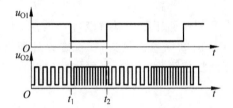

图 7.4.12   例 7.4.1 急救车扬声器发音电路工作波形图

本章小结

在数字逻辑系统中,常常需要不同宽度、不同幅值和不同形状的脉冲信号,这种脉冲信号可以由脉冲产生电路获得,也可以由脉冲整形电路获取。

多谐振荡器是脉冲产生电路,为无稳态电路,它只有两个暂稳态,在没有输入的作用下,只靠直流电源供电,就能在两个暂稳态之间来回变换,输出具有高、低电平的脉冲波形,可作为数字系统中的脉冲源。

单稳态触发器是一种整形电路,有一个稳态和一个暂稳态,两个状态互为相反。它在外加触发脉冲的作用下,从原来的稳态跳变为暂稳态,维持一段时间暂稳态后,自动返回原来的稳态。暂稳态维持时间的长短与触发脉冲的宽度及幅度无关,仅取决于电路本身定时元件的参数。单稳态触发器用于定时、整形及延时等电路的设计方面。

施密特触发器其实为具有两个阈值的门电路,外加阻容元件可实现多谐振荡器和单稳态触发器。

555 定时器是数字-模拟混合器件,外加阻容器件很容易构成多谐振荡器、单稳态触发器和施密特触发器。

在频率稳定度较高的地方通常采用石英晶体振荡器作脉冲信号发生器。

双语对照

矩形脉冲　rectangular pulse	暂稳态　quasi-stable state
整形电路　shaping circuit	可重复触发　retriggerable
波形产生电路　waveform generation circuit	多谐振荡器　astable multivibrator
施密特触发器　schmitt trigger	石英晶体振荡器　crystal oscillator
单稳态触发器　monostable multivibrator	555 定时器　555 timer
稳态　stable state	占空比　duty cycle

习题

1. 由集成施密特 CMOS 与非门电路组成的脉冲占空比可调多谐振荡器如图 7.1 所示。如果已知电路中的 R_1、R_2、C、V_{DD}、V_{T+}、V_{T-} 的值。试完成以下工作:

(1) 定性画出 v_o 及 v_c 的波形。

(2) 写出输出信号频率的表达式。

2. 由集成单稳态触发器 74121 组成的延时电路及输入波形如图 7.2 所示。试完成以下工作:

(1) 计算输出脉宽的变化范围。

(2) 解释为什么使用电位器时要串接一个电阻。

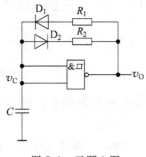

图 7.1　习题 1 图

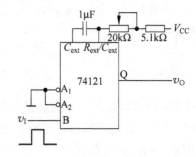

图 7.2　习题 2 图

3. 用集成施密特电路和集成单稳态触发器 74121 构成的电路如图 7.3 所示。已知集成施密特电路的 $V_{DD}=10V, R=10k\Omega, C=0.1\mu F, V_{T+}=6.3V, V_{T-}=2.7V; C_{ext}=0.033\mu F, R_{ext}=20k\Omega$。试完成以下工作:

(1) 分别计算 v_{O1} 的周期及 v_{O2} 的脉宽。

(2) 根据计算结果,画出 v_C、v_{O1}、v_{O2} 的波形。

4. 如图 7.4 所示,在 555 定时器接成的施密特触发器电路中,试求:

(1) 当 $V_{DD}=12V$,而且没有外接控制电压时,V_{T+}、V_{T-} 及 ΔV_T 的值。

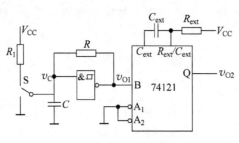

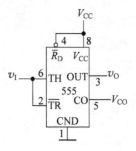

图 7.3 习题 3 图　　　　　　　　　图 7.4 习题 4 图

(2) 当 $V_{DD}=9V$，外接控制电压 $V_{CO}=5V$，V_{T+}、V_{T-} 及 ΔV_T 的值。

5. 如图 7.5 所示，在 555 定时器组成的单稳态触发器中，已知 $V_{DD}=10V$、$R=10k\Omega$、$C=0.01\mu F$，试求输出脉冲宽度 t_w，并画出 v_I、v_C、v_O 的波形。

6. 图 7.6 所示电路是一简易触摸开关电路，当手摸金属片时，发光二极管亮，经过一定时间，发光二极管灭。试分析电路的工作原理，并问发光二极管能亮多长时间？

7. 图 7.7 所示为 555 定时器组成的多谐振荡器。已知 $V_{DD}=12V$、$R_1=R_2=10k\Omega$、$C=0.1\mu F$，试求：

(1) 多谐振荡器的振荡频率。

(2) 画出 v_c 和 v_o 的波形。

(3) 在 $\overline{R}_D$ 端加何种电平时多谐振荡器停止振荡。

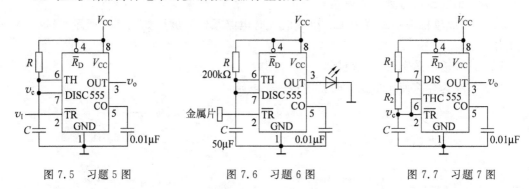

图 7.5 习题 5 图　　　　　图 7.6 习题 6 图　　　　　图 7.7 习题 7 图

8. 试用 555 定时器设计一个振荡频率为 10Hz，占空比为 25% 的多谐振荡器。要求计算外接电阻和电容的数值并画出电路图。设定时电阻 $R_1=10k\Omega$。

9. 指出图 7.8 所示，电路两个 555 定时器构成电路的名称，并简述电路的工作原理。若要求扬声器在开关 S 按下再抬起后，以 1kHz 的频率持续响 5S，试确定图中 R_1、R_2 的阻值。

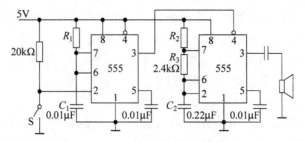

图 7.8 习题 9 图

10. 由 555 定时器构成的电路如图 7.9(a)所示。试完成以下工作：

(1) 分别指出两个 555 定时器构成的电路名称。

(2) 输入信号如图 7.9(b)所示，定性画出 V_{O1}、V_C、V_O 点的电压波形。

(3) 推导 V_O 的脉冲宽度表达式。

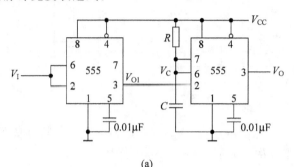

(a)

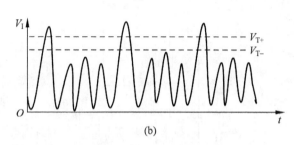

(b)

图 7.9　习题 10 图

11. 由 555 定时器构成的电路如图 7.10(a) 所示，输入信号 v_1 经放大后如图 7.10(b) 所示，v_1 的幅值 $v_m = 4V$。试完成以下工作：

(1) 对应 v_1 分别画出图中 A、B、C 三点的波形。

(2) 说明电路的组成及工作原理(该电路可用于心率失常报警电路)。

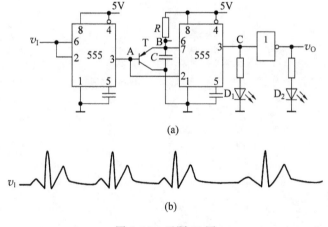

(a)

(b)

图 7.10　习题 11 图

12. 试说明图 7.11 所示电路的工作原理，解释二极管 D 在电路中的作用。

13. 图 7.12 所示电路是由 555 定时器组成的简易延迟门铃。设在 4 号引脚复位端电

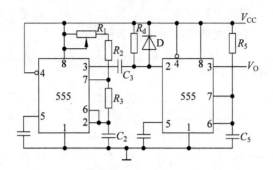

图 7.11　习题 12 图

压小于 0.4V 为低电平 0,电源电压为 6V。根据电路图所示各阻容参数,试计算:

(1) 当按钮 S 按下一次放开后,门铃响多长时间?

(2) 门铃响声的频率为多大?

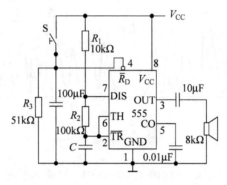

图 7.12　习题 13 图

第8章

半导体存储器

内容提要

- 半导体存储器的分类与主要技术指标。
- 只读存储器 ROM 的结构和工作原理。
- 随机存储器 RAM 的结构和工作原理。
- 存储器容量的扩展方法。

8.1 半导体存储器概述

数字信息在运算或处理过程中,需要进行大量的数据存储,因此应有专门的存储器。存储器的种类很多,其中,半导体存储器是大规模集成电路,有品种多、容量大、速度快、耗电省、体积小、操作方便、维护容易等优点,在数字设备中得到广泛应用。

目前,微型计算机的内存普遍采用了大容量的半导体存储器。存储器一般是由许多触发器或其他记忆元件构成的用以存储一系列二进制数码的器件。

8.1.1 存储器分类

半导体存储器是数字系统和计算机的重要组成部分,其功能是存放数据、指令等信息。半导体存储器的分类如下。

1. 按工艺的不同分为双极型和单极型

双极型存储器是以双极型触发器为存储单元,它具有工作速度快、功耗大等特点,主要用于对速度要求较高的场合,例如计算机的高速缓冲存储器。

单极型存储器即 MOS 型存储器,它是以 MOS 触发器或电荷存储结构为存储单元,具有工艺简单、集成度高、功耗低、成本低等特点。

2. 按读、写能力的不同分为 RAM 和 ROM

1) RAM

RAM(Random Access Memory,随机存取存储器,简称随机存储器)在正常工作时,可以随时写入(存入)或读出(取出)数据,但断电后,器件中存储的信息也随之消失。

RAM 按构成其单元电路的不同,分为 SRAM 和 DRAM 两种。

（1）SRAM（Static RAM，静态随机存取存储器）。SRAM 速度更快，但片容量小，价格贵，主要用作计算机的 cache。

（2）DRAM（Dynamic RAM，动态随机存取存储器）。DRAM 的结构非常简单，所以它所能达到的集成度远高于静态存储器。但是 DRAM 的存取速度不如 SRAM 快。DRAM 可用作计算机的主存。

2）ROM

ROM（Read-Only Memory，只读存储器）在正常工作时，只能从存储器的单元中读出数据。存储器中的数据是在存储器生产时确定的，或事先用专门的写入装置写入的。ROM 中存储的数据可以长期保持不变，即使断电也不会丢失数据。

根据数据写入的方式，只读存储器可分为以下 5 种。

（1）掩模只读存储器。掩模只读存储器中的数据由生产厂家一次写入，且只能读出，不能改写。

（2）可编程只读存储器。可编程只读存储器（Programmable Read-Only Memory，PROM）中的数据由用户通过特殊写入器写入，但只能写一次，写入后无法再改变。

（3）紫外线可擦除只读存储器。紫外线可擦除只读存储器（Erasable Programmable Read-Only Memory，EPROM）写入的数据可以擦除，即用紫外线擦除存入的数据，可以多次改写其中存储的数据。其结构简单，编程可靠，但擦除操作复杂，速度慢。

（4）电可擦除只读存储器。电可擦除只读存储器（Electrically Erasable Programmable Read-Only Memory，E^2PROM）是用电擦除写入的数据，擦除速度较快，但改写字节则必须在擦除该字节后才能进行，擦/写过程约为 $10\sim15$ms，当进行在线程序修改时，这个延时很明显。另外，E^2PROM 的集成度不够高，并且一个字节可擦写的次数限制在 10 000 次左右。

（5）快闪存储器。快闪存储器（Flash Memory）是新一代电信号擦除的可编程 ROM，它既吸收了 EPROM 结构简单、编程可靠的优点，又保留了 E^2PROM 擦除快的优点，而且具有集成度高、容量大、成本低等优点。

综上所述，半导体存储器的分类可以由如图 8.1.1 所示的结构图表示。

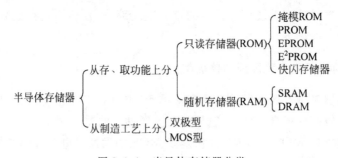

图 8.1.1　半导体存储器分类

8.1.2　存储器的技术指标

存储器主要有两个技术指标：存储容量和存取周期。

1. 存储容量

存储容量是指存储器存放数据的多少，即存储单元的总数。存储容量越大，说明它能存储的信息越多。

一个存储器由许多存储单元组成,每一个存储单元可存放 1 位二进制信息。存储单元通常以"字"为单位排列成矩阵形式,一个字有若干位数据,每位数据各自存放在一个存储单元中。为了区别各个不同的字,将存放同一个字的各位数据的存储单元编为一组,并赋予一个号码,称为地址。不同字的存储单元具有不同的地址。所以在进行读/写操作时,可以按照地址选择欲进行读、写操作(称为访问)的存储单元。

存储器的字数通常采用 KB、MB、GB 为单位,其中 $1KB = 2^{10} = 1024B, 1MB = 2^{20} = 1024 \times 1024 = 1024KB, 1GB = 2^{30} = 1024MB$。

存储单元数据进、出的通道叫做数据线。

例如,某个存储器有 12 根地址线,8 根数据线,则 12 根地址线可以译出 $2^{12} = 2^2 \times 2^{10} = 4KB$ 个字线,8 根数据线为 8 根位线,其存储容量为 $4K \times 8 = 32KB$。

2. 存取时间

存储器的存取时间定义为访问一次存储器(对指定单元写入或读出)所需要的时间,这个时间的上限即最大存取时间,一般为十几纳秒至几百纳秒。最大存取时间越小,存储器芯片的工作速度也就越快。

8.2 只读存储器

8.2.1 只读存储器的特点、基本结构和作用

1. 特点

ROM 是一种永久性的半导体存储器,为只读存储器,其中的数据一旦写入,不能随意修改,在切断电源的情况下,数据也不会丢失。

2. 基本结构及作用

ROM 的电路结构由地址译码器、存储矩阵和输出缓冲器三个部分组成,其结构框图如图 8.2.1 所示。对不同类型的存储器系统,有时,还专门需要一些特殊的外围电路,如动态 RAM 中的预充电及刷新操作控制电路等,这也是存储器系统的重要组成部分。

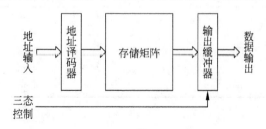

图 8.2.1　ROM 的电路结构框图

(1) 地址译码器。

地址译码器是将输入的地址代码译成相应的控制信号,利用这个控制信号从存储矩阵

中选出输入地址代码所指定的信息位置,以便能把其中的数据送到输出缓冲器中读取。

(2) 存储矩阵。

存储矩阵由许多存储单元排列而成。每个单元能存放 1 位二值代码(0 或 1)。每一个或每一组存储单元有一个对应的地址代码。存储单元可以由二极管构成,也可以用双极型三极管或 MOS 管构成。

根据存储矩阵的内部结构和所采用的元件不同,ROM 分为掩模 ROM、PROM、EPROM、E^2PROM 和 Flash Memory。

(3) 输出缓冲器。

输出缓冲器的作用有两个,一是能提高存储器的带负载能力,二是实现对输出状态的三态控制,以便与系统的总线连接。

3. 典型芯片

图 8.2.2 为 2716 型 EPROM 集成电路的外部引脚图,存储容量为 2KB×8 位,电源电压 $V_{CC}=+5V$,编程高压 $V_{PP}=$ 25V,工作电流最大值 100mA,维持最大电流 25mA,最大读取时间 450ns。

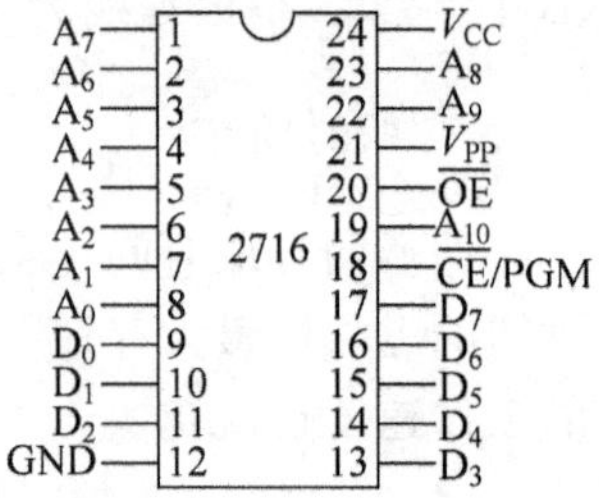

图 8.2.2　2716 引脚图

2716 具有 24 个引脚,各引脚的功能归纳如下:

- $A_{10} \sim A_0$:11 条地址信号输入引脚,可寻址芯片的 $2KB=2^{11}=2048$ 个字存储单元。
- $D_7 \sim D_0$:双向数据信号输入输出引脚。
- $\overline{CE}$:片选信号输入引脚,低电平有效,只有当该引脚转入低电平时,才能对相应的芯片进行操作。
- $\overline{OE}$:数据输出允许控制信号引脚,输入低电平有效,用以允许数据输出。
- V_{CC}:+5V 电源,用于在线的读操作。
- V_{PP}:+25V 电源,用于在专用装置上进行写操作。
- GND:地。

其工作方式如表 8.2.1 所示。

表 8.2.1　2716 型 EPROM 工作方式

工作方式	$\overline{CE}$/PGM	$\overline{OE}$	V_{PP} (V)	输出 D
读出	0	0	+5	数据输出
维持	1	×	+5	高阻浮置
编程	⊓	1	+25	数据写入
禁止编程	0	1	+25	高阻浮置
检验编程	0	0	+25	数据输出

4. 操作时序

以 2716 为例,ROM 的操作时序如下:

(1) 在读操作时,片选信号 $\overline{CE}$ 应为低电平,输出允许控制信号 $\overline{OE}$ 也为低电平,其时序波形如图 8.2.3 所示。

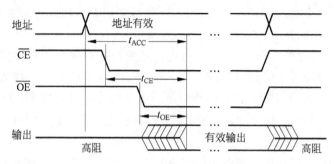

图 8.2.3　2716 读时序波形

（2）读周期由地址有效开始，经时间 t_{ACC} 后，所选中单元的内容就可由存储阵列中读出，但能否送至外部的数据总线，还取决于片选信号 $\overline{CE}$ 和输出允许信号 $\overline{OE}$。时序中规定，必须从 $\overline{CE}$ 有效，经过 t_{cs} 时间，以及从 $\overline{OE}$ 有效，经过时间 t_{OE}，芯片的输出三态门才能完全打开，数据才能送到数据总线。

上述时序图中参数的具体值，请参考有关的技术手册。

8.2.2　掩模只读存储器

掩模只读存储器（掩模 ROM）是在生产时，利用掩模技术将信息内容固定写入存储器中。因此，芯片一旦出厂，就不能修改。

图 8.2.4 是具有 2 位地址输入码和 4 位数据输出的 ROM 电路，它的存储单元使用二极管构成。它的地址译码器由 4 个二极管与门组成。2 位地址代码 A_1A_0 能译出 4 个不同的地址。地址译码器将这 4 个地址代码分别译成 $W_0 \sim W_3$ 4 根线上的高电平信号。$W_0 \sim W_3$ 每根线上给出高电平信号时，都会在 $D_3 \sim D_0$ 4 根线上输出一个 4 位二值代码。通常将每个输出代码叫一个"字"，并把 $W_0 \sim W_3$ 叫做字线，把 $D_0 \sim D_3$ 叫做位线（或数据线），A_1、

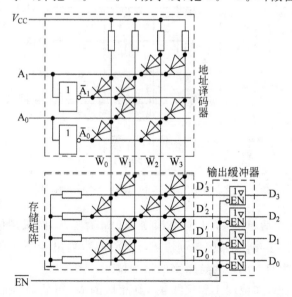

图 8.2.4　二极管 ROM 的电路结构图

A_0 称为地址线。输出端的缓冲器通过给定 $\overline{EN}$ 信号实现对输出的三态控制,并用来提高带负载能力,将输出的高、低电平变换为标准的逻辑电平。

只要输入指定的地址码并令 $\overline{EN}=0$,则指定地址内各存储单元所存的数据便会出现在输出数据线上,数据输出。例如当 $A_1A_0=01$ 时,$W_1=1$,而其他字线均为低电平。由于有 D_3'、D_1'、D_0' 三根线与 W_1 间接有二极管,所以这三个二极管导通后使 D_3'、D_1'、D_0' 为高电平,而 D_2' 为低电平。如果这时 $\overline{EN}=0$,即在数据输出端得到 $D_3D_2D_1D_0=1011$。全部 4 个地址内的存储内容列于表 8.2.2 中。

在图 8.2.4 中,字线和位线的每个交叉点都是一个存储单元。交点处接有二极管时相当于存 1,没有接二极管相当于存 0。交叉点的数目表示存储单元数。习惯上用存储单元的数目表示存储器的存储量(或称容量),并写成"(字数)×(位数)"的形式,例如图 8.2.4 中 ROM 的存储量应表示成"4×4 位"。表 8.2.2 所列为 ROM 中地址对应的数据存储表。

表 8.2.2　图 8.2.2ROM 中的数据表

地　　址		数　　据			
A_1	A_0	D_3	D_2	D_1	D_0
0	0	0	1	0	1
0	1	1	0	1	1
1	0	0	1	0	0
1	1	1	1	1	0

当采用 MOS 工艺制作 ROM 时,地址译码器、存储矩阵和输出缓冲器全由 MOS 管组成,在大规模集成电路中 MOS 管多做成对称结构(采用场效应管的简化画法)。图 8.2.5 给出了 MOS 管存储器矩阵的原理图。

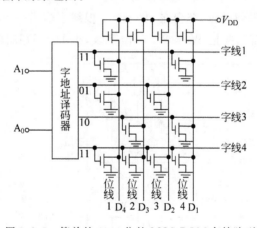

图 8.2.5　简单的 4×4 位的 MOS ROM 存储阵列

如图 8.2.5 是一个简单的 4×4 位的 MOS ROM 存储阵列,采用单译码方式(有关定义在 8.3.1 节里详述)。这时,有两位地址输入,经译码后,输出 4 条字选择线,每条字选择线选中一个字,此时位线的输出即为这个字的每一位。

若有管子与其相连(如位线 1 和位线 4),则相应的 MOS 管就导通,这些位线的输出就是低电平,表示逻辑"0";而没有管子与其相连的位线(如位线 2 和位线 3),则输出就是高电平,表示逻辑"1"。

8.2.3　可编程只读存储器

掩模 ROM 的存储单元在生产完成之后,其所保存的信息就已经固定下来了,这给使用者带来了不便。为了解决这个矛盾,设计制造了一种可由用户通过简易设备写入信息的 ROM 器件,即可编程的 ROM,又称为 PROM。

PROM 在出厂时已经在存储矩阵的所有交叉点上全部制作了存储单元,即相当于在所有存储单元中都存入了 1。其总体结构与掩模 ROM 一样,同样由存储矩阵、地址译码器和输出缓冲器组成。

图 8.2.6 是熔丝型 PROM 存储单元的原理图。它由一只三极管和串在发射极的快速熔断丝组成。三极管的 be 结相当于接在字线与位线之间的二极管。熔丝用很细的低熔点合金丝或多晶硅导线制成。在写入数据时只要设法将存入 0 的那些存储单元的熔丝烧断就行了。

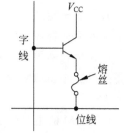

图 8.2.6　熔丝型 PROM 的存储单元

熔丝熔断后,PROM 的内容也就固定不可能修改了,不过还可以熔断其他未被熔断的熔丝,因此它只能写入一次。若要经常修改存储内容,就要求有一种可以擦除重写的 ROM。

8.2.4　可擦除的可编程只读存储器

可擦除的可编程 ROM(EPROM),由于其中存储的数据可以擦除重写,因而在需要经常修改 ROM 中内容的场合它便成为一种比较理想的器件。

1. 存储单元结构

与普通的 P 沟道增强型 MOS 电路相似,这种 EPROM 电路在 N 型的基片上扩展了两个高浓度的 P 型区,分别引出源极(S)和漏极(D),在源极与漏极之间有一个由多晶硅做成的栅极,但它是浮空的,被绝缘物 SiO_2 所包围,称为 FAMOS 管,其结构和符号如图 8.2.7 所示,构成的存储单元如图 8.2.8 所示。在芯片制作完成时,每个单元的浮动栅极上都没有电荷,所以管子内没有导电沟道,源极与漏极之间不导电,此时表示该存储单元保存的信息为"1"。

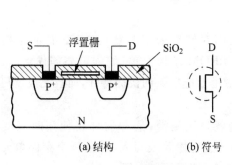

图 8.2.7　FAMOS 管的结构和符号

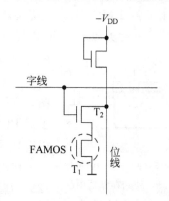

图 8.2.8　使用 FAMOS 管的存储单元

2. 向存储单元写入信息"0"

在漏极和源极(即 S)之间加上＋25V 的电压,同时加上编程脉冲信号(宽度约为 50ns),所选中的单元在这个电压的作用下,漏极与源极之间被瞬时击穿,就会有电子通过 SiO_2 绝缘层注入到浮动栅。在高压电源去除之后,因为浮动栅被 SiO_2 绝缘层包围,所以注入的电子无泄漏通道,浮动栅为负,就形成了导电沟道,从而使相应单元导通,将 0 写入该单元。

3. 清除存储单元的信息

必须用一定波长的紫外光照射浮动栅,使负电荷获取足够的能量,摆脱 SiO_2 的包围,以光电流的形式释放掉,这时,原来存储的信息也就不存在了。

由这种存储单元所构成的 ROM 存储器芯片,在其上方有一个石英玻璃的窗口,紫外线正是通过这个窗口来照射其内部电路而擦除信息的,一般擦除信息需用紫外线照射 15～20 分钟。

EPROM 的主要产品有 2716(2K×8 位)、2732(4K×8 位)、2764(8K×8 位)、27256、27512 等。

8.2.5　电信号可擦除可编程只读存储器

虽然用紫外线擦除的 EPROM 具备了可擦除重写的功能,但擦除操作复杂,因此速度很慢。为克服这些缺点,又研制成了可以用电信号擦除的可编程 ROM,这就是通常所说的 E^2PROM。

E^2PROM 的存储单元中采用了一种浮栅隧道氧化层 MOS 管(Floating Gate Tunnel Oxide,Flotox),如图 8.2.9 所示。Flotox 与 FAMOS 管不同的是:其浮置栅与漏极之间有一个氧化层极薄的区域,厚度在 20nm 以下,称为隧道区。这种器件在使用时只要加上 3～5V 的电压即可读出,加上 20V 左右的脉冲电压即可进行擦除或写入。

E^2PROM 的主要产品有 2816(2K×8 位)、2817(2K×8 位)、2864(8K×8 位)等。

8.2.6　快闪存储器

从上面对 E^2PROM 的介绍中可以看到,为了提高擦除和写入的可靠性,E^2PROM 的存储单元用了两只 MOS 管。这无疑将限制 E^2PROM 集成度的进一步提高。而快闪存储器则采用了一种类似于 EPROM 的单管叠栅结构的存储单元,出现了新一代用电信号擦除的可编程 ROM。

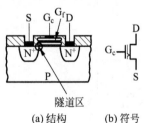

(a) 结构　　(b) 符号

图 8.2.9　快闪存储器中的叠栅 MOS 管

图 8.2.9 是快闪存储器采用的叠栅 MOS 管的结构示意图。它既吸收了 EPROM 结构简单、编程可靠的优点,又保留了 E^2PROM 的用隧道效应擦除的快捷特性,而且集成度可以做得很高。

快闪存储器的隧道区更薄,这种器件在使用时只要加上 12V 的脉冲电压即可进行擦除或写入,并且每个存储单元都是单管结构,集成度较高,使用更加方便。

快闪存储器的编程和擦除操作不需要使用专门的编程器,写入和擦除的控制电路集成于存储器芯片中,工作时只需要 5V 的低压电源即可。

8.2.7 ROM 的应用

【例 8.2.1】 试用 ROM 设计一个八段字符显示的译码器,其真值表由表 8.2.3 所列。

解:由给定的真值表 8.2.3 可知,应取输入地址为 4 位、输出数据为 8 位的(16×8 位) ROM 来实现这个译码电路。以地址输入端 A_3、A_2、A_1、A_0 作为 BCD 代码的 D、C、B、A 四位的输入端,以数据输出端 $D_0 \sim D_7$ 作为 $a \sim h$ 的输出端,如图 8.2.10 所示,就得到了所要求的译码器。

表 8.2.3 八段字符显示的译码对照表

输入				输出								字形
D	C	B	A	a	b	c	d	e	f	g	h	
0	0	0	0	1	1	1	1	1	1	0	1	0.
0	0	0	1	0	1	1	0	0	0	0	1	1.
0	0	1	0	1	1	0	1	1	0	1	1	2.
0	0	1	1	1	1	1	1	0	0	1	1	3.
0	1	0	0	0	1	1	0	0	1	1	1	4.
0	1	0	1	1	0	1	1	0	1	1	1	5.
0	1	1	0	1	0	1	1	1	1	1	1	6.
0	1	1	1	1	1	1	0	0	0	0	1	7.
1	0	0	0	1	1	1	1	1	1	1	1	8.
1	0	0	1	1	1	1	1	0	1	1	1	9.
1	0	1	0	1	1	1	0	1	1	1	0	a
1	0	1	1	0	0	1	1	1	1	1	0	b
1	1	0	0	0	0	0	0	1	1	0	0	C
1	1	0	1	0	1	1	1	0	1	1	0	d
1	1	1	0	1	0	0	1	1	1	1	0	E
1	1	1	1	1	0	0	0	1	1	1	0	F

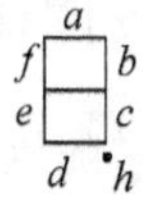

若制成掩模 ROM,则可依照表 8.2.3 画出存储矩阵的连接电路,如图 8.2.10 所示。图中以结点上接入二极管表示存入 0,未接入二极管表示存入 1。

若使用 EPROM 实现这个译码器,则只要把图 8.2.10 中左边的 D、C、B、A 当作输入地址代码、右边的 a、b、c、d、e、f、g、h 当做数据,依次对应地写入 EPROM 即可。

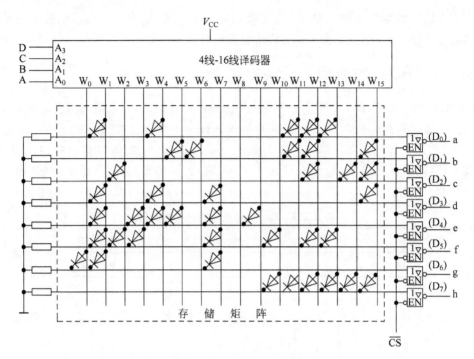

图 8.2.10　例 8.2.1 电路图

8.3　随机存储器

8.3.1　随机存储器的特点和基本结构

1. 特点

随机存储器(Random Access Memory,RAM)按照存储机理的不同,分为静态 RAM (Static RAM,SRAM)和动态 RAM(Dynamic RAM,DRAM)两大类。它的最大优点是读、写方便,使用灵活。它可以随时从任何一个指定地址读出数据,也可以随时将数据写入任何一个指定的存储单元中去。但是它一旦停电以后,所存的数据将随之丢失。

2. 基本结构

RAM 的结构如图 8.3.1 所示,它由存储矩阵、地址译码器和读写控制电路组成。

1) 地址译码器

地址译码器按译码的方式,分为单译码和双重译码两类。

单译码方式也称字线结构,适用于小容量的存储器。单译码地址方式中,n 个地址输入的 RAM,具有 2^n 个字,所以应有 2^n 根字线。如 1KB 容量的 RAM 为例,字选线数量为 1024 根。

双译码地址方式中,地址译码器分为两个,即行地址译码器和列地址译码器,其优点是可以减少字选线的数量。以 1KB 容量的 RAM 为例,10 根地址线 6 根用于行地址译码,实

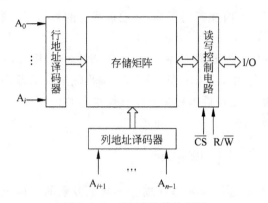

图 8.3.1 RAM 的结构框图

现 6 线-64 线译码；4 根用于列地址译码，实现 4 线-16 线译码，则共需字选线数量为 64+16=80 根，在较大程度上节省了字选线数。

2) 存储矩阵

一个 RAM 由若干个存储单元组成，每个存储单元存放一位二进制信息。为了存取方便，存储单元通常设计成矩阵形式。例如，一个存储容量为 256×4 的存储器，共有存储单元 256×4=1024 个。256 为该存储器可存的字数，每个字分别为 4 位。这些单元可排成 32 行 ×32 列的矩阵形式，如图 8.3.2 所示。使用双重译码方式，按照 256=32×8，选择 32 根行 选线，8 根列选线。图中每一行对应一根行选择线，共有 32 根行选择线，而每 4 列共用一根 列选择线，共有 8 根列选择线。

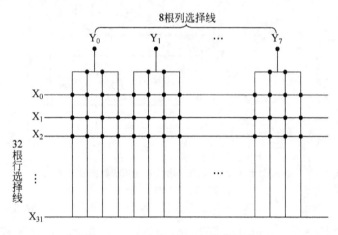

图 8.3.2 256×4 RAM 存储矩阵

3) 读写控制电路

读写控制电路用于对电路的工作状态进行控制，通常包括图 8.3.1 所示读写控制 ($R/\overline{W}$)和片选($\overline{CS}$)两个输入端。

(1) $R/\overline{W}$。

不同于 ROM 存储器，RAM 存储器不仅能读数据，还能写数据，所以 $R/\overline{W}$ 端为读操作和写操作的控制端。当读写控制信号 $R/\overline{W}=1$ 时执行读操作，将被选中的存储单元中的值送到数据线上；当 R/$\overline{W}$=0 时执行写操作,将数据线上的数据存入被选中的存储单元中。

(2) $\overline{CS}$。

每片 RAM 都有一个$\overline{CS}$片选输入端。只有当$\overline{CS}$=0 时,RAM 的数据输入输出端才与外部总线接通,称该片被选中;若$\overline{CS}$=1,则输入/输出端呈高阻态,不能与总线交换数据。

在存储量很大的情况下,可能会超出一个存储器芯片的容量。因此片选信号$\overline{CS}$用于选择扩展后的不同存储器芯片。

8.3.2　静态 RAM 存储单元

静态 RAM(SRAM)的存储单元是在锁存器或触发器的基础上附加门控管而构成的。因此,它属于时序逻辑电路。

1. 结构

图 8.3.3 是用六只 N 沟道增强型 MOS 管组成的一位静态存储单元。其中的 $T_1 \sim T_4$ 组成基本的 SR 锁存器,用于记忆 1 位二值代码。T_5 和 T_6 是门控管,作模拟开关使用,用来控制触发器的 Q、$\overline{Q}$ 和位线 B_j、$\overline{B}_j$ 之间的联系。$\overline{CS}$和 R/$\overline{W}$ 作为片选和读写控制端。

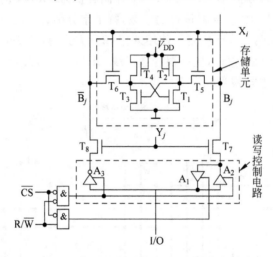

图 8.3.3　六管 N 沟道增强型 MOS 静态存储单元

T_5、T_6 的开关状态由字线 X_i 的状态决定。当 X_i=1 时 T_5、T_6 导通,触发器的 Q 和 $\overline{Q}$ 端与位线 B_j、$\overline{B}_j$ 接通;X_i=0 时 T_5、T_6 截止,触发器与位线之间的联系被切断。T_7、T_8 是每一列存储单元的两个门控管,用于和读/写缓冲放大器之间的连接。T_7、T_8 的开关状态由列地址译码器的输出 Y_j 来控制,Y_j=1 时导通,Y_j=0 时截止。

2. 读出数据

当存储单元所在的一行和所在的一列同时被选中以后,即 X_i=1、Y_j=1 时,T_5、T_6、T_7、T_8 均处于导通状态。Q 和 $\overline{Q}$ 与 B_j、$\overline{B}_j$ 接通。如果这时$\overline{CS}$=0、R/$\overline{W}$=1,则读/写缓冲放大器的 A_1 接通,A_2 和 A_3 截止,Q 端的状态经 A_1 送到 I/O 端,实现数据读出。

3．写入数据

当$\overline{CS}=0$、$R/\overline{W}=0$时，A_1截止、A_2和A_3导通，加到I/O端的数据被写入存储单元中。

由于CMOS电路具有微功耗的特点，所以在大容量的静态存储器中几乎都采用CMOS存储单元。图8.3.4是CMOS静态存储单元的电路。它的结构与工作方式与图8.3.3相仿。图中栅极上的小圆圈表示T_2、T_4，为P沟道MOS管，而栅极上没有小圆圈的为N沟道MOS管。

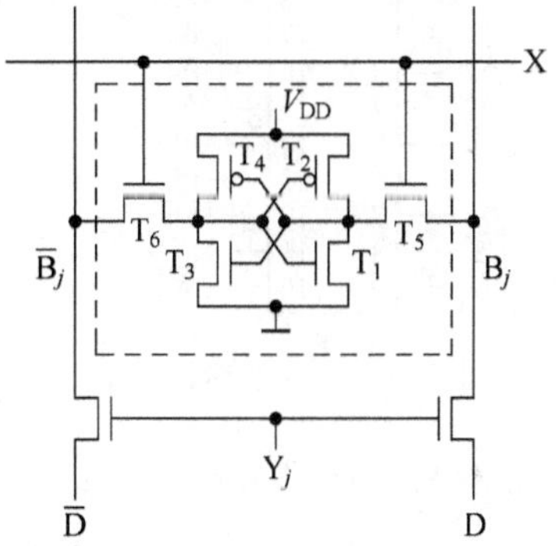

常用的RAM芯片有MOTOROLA公司生产的SRAM —— MCM6264（8K×8位），62256（16K×8位）等。

4．典型芯片

2114芯片是一种1K×4的静态RAM存储器芯片，其最基本的存储单元就是如上所述的六管存储电

图8.3.4　六管CMOS静态存储单元

路，其他的典型芯片有Intel 6116/6264/62256等。以下介绍2114芯片的内部结构与外部引脚。

（1）2114芯片的内部结构。

如图8.3.5所示，2114芯片包括下列几个主要组成部分。

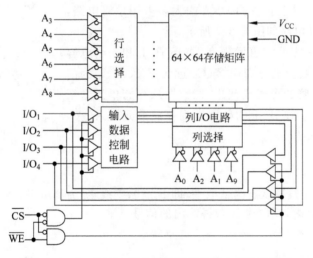

图8.3.5　Intel 2114静态存储器芯片的内部结构框图

存储矩阵：2114芯片内部共有4096个存储电路，排成64×64的短阵形式。

地址译码器：输入为10根线，采用两级译码方式，其中6根用于行译码，4根用于列译码。

I/O控制电路：分为输入数据控制电路和列I/O电路，用于对信息的输入输出进行缓冲和控制。

片选及读写控制电路：用于实现对芯片的选择及读写控制。

（2）2114 芯片的外部结构。

2114 RAM 存储器芯片为双列直插式集成电路芯片，共有 18 个引脚，引脚图如图 8.3.6 所示，各引脚的功能如下。

引脚图

图 8.3.6　2114 引脚图

- $A_0 \sim A_9$：10 根地址信号输入引脚。
- $\overline{WE}$：读写控制信号输入引脚，当 $\overline{WE}$ 为低电平时，使输入三态门导通，信息由数据总线通过输入数据控制电路写入被选中的存储单元；反之从所选的存储单元读出信息送到数据总线。
- $I/O_1 \sim I/O_4$：4 根数据输入/输出信号引脚，是双向数据线。
- $\overline{CS}$：低电平有效，通常接地址译码器的输出端。
- V_{CC}：+5V 电源。
- GND：地。

8.3.3　动态 RAM 存储单元

1. 结构

上述 SRAM 由于每个存储单元要用 6 个管子，总的功耗就会很大，在集成电路中占的面积也大。为减小芯片尺寸，降低功耗，常利用 MOS 管栅极电容的电荷存储效应来组成动态存储器。MOS 动态存储单元有 4 管单元、3 管单元和单管单元等形式。4KB 以上容量的 DRAM 大多采用单管电路，单管动态存储单元电路如图 8.3.7 所示。

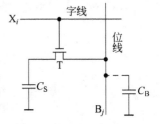

图 8.3.7　单管动态存储单元电路

存储单元由一只 N 沟道增强型 MOS 管 T 和一个电容 C_S 组成。C_B 是位线上的分布电容（C_B 远大于 C_S）。T 为门控管，通过控制 T 管的导通或截止，把数据从存储单元送至位线 B_j 读出，或将位线 B_j 上的数据送到存储单元写入。C_S 的作用是存储数据。

2. 读出数据

读出数据时，位线原状态为低电平，即 $B_j=0$，字线 X_i 为高电平，即 $X_i=1$，T 管导通，这时，C_S 经 T 向 C_B 充电，使位线 B_j 获得读出的信号电平。

3. 写入数据

写入数据时，字线为高电平，即 $X_i=1$，T 管导通，位线 B_j 上的输入数据经过 T 存入 C_S。

在实际的存储器电路中，因为位线上总是同时接有很多存储单元，使得 C_B 远大于 C_S，所以，位线上读出的电压信号很小。因此，需要在 DRAM 中设置灵敏的读出放大器，将读出信号放大，另外，读出后 C_S 上的电荷也会减少很多，使其所存储的数据被破坏，必须进行刷新操作，恢复存储单元中原来存储的信号，以保证其存储信息不会丢失。

4. 典型芯片

Intel 2164A 是一种 64KB×1 的动态 RAM 存储器芯片，它的基本存储单元就是采用单管存储电路,其他的典型芯片有 Intel 21256/21464 等。

Intel 2164A 是具有 16 个引脚的双列直插式集成电路芯片,其引脚安排如图 8.3.8 所示,各引脚的功能如下。

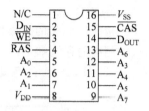

图 8.3.8　Intel 2164A 引脚

- $A_0 \sim A_7$:地址信号的输入引脚,用来分时接收 CPU 送来的 8 位行、列地址。
- $\overline{\text{RAS}}$:行地址选通信号输入引脚,低电平有效,兼做芯片选择信号。当 $\overline{\text{RAS}}$ 为低电平时,表明芯片当前接收的是行地址。
- $\overline{\text{CAS}}$:列地址选通信号输入引脚,低电平有效,表明当前正在接收的是列地址(此时 $\overline{\text{RAS}}$ 应保持为低电平)。
- $\overline{\text{WE}}$:写允许控制信号输入引脚,当其为低电平时,执行写操作;否则,执行读操作。
- D_{IN}:数据输入引脚。
- D_{OUT}:数据输出引脚。
- V_{DD}:+5V 电源引脚。
- V_{SS}:地。
- N/C:未用引脚。

5. 操作时序

Intel 2164A 工作主要有读操作、写操作、读-修改-写操作、刷新操作、数据输出和页模式操作等,这里只介绍读操作和写操作的时序。

(1) 读操作。

Intel 2164A 的读操作时序图如图 8.3.9 所示。从时序图中可以看出,读周期是由行地址选通信号 $\overline{\text{RAS}}$ 有效开始的,要求行地址要先于 $\overline{\text{RAS}}$ 信号有效,并且必须在 $\overline{\text{RAS}}$ 有效后再维持一段时间。同样,为了保证列地址的可靠锁存,列地址也应领先于列地址锁存信号 $\overline{\text{CAS}}$ 有效,且列地址也必须在 $\overline{\text{CAS}}$ 有效后再保持一段时间。

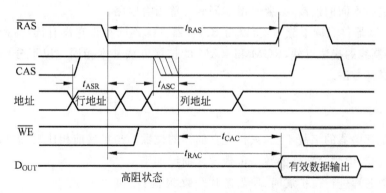

图 8.3.9　Intel 2164A 读操作的时序图

要从指定的单元中读取信息,必须在 $\overline{\text{RAS}}$ 有效后,使 $\overline{\text{CAS}}$ 也有效。由于从 $\overline{\text{RAS}}$ 有效起到指定单元的信息读出送到数据总线上需要一定的时间,因此,存储单元中信息读出的时间就与$\overline{CAS}$开始有效的时刻有关。

存储单元中信息的读写,取决于控制信号$\overline{WE}$。为实现读出操作,要求$\overline{WE}$控制信号无效,且必须在$\overline{CAS}$有效前变为高电平。

(2) 写操作。

在 Intel 2164A 的写操作过程中,它同样通过地址总线接收 CPU 发来的行、列地址信号,选中相应的存储单元后,把 CPU 通过数据总线发来的数据信息,保存到相应的存储单元中去。Intel 2164A 的写操作时序图如图 8.3.10 所示。

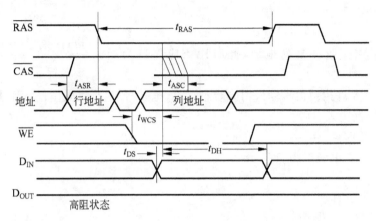

图 8.3.10   Intel 2164A 写操作的时序图

8.4   存储器容量的扩展

在数字系统中,单片 ROM 或 RAM 器件往往不能满足对存储容量的要求,这时就需要用多片 ROM 或 RAM 组合,构成一个大容量的存储器。存储器的外部引线从功能上分类为 4 种:地址线、数据线、读/写控制线和片选线;从存储器容量参数出发,存储器容量扩展可分为位扩展和字扩展。在对存储器的容量扩展的时候,根据位扩展或字扩展的不同需求,对这 4 种线进行不同的连接,必要时增加译码器等组合电路。

由于 ROM 器件只读不能写,所以与 RAM 器件的不同在于它没有读/写控制线。所以除了读/写控制线的接法以外,ROM 和 RAM 的扩展方法基本相同。以下分别介绍位扩展和字扩展的具体方法。

1. 位扩展

位扩展是存储器的字数不变,只扩充存储器的位数。与扩展前相比,扩展后存储器访问的地址没有变化,但同一地址的数据位数比之前增加了。

当用同类芯片进行位扩展时,所需芯片个数 N 为:

$$N = \frac{目标位数}{单片位数} \tag{8.4.1}$$

具体连接时,对地址线、位线、读写控制线和片选线做如下的处理。

- 地址线:每个芯片按位对应连接在一起分别引出。

- 位线：所有按位并行输出，即扩展了 N 倍数据线引出。
- 读/写控制线：所有都连接在一起，成为新存储器的 1 条读写控制线引出。
- 片选线：所有都连接在一起，成为新存储器的 1 条片选线引出。

【例 8.4.1】 试将存储容量为 $1K \times 1$ 位的 RAM 扩展成 $1K \times 8$ 位的 RAM。

解：$1K \times 1$ 位的 RAM 的字数为 $1024 = 2^{10}$，所以地址线为 10 根，数据线为 1 根；$1K \times 8$ 位的 RAM 的字数没有变，位数扩为 $N=8$。可知需进行位扩展，需用同类芯片 8 片，4 种线的处理如下。

- 地址线：8 片的所有地址线按位对应连接作为新存储器的地址线 $A_9 \sim A_0$ 引出。
- 位线：所有按位并行输出，引出 8 根位线 $I/O_7 \sim I/O_0$，并要事先规定位线的高、低。
- 读/写控制线：将所有读/写控制线都连接在一起作为 1 条新存储器的 $R/\overline{W}$ 引出。
- 片选线：同读/写控制线，将所有片选线都连接在一起作为新存储器 $\overline{CS}$ 的引出。

具体扩展连接电路如图 8.4.1 所示。扩展以后为 $1K \times 8$ 位的 RAM，总的存储容量为每一片存储容量的 8 倍。

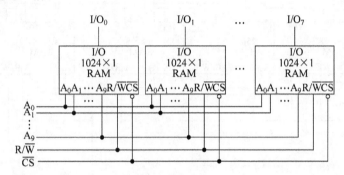

图 8.4.1 例 8.4.1 RAM 的位扩展接法（$1K \times 1$ 位扩至 $1K \times 8$ 位）

说明：ROM 芯片上除了没有读/写控制端 $R/\overline{W}$ 外，在进行位扩展时其余引出端的连接方法和 RAM 完全相同，以下不再赘述。

2. 字扩展

字扩展是存储器的位数不变，只扩充存储器的字数。与扩展前相比，扩展以后存储器访问的位数没有变化，但地址数比之前扩大了。

当用同类芯片进行字扩展时，所需芯片个数 N 为：

$$N = \frac{\text{目标字数}}{\text{单片字数}} \tag{8.4.2}$$

具体连接时对地址线、位线、读/写控制线和片选线做如下的处理。

- 地址线：每个芯片的低位地址线按位对应连接在一起分别引出；高位地址线需要扩展，通常经过译码器译码，然后将其输出按高低位接至各片的片选控制端。
- 位线：每个芯片按位对应连接在一起分别引出。
- 读/写控制线：所有都连接在一起，成为新存储器的 1 条读/写控制线引出。
- 片选线：每个芯片分别连接至高位地址线通过译码器译码后的输出线。

【例 8.4.2】 试将 256×8 位的 RAM 扩展成一个 1024×8 位 RAM。

256×8 位的 RAM 的字数为 $256 = 2^8$，所以地址线为 8 根，$A_7 \sim A_0$，数据线为 8 根；1024×8 位 RAM 的字数为 $1024 = 2^{10}$，地址线为 10 根，$A_9 \sim A_0$，而位数为 8，所以数据线为 8 根没有变，只是要进行字扩展，需外扩 2 根地址线 A_9、A_8，将字由 256 扩为 1024。可知需进行字扩展，需用同类芯片 $N = 4$ 片。4 个芯片的处理如下。

(1) 低位地址线：所有地址线按位对应连接作为新存储器的低位地址线 $A_7 \sim A_0$ 引出。

(2) 高位地址线：4 个芯片需要由扩展的 2 根高位地址线 A_9、A_8 译码寻址，所以高位地址线 A_9、A_8 作为 2 线-4 线译码器的输入，译码后的输出 $\overline{Y_3}$、$\overline{Y_2}$、$\overline{Y_1}$ 和 $\overline{Y_0}$ 分别接至 4 个芯片的片选端 $\overline{\mathrm{CS}}$，其中接 $\overline{Y_3}$ 的芯片为高位芯片，依次，接 $\overline{Y_0}$ 的芯片为最低位芯片，连接电路如图 8.4.2 所示。高位地址分配为：第 1 片：$A_9 A_8 = 00$；第 2 片：$A_9 A_8 = 01$；第 3 片：$A_9 A_8 = 10$；第 4 片：$A_9 A_8 = 11$。4 片 RAM 的地址分配如表 8.4.1 所示。

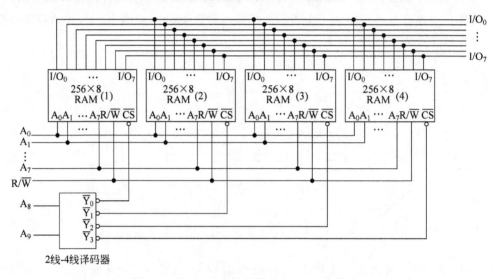

图 8.4.2　例 8.4.1 RAM 的字扩展接法（256×8 位扩至 1024×8 位）

表 8.4.1　图 8.4.2 中各片 RAM 电路的地址分配

器件编号	A_9	A_8	$\overline{Y_0}$	$\overline{Y_1}$	$\overline{Y_2}$	$\overline{Y_3}$	地址范围 $A_9 A_8 A_7 A_6 A_5 A_4 A_3 A_2 A_1 A_0$		
							二 进 制 数	等效十六进制数	等效十进制数
RAM(1)	0	0	0	1	1	1	0000000000~0011111111	000~0FF	0~255
RAM(2)	0	1	1	0	1	1	0100000000~0111111111	100~1FF	256~511
RAM(3)	1	0	1	1	0	1	1000000000~1011111111	200~2FF	512~767
RAM(4)	1	1	1	1	1	0	1100000000~1111111111	300~3FF	768~1023

(3) 位线：4 片 RAM 的所有位线按位对应连接作为新存储器的位线引出。由于每一片 RAM 的数据端 $I/O_1 \sim I/O_7$ 都设置了由 $\overline{\mathrm{CS}}$ 控制的三态输出缓冲器，而在任何时候只有一个芯片处于工作状态，故可将它们的数据端并联起来，作为整个 RAM 的 8 位数据输入输出端，引出 8 根位线 $I/O_7 \sim I/O_0$。

(4) 读/写控制线：将所有读/写控制线都连接在一起作为 1 条新存储器的 R/$\overline{\mathrm{W}}$ 引出。

（5）片选线：在地址线扩展时，已连至扩展的高位地址译码后的输出端。

3．字、位同时扩展

如果一片 RAM 或 ROM 的位数和字数都不够用，就需要同时采用位扩展和字扩展方法，用多片器件组成一个大的存储器系统，以满足对存储容量的要求。

当用同类芯片进行字扩展时，所需芯片个数 N 为：

$$N = \frac{总存储容量}{单片存储容量} = \frac{目标字数 \times 位}{单片字数 \times 位} \tag{8.4.3}$$

在字、位同时扩展时，首先做位扩展，再做字扩展。在分别做位扩展和字扩展时，方法与上述的扩展方法相同，这里不再赘述。

在字、位同时扩展时，唯有一种线的接法没有改变，那就是读/写控制线。应该将所有芯片的读/写控制线连接在一起作为 1 条新存储器的读/写控制线引出。

【例 8.4.3】　试把 64×2 RAM 扩展成 128×4 RAM。

解：

（1）首先做位扩展：将 64×2 RAM 扩展成 64×4 RAM。共两组，每组由两片 RAM 组成。

（2）进行字扩展：将 64×4 RAM 扩展成 128×4 RAM。由于字数扩为 2 倍，所以需增加 1 位地址线 A_6。增加的地址线为高位地址，通过 1 线-2 线译码器分别对已做位扩展的两组 64×4 RAM 寻址。具体接线图如图 8.4.3 所示。

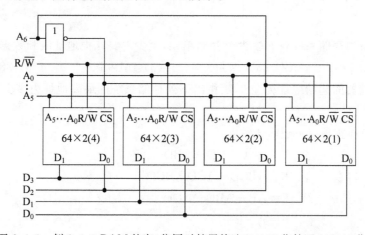

图 8.4.3　例 8.4.3 RAM 的字、位同时扩展接法（64×2 位扩至 128×4 位）

本章小结

半导体存储器是能够存储大量数据和信息的大规模集成电路，按读写能力划分为只读存储器（ROM）和随机存储器（RAM）。

ROM 存储器属于非易失性存储器，在正常工作时只能读取数据，不能改写数据，是属于组合逻辑电路。

按照写入方式的不同，ROM 可划分为掩模 ROM、PROM、EPROM、E^2 PROM 和快闪存储器。其中 PROM、EPROM、E^2PROM 和快闪存储器为可编程存储器,内部的数据在一定的条件下可一次或多次改写。

RAM 存储器是易失性存储器,在掉电时数据会丢失。在正常工作时不仅能够读取数据,还能够写入数据,属于时序逻辑电路。

RAM 按照存储机理的不同,分为 SRAM 和 DRAM 两大类。SRAM 里面的数据可以长驻其中而不需要随时进行存取,用来做高速缓存;DRAM 用电容的充放电来做储存数据,必须定期刷新以保数据不丢失,通常都用做计算机内的主存储器。

当一片存储器的容量不够时,往往需要将多片存储器组合起来构成更大容量的存储器,称为存储器的扩展。存储器的扩展分为字扩展和位扩展,根据具体的需要将存储器的地址线、数据线、读/写控制线和片选端做相应处理,以达到扩展的目的。

双语对照

随机存储器	Random Access Memory(RAM)	可编程只读存储器	Programmable ROM(PROM)
静态随机存储器	Static RAM(SRAM)	紫外线可擦除只读存储器	Erasable PROM(EPROM)
动态随机存储器	Dynamic RAM(DRAM)	电可擦除只读存储器	Electrically EPROM(E^2PROM)
只读存储器	Read-Only Memory(ROM)	快闪存储器	Flash Memory

习题

1. 指出下列存储系统各有多少个存储单元,至少需要几根地址线和数据线?

(1) 64K×1　　　　(2) 256K×4　　　　(3) 1M×1　　　　(4) 128K×8

2. 设存储器的起始地址为全 0,试指出下列存储系统的最高地址为多少?

(1) 2K×1　　　　(2) 16K×4　　　　(3) 256K×32

3. 用 ROM 实现以下逻辑函数:

$$F = A\overline{C}\overline{D} + CD + ABD + \overline{A}BC$$
$$F = \overline{A}BCD + A\overline{C}\overline{D} + \overline{B}CD$$
$$F = \overline{A}\overline{B} + ABD + \overline{A}C\overline{D}$$
$$F = A + B + C$$
$$F = AB + BC + AC$$
$$F = (A + B + CD)(\overline{A} + B + \overline{C}D) + \overline{A}\overline{B}C$$

4. 试用 ROM 产生一组逻辑函数:

$$F_1 = AB + BC + CD + DA$$
$$F_2 = \overline{A}B + \overline{B}C + \overline{C}D + \overline{D}A$$
$$F_3 = ABC + BCD + ABD + ACD$$
$$F_4 = \overline{A}\overline{B}C + \overline{B}\overline{C}D + \overline{A}\overline{B}D + \overline{A}\overline{C}D$$
$$F_5 = ABCD$$

5. 用一片 128×8 位的 ROM 实现各种码制之间的转换。要求用从全 0 地址开始的前

16 个地址单元实现 8421BCD 码到余 3 码的转化。接下来的 16 个地址单元实现余 3 码到 8421BCD 码的转换。试求：

（1）列出 ROM 的地址与内容对应关系的真值表。

（2）确定输入变量和输出变量与 ROM 地址线和数据线的对应关系。

（3）简要说明将 8421BCD 码的 0101 转换成余 3 码和余 3 码的 1001 转换成 8421BCD 码的过程。

6. 试确定用 ROM 实现下列逻辑函数时所需的容量：

（1）实现两个 3 为二进制相乘的乘法器。

（2）将 8 位二进制数转换成十进制数（用 BCD 码表示）的转换电路。

7. 确定 ROM 实现下列逻辑电路时所需容量：

（1）8421 码转成余 3 码。

（2）4 位数值比较器。

8. 试用 ROM 实现全减器。

9. 一个有 4096 位的 DRAM，如果存储矩阵为 64×64 结构形式，且每个存储单元刷新时间为 400ns，则存储单元全部刷新一遍需要多长时间？

10. 试用 MCM6264SRAM 芯片设计一个 16K×16 位的存储器的系统，画出其逻辑图。

11. 一个有 1M×1 位的 DRAM，采用地址分时送入的方法，芯片应具有几根地址线？

12. 画出用四片 2114（1024×4 位 RAM）组成 1024×16 位 RAM 的电路图，可以附加必要的门电路。

13. 用 16 片 2114 芯片扩展为（8K×8 位）容量的 RAM 存储器。

14. 容量为 256×1 位的 RAM 有多少地址输入线？有多少字线和位线？用 256×1 的 RAM 扩展为 1024×4 的 RAM，应当怎样连接？画出结构图。

第9章 可编程逻辑器件

内容提要

- PLD 的特点。
- FPLA 和 GAL 的结构、工作原理及应用。
- FPGA 的结构、工作原理及应用。

9.1 可编程逻辑器件概述

可编程逻辑器件(Programmable Logic Devices,PLD)发端于 20 世纪 70 年代熔丝可编程只读存储器(Programmable Read Only Memory, PROM)和可编程逻辑阵列(Programmable Logic Array, PLA)的出现,随之出现了改进型的可编程阵列逻辑(Programmable Array Logic,PAL),这标志着 PLD 的诞生。20 世纪 80 年代在 PAL 基础上推出了通用阵列逻辑(Generic Array Logic,GAL),并在此基础上进行了改进,推出了 ISP(In System Programming)技术,出现了 ispGAL,同时出现了 EPLD(Erasable PLD),这标志着 PLD 产品的成熟并获得了广泛的应用。到了 20 世纪 80 年代中期,随着现场可编程(Field Programmability)概念的提出和第一片现场可编程门阵列(Field Programmable Gate Array,FPGA)产品的推出,复杂可编程逻辑器件(Complex Programmable Logic Device,CPLD)得到了长足的发展并趋于成熟。

9.1.1 PLD 发展历程

PLD 是一类大规模可编程逻辑器件,它们是 EDA 技术得以实现的硬件基础。

通过对 PLD 器件的编程,可以灵活方便地构建数字电子系统,并且在需要的时候可以对其进行修改,从而增加了数字系统的灵活性和可维护性。PLD 是随着中大规模集成电路的出现而诞生和迅速发展起来的一类电子器件。

PLD 的诞生和发展以至于成熟经历了三个阶段:第一阶段是采用固定的与阵列和可编程的或阵列组成的 PROM 的出现,标志着 PLD 的诞生,随之出现的 PLA 和 PAL 则预示了 PLD 器件的发展;第二阶段是在线编程技术的引入,推出了在线可编程器件 ispGAL,更大规模的 EPLD 产品的出现标志着 PLD 产品的成熟阶段;第三阶段则是大规模复杂可编程器件的出现和发展,随着 ISP 概念的正式提出,基于 ISP 技术的大规模复杂可编程器件拓展了在系统可编程性(ispXP),使之实现单片可编程系统(System on Programmable Chip,

SoPC)。这个阶段的产品有两个类型,一类是继承了 E^2PROM 特性的 CPLD,另一类是现场可编程门阵列 FPGA。

9.1.2 PLD 产品分类

PLD 产品种类很多,一般可按以下几种方法进行分类。

(1) 按照集成度规模划分为:简单 PLD,指逻辑门数在 500 门以下,包括 PROM、PLA、PAL、GAL 等器件;复杂 PLD,芯片集成逻辑门数在 500 门以上,包括 EPLD、CPLD、FPGA 等器件。

(2) 按照编程结构划分为:乘积项结构的 PLD 器件,包括 PROM、PLA、PAL、GAL、EPLD、CPLD 等器件;查找表结构的 PLD 器件,主要是 FPGA。

(3) 按照互连结构划分为:确定型的 PLD 产品,此类产品提供相同功能的时候执行时间延迟是固定的,可以通过数据手册查找得到如 CPLD;统计型 PLD 产品,提供相同的功能每次执行时走的布线模式可能不同,因而无法预知执行时间延迟,这类器件主要是 FPGA 器件。

(4) 按照编程工艺划分为 5 大类:

① 熔丝型 PLD,如早期的 PROM 器件。编程过程就是根据设计的熔丝图文件来烧断对应的熔丝,获得所需的电路。

② 反熔丝型 PLD,如 OTP(One Time Programming)型 FPGA 器件。其编程过程与熔丝型 PLD 相类似,但结果也相反,在编程处击穿漏层使两点之间导通,而不是断开。

③ EPROM 型 PLD,EPROM 型 PLD 采用紫外线擦除,电可编程,但编程电压一般较高,再次编程前需要用紫外线将上次编程内容擦除。

④ E^2PROM 型 PLD,与 EPROM 型 PLD 相比,它可直接用电擦除内容,使用更方便,GAL 器件和大部分 EPLD、CPLD 器件都是 E^2PROM 型 PLD。

⑤ SRAM 型 PLD,可方便快速地编程(或称配置),但掉电后,其内容即丢失,再次上电时需要重新配置,为避免重新配置就需要增加掉电保护装置。大部分 FPGA 器件都是 SRAM 型 PLD。

9.1.3 PLD 基本结构

PLD 器件的基本结构由输入缓冲电路、与阵列、或阵列、输出缓冲电路等 4 部分组成,如图 9.1.1 所示。其中"与阵列"和"或阵列"是 PLD 器件的主体,逻辑函数的功能靠它们实现。输入电路使输入具有较好的驱动能力,同时能够产生原变量和反变量;输出电路能够提供各种灵活的输出方式。

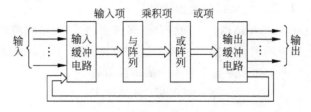

图 9.1.1 PLD 的基本结构

9.1.4 PLD 符号表示

PLD 器件的基本原理和使用方法中使用一些约定的符号,在图 9.1.2 中给出了 PLD 器件使用的基本表示符号,而在图 9.1.3 中给出了 PLD 器件表示与门和或门的符号。

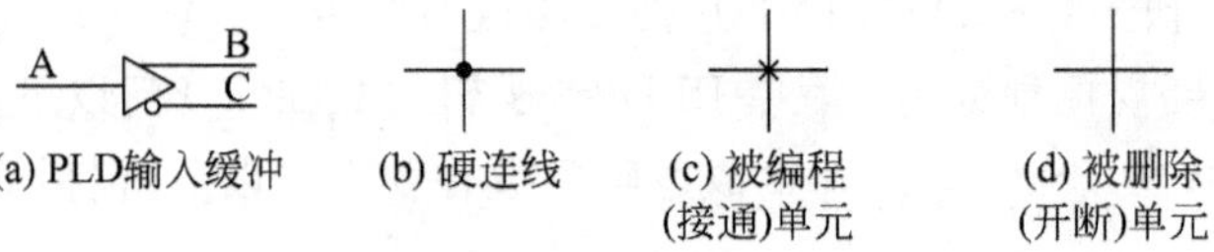

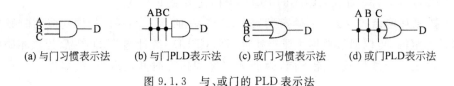

(a) PLD输入缓冲   (b) 硬连线   (c) 被编程
(接通)单元   (d) 被删除
(开断)单元

图 9.1.2　PLD 器件使用的基本符号

(a) 与门习惯表示法   (b) 与门PLD表示法   (c) 或门习惯表示法   (d) 或门PLD表示法

图 9.1.3　与、或门的 PLD 表示法

9.1.5 几种 PLD 的结构特点比较

表 9.1.1 给出了 PROM、FPLA、PAL、GAL 这 4 种 PLD 的结构特点。

表 9.1.1　4 种 PLD 器件的特点比较

类　　型	阵　　列		输 出 方 式
	与	或	
PROM	固定	可编程	三态、OC
FPLA	可编程	可编程	三态、OC、寄存器
PAL	可编程	固定	三态、寄存器、互补反馈
GAL	可编程	固定	用户自定义

9.2　可编程逻辑阵列(FPLA)

9.2.1　FPLA 结构

FPLA 由输入模块、可编程的与逻辑阵列模块、可编程的或逻辑阵列模块和输出模块组成。采用 FPLA 实现逻辑函数时只需要运用化简后的与或式,由与阵列产生与项,再由或阵列完成与项相或的运算后便可得到输出函数。

图 9.2.1 中所示的 FPLA 结构是一种组合逻辑结构,它的与逻辑阵列最多可以产生 8 个可编程的乘积项,或逻辑阵列最多能产生 4 个组合逻辑函数。如果编程后的电路连接情况如图中所示,则当 $OE'=0$ 时可得到以下 4 个输出函数:

$$Y_3 = ABCD + \overline{A}\,\overline{B}\,\overline{C}\,D$$

$$Y_2 = AC + BD$$

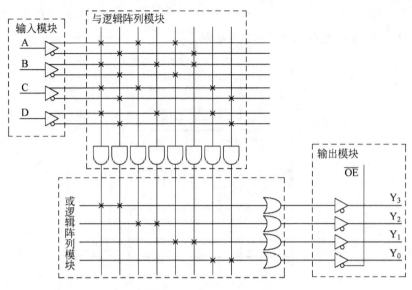

图 9.2.1 FPLD 的结构

$$Y_1 = A\overline{B} + \overline{A}B$$
$$Y_0 = CD + \overline{C}\overline{D}$$

9.2.2 FPLA 的应用

FPLA 的早期产品在芯片中只集成了与阵列和或阵列,单片能够完成组合逻辑电路的设计实现,也可以结合触发器完成时序电路的设计实现。在后期的 FPLA 芯片中集成了触发器等时序元件,单片就可以完成时序电路产品的设计实现。

【例 9.2.1】 试用 FPLA 实现 4 位二进制码转换为格雷码的代码转换电路。其中,4 位二进制码与格雷码转换关系参见表 1.2.3。

解:根据表 1.2.3 所示的 4 位二进制与格雷码转换表得到转换电路真值表如表 9.2.1 所示。

表 9.2.1 4 位二进制码与格雷码转换电路真值表

输　入	输　出	输　入	输　出	输　入	输　出	输　入	输　出
$B_3 B_2 B_1 B_0$	$G_3 G_2 G_1 G_0$	$B_3 B_2 B_1 B_0$	$G_3 G_2 G_1 G_0$	$B_3 B_2 B_1 B_0$	$G_3 G_2 G_1 G_0$	$B_3 B_2 B_1 B_0$	$G_3 G_2 G_1 G_0$
0 0 0 0	0 0 0 0	0 1 0 0	0 1 1 0	1 0 0 0	1 1 0 0	1 1 0 0	1 0 1 0
0 0 0 1	0 0 0 1	0 1 0 1	0 1 1 1	1 0 0 1	1 1 0 1	1 1 0 1	1 0 1 1
0 0 1 0	0 0 1 1	0 1 1 0	0 1 0 1	1 0 1 0	1 1 1 1	1 1 1 0	1 0 0 1
0 0 1 1	0 0 1 0	0 1 1 1	0 1 0 0	1 0 1 1	1 1 1 0	1 1 1 1	1 0 0 0

由此得到多输出函数,并化简得到最简输出表达式:

$$G_3 = B_3$$
$$G_2 = B_3\overline{B_2} + \overline{B_3}B_2$$
$$G_1 = B_2\overline{B_1} + \overline{B_2}B_1$$

$$G_0 = B_1 \overline{B_0} + \overline{B_1} B_0$$

最后,用 FPLA 实现的电路图如图 9.2.2 所示。

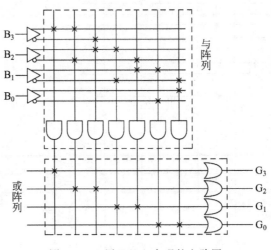

图 9.2.2　用 FPLA 实现的电路图

9.3　通用阵列逻辑(GAL)

9.3.1　GAL 概述

通用阵列逻辑 GAL 是从 PAL 发展过来的,由于采用了 EECMOS 工艺使得该器件的编程非常方便。另外,它的输出采用了输出逻辑宏单元结构(Output Logic Macro Cell,OLMC),使得电路的逻辑设计更加灵活。一般来讲,GAL 有如下优点:具有电可擦除的功能,克服了采用熔断丝技术只能一次编程的缺点,其可改写的次数超过 100 次;由于采用了输出逻辑宏单元结构,增加了 GAL 设计的通用性,给电路设计带来极大的方便;具有加密的功能,为知识产权保护提供了便利条件;由于在器件中开设了一个存储区域用来存放识别标志,所以具备了电子标签的功能。

9.3.2　GAL 的结构

目前,在 GAL 器件中用得比较广泛的是 GAL16V8。下面以它为例来介绍 GAL 的结构,图 9.3.1 所示为 GAL16V8 的内部逻辑图,它有 5 个部分组成。

(1) 输入端:GAL16V8 的 2~9 号引脚共 8 个输入端,每个输入端有一个缓冲器,并由缓冲器引出两个互补的输出到与阵列。

(2) 与阵列部分:它由 8 根输入及 8 根输出各引出两根互补的输出构成 32 列,即与项的变量个数为 16;8 根输出每个输出对应于一个 8 输入或门(相当于每个输出包含 8 个与项)构成 64 行,即 GAL16V8 的与阵列为一个 32×64 的阵列,共 2048 个可编程单元(或结点)。

(3) 输出逻辑宏单元:GAL16V8 共有 8 个输出逻辑宏单元,分别对应于 12~19 号引脚。每个宏单元的电路可以通过编程实现所有 PAL 输出结构实现的功能。

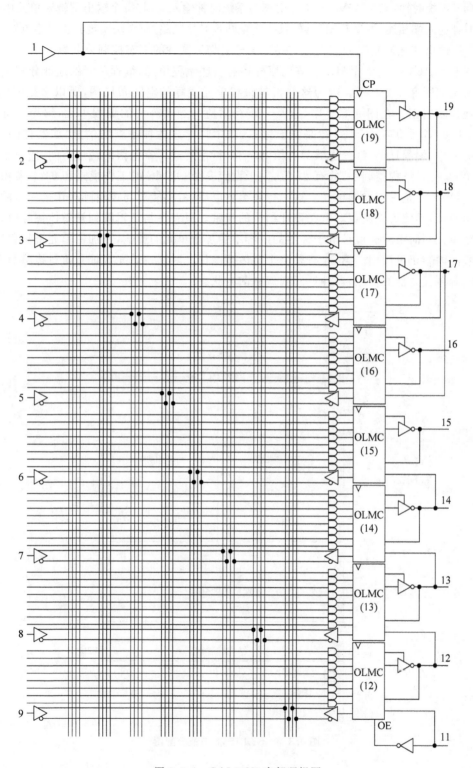

图 9.3.1 GAL16V8 内部逻辑图

（4）系统时钟：GAL16V8 的 1 号引脚为系统时钟输入端，与每个输出逻辑宏单元中 D 触发器时钟输入端相连，可见 GAL 器件只能实现同步时序电路，而无法实现异步时序电路。

（5）输出三态控制端：GAL16V8 的 11 号引脚为器件的三态控制公共端。

在 GAL16V8 中，除了与逻辑阵列以外还有一些编程单元，编程单元的地址分配和功能划分情况如图 9.3.2 所示。因为这并不是编程单元实际的空间布局图，所以又把图 9.3.2 叫做地址映射图。在图 9.3.2 中，第 0～31 行对应与逻辑阵列的编程单元，编程后可产生 0～63 共 64 个乘积项。第 32 行是电子标签，供用户存放各种备查的信息，如器件的编号、电路的名称、编程日期、编程次数等。第 33～59 行是制造厂家保留的地址空间，用户不能利用。第 60 行是结构控制字，共有 82 位，用于设定 8 个 OLMC 的工作模式和 64 个乘积项的禁止。第 61 行是一位加密单元。这一行被编程以后，就不能对与逻辑阵列作进一步的编程或读出验证，因此可以实现对电路设计结构的保密。只有在与逻辑阵列被整体擦除时，才能将加密单元同时擦除。但是电子标签的内容不受加密单元的影响，在加密单元被编程后，电子标签的内容仍可读出。第 63 行是一个整体擦除位。对这一单元寻址并执行擦除命令，则所有编程单元全部被擦除，器件返回到编程前的状态。

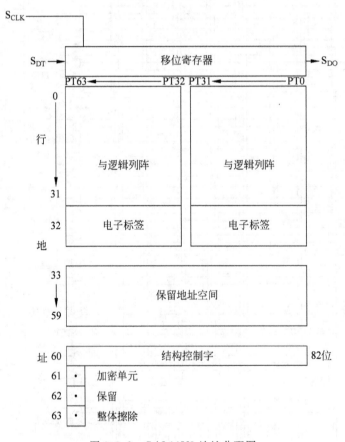

图 9.3.2　GAL16V8 地址分配图

对 GAL 的编程是在开发系统的控制下完成的。在编程状态下，编程数据由第 9 号引脚串行送入 GAL 器件内部的移位寄存器中。移位寄存器有 64 位，装满一次就向编程单元地址中写入一行。编程是逐行进行的。

图 9.3.3 是输出逻辑宏单元(OLMC)的结构图。它是由一个八输入或门、一个 D 触发器和 4 个数据选择器及一些门电路组成的控制电路。图中的 AC0、AC1(n)、XOR(n)来自结构控制字中的一位数据,通过对结构控制字编程,便可选择不同的 OLMC 工作模式。GAL16V8 结构控制字的组成如图 9.3.4 所示,其中的(n)表示 OLMC 的编号,这个编号与每个 OLMC 连接的引脚号码一致。

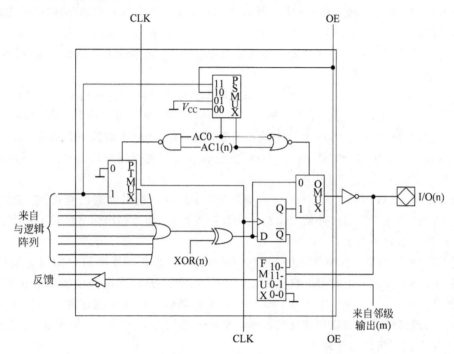

图 9.3.3 OLMC 的结构图

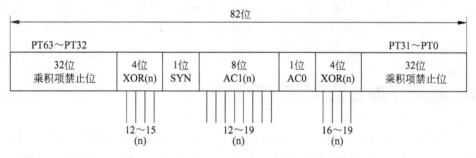

图 9.3.4 GAL16V8 结构控制字的组成

在图 9.3.3 中,异或门用于控制输出函数的特性。当 XOR(n)=0 时,异或门的输出和或门的输出同相;当 XOR(n)=1 时,异或门的输出和或门的输出相位相反。而输出电路结构的形式受 4 个数据选择器控制。输出数据选择器 OMUX 是 2 选 1 数据选择器,它根据 AC0 和 AC1(n)的状态决定 OLMC 是工作在组合输出模式还是寄存器模式。

此外,乘积项数据选择器 PTMUX 也是 2 选 1 数据选择器,它根据 AC0 和 AC1(n)的状态决定来自与逻辑阵列的第一乘积项是否作为或门的一个输入。

三态数据选择器 PSMUX 是 4 选 1 数据选择器,用来控制输出端三态缓冲器的工作状态。它根据 AC0、AC1(n)的状态从 V_{CC}、地、OE 和来自与逻辑阵列的一个乘积项当中选择一个作为输出三态缓冲器的控制信号。

反馈数据选择器 FMUX 是 8 选 1 数据选择器,但输入信号只有 4 个。它的作用是根据 AC0、AC1(n)和 AC1(m)的状态从触发器的 $\overline{Q}$ 端、I/O 端、邻级输出和地电平中选择一个作为反馈信号接回到与逻辑阵列的输入。

OLMC 的 5 种工作模式由结构控制字中的 SYN、AC0、AC1(n)、XOR(n)的编码状态指定。

当 SYN=1、AC0=0、AC1(n)=1 时,OLMC(n)工作在专用输入模式,这时输出端的三态输入信号作为相邻 OLMC 的"来自邻级输出(m)"信号经过邻级的 FMUX 接到与逻辑阵列的输入上。

当 SYN=1,AC0=0,AC1(n)=0 时,OLMC 工作在专用组合输出模式,这时输出三态缓冲器处于选通(工作)状态,异或门的输出经 OMUX 送到三态缓冲器。因为输出缓冲器是一个反相器,所以 XOR(n)=0 输出的组合逻辑函数为低电平有效,而 XOR(n)=1 时为高电平有效。由于相邻 OLMC 的 AC1(m)也是 0,故反馈选择器的输出为低电平,即没有反馈信号。

当 SYN=1、AC0=1、AC1(n)=1 时,OLMC 工作在反馈组合输出模式,它与专用组合输出模式的区别在于三态缓冲器是由第一乘积项选通的,而且输出信号经过 FMUX 又反馈到与逻辑阵列的输入线上。

当 SYN=0、AC0=1、AC1(n)=1 时,OLMC(n)工作在时序电路中的组合输出模式。这时 GAL16V8 构成一个时序逻辑电路,这个 OLMC(n)是时序电路中的组合逻辑部分的输出,而其余的 7 个 OLMC 中至少会有一个是寄存器输出模式。在这种工作模式下,异或门的输出不经过触发器而直接送往输出端。输出三态缓冲器由第一乘积项选通。输出信号经 FMUX 反馈到与逻辑阵列上。

当 SYN=0、AC0=1、AC1(n)=0 时,OLMC(n)工作在寄存器输出模式,这时异或门的输出作为 D 触发器的输入,触发器的 Q 端经三态缓冲器送至输出端。三态缓冲器由外加的 $\overline{OE}$ 信号控制。反馈信号来自 $\overline{Q}$ 端。时钟信号由 1 号引脚输入,11 号引脚接三态控制信号 $\overline{OE}$。

9.4　现场可编程门阵列(FPGA)*

现场可编程门阵列 FPGA 是在 PAL、GAL、EPLD、CPLD 等可编程器件的基础上进一步发展的产物,它是作为 ASIC(Application Specific Integrated Circuit, ASIC)领域中的一种半定制电路而出现的,既解决了定制电路的不足,又克服了原有可编程器件门电路有限的缺点。

目前,FPGA 的生产采用了先进的 ASIC 生产工艺,越来越丰富的处理器内核被嵌入到高端的 FPGA 芯片中,基于 FPGA 的开发成为一项系统级设计工程。随着半导体制造工艺的不断提高,FPGA 的集成度也在不断提高,制造成本也在不断下降,有着逐步替代 ASIC 成为实现电子系统的趋势。FPGA 的研制和生产中突出地表现了以下 4 个方面的特点。

(1) 大容量、低电压、低功耗。

大容量 FPGA 是市场发展的重点。2007 年 Altera 公司生产的 65nm 工艺的 Stratix Ⅲ

系列芯片的容量为 67 200 个逻辑单元(Logic Element,LE),而 Xilinx 公司推出的 65nm 工艺的 Vitex Ⅵ 系列芯片的容量为 33 792 个 Slices(一个 Slices 约等于 2 个 LE)。随着先进半导体工艺的采用,器件在性能提高的同时,价格也在逐步降低。为适应便携式应用产品的发展,FPGA 也逐步向低电压、低功耗的方向发展。

(2) 系统级高密度 FPGA。

随着生产规模的提高,产品应用成本的下降,FPGA 的应用已经突破了系统接口部件的现场集成,进入系统级(包括其核心功能芯片)设计领域。在系统级高密度 FPGA 的技术发展上,主要展现了两个方面,一是 FPGA 的 IP(Intellectual Property,IP,知识产权)硬核的开发,一是 IP 软核开发。

(3) FPGA 和 ASIC 出现相互融合。

ASIC 芯片具有尺寸小、功能强、功耗低,但设计复杂的特点。而 FPGA 价格低廉,能在现场进行编程,但体积大、能力有限,而且功耗也大。在发展的过程中,FPGA 和 ASIC 正在互相融合,取长补短。

(4) 动态可重构 FPGA。

动态可重构 FPGA 是指在一定条件下芯片不仅具有在系统(In System,IS)重新配置电路功能的特性,而且还具有 IS 动态重构电路逻辑的能力。对于数字时序逻辑系统,动态可重构 FPGA 的意义在于时序逻辑的发生不是通过调用芯片内不同区域、不同逻辑资源来组合而成,而是通过对 FPGA 进行局部的或全局的芯片逻辑的动态重构而实现的。动态可重构 FPGA 在器件编程结构上具有专门的特征,通过读取不同的 SRAM 中的数据实现内部逻辑块和内部连线的改变,从而实现 FPGA 系统逻辑功能的动态重构。

9.4.1　FPGA 结构

FPGA 采用了逻辑单元阵列(Logic Cell Array,LCA)这样一个新概念,内部包括可配置逻辑块(Configurable Logic Block,CLB)、输出输入块(Input Output Block,IOB)和内部连线(Interconnect)三个部分,如图 9.4.1 所示。

目前,FPGA 市场占有率最高的两大公司 Xilinx 和 Altera 生产的 FPGA 都采用基于 SRAM 工艺的查找表结构,通过烧写文件改变查找表内容的方法来实现对 FPGA 的重复配置,需要在使用时外接一个片外存储器以保存程序。上电时,FPGA 将外部存储器中的数据读入片内 RAM,完成配置后,进入工作状态;掉电后 FPGA 恢复为白片,内部逻辑消失。根据数字电路的基本知识可以知道,对于一个 n 输入的逻辑运算,不管是与或非运算还是异或运算等,最多只可能存在 2^n 种结果。所以如果事先将相应的结果存放于一个存储单元,就相当于实现了与非门电路的功能。FPGA 的原理也是如此,它通过烧写文件去配置查找表的内容,从而在相同的电路情况下实现不同的逻辑功能。

FPGA 芯片组成部分主要有可编程输入输出单元、基本可编程逻辑单元、内嵌 SRAM、丰富的布线资源、底层嵌入功能单元、内嵌专用单元等,不同系列的芯片内部资源可能不同。

(1) 可编程输入输出单元(IOB)。

IOB 单元是芯片与外界电路的接口部分,完成不同电气特性下对输入输出信号的驱动与匹配要求,其示意结构如图 9.4.2 所示。FPGA 内的 I/O 按组分类,每组都能够独立地支持不同的 I/O 标准。通过软件的灵活配置,可适配不同的电气标准与 I/O 物理特性,可以

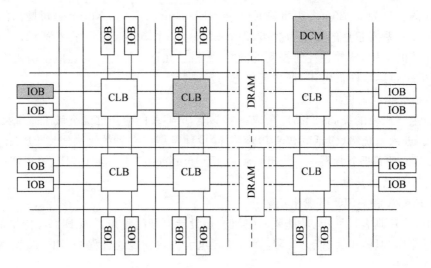

图 9.4.1　FPGA 芯片的内部结构

调整驱动电流的大小,可以改变上、下拉电阻。目前,I/O 口的频率也越来越高,一些高端的 FPGA 通过 DDR 寄存器技术可以支持高达 2Gbps 的数据速率。为了便于管理和适应多种电器标准,FPGA 的 IOB 被划分为若干个组(bank),每个 bank 的接口标准由其接口电压 V_{cco} 决定,一个 bank 只能有一种 V_{cco},但不同 bank 的 V_{cco} 可以不同。只有相同电气标准的端口才能连接在一起,V_{cco} 电压相同是接口标准的基本条件。

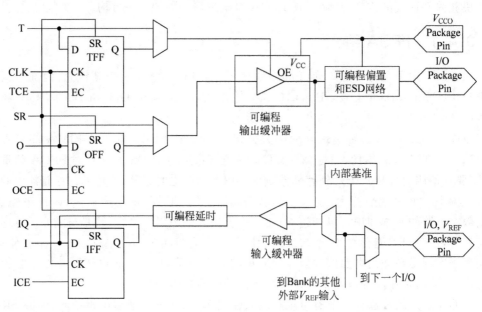

图 9.4.2　典型的 IOB 内部结构

（2）可配置逻辑块(CLB)。

CLB 是 FPGA 内的基本逻辑单元。CLB 的实际数量和特性会依器件的不同而不同,但是每个 CLB 都包含一个可配置开关矩阵,此矩阵由 4 或 6 个输入、选型电路(诸如多路复用器等)和触发器组成。在 Xilinx 公司的 FPGA 器件中,CLB 由多个(一般为 4 个或 2 个)相同的 Slice 和附加逻辑构成,如图 9.4.3 所示。每个 CLB 模块不仅可以用于实现组合逻辑和时序逻辑,而且还可以配置为分布式 RAM 和分布式 ROM。

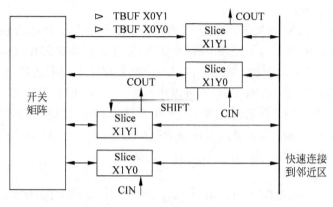

图 9.4.3 典型的 CLB 结构

(3) 数字时钟管理模块(DCM)。

大多数 FPGA 均提供数字时钟管理(Xilinx 的全部 FPGA 均具有这种特性)。Xilinx 推出最先进的 FPGA 提供数字时钟管理和相位环路锁定。相位环路锁定能够提供精确的时钟组合,并且能够降低抖动,实现过滤功能。DCM(Digital Clock Management,数字时钟管理模块)主要优点在于:①实现零时钟偏移,消除时钟分配延迟,并实现时钟闭环控制;②时钟可以映射到 PCB 上,用于同步外部芯片,这样就减少了对外部芯片的要求,将芯片内外的时钟控制一体化,以利于系统设计。对于 DCM 模块来说,其关键参数为输入时钟频率范围、输出时钟频率范围、输入输出时钟允许抖动范围等。

(4) 嵌入式块 RAM(BRAM)。

大多数 FPGA 都具有内嵌的块 RAM,这大大拓展了 FPGA 的应用范围和灵活性。块 RAM 可被配置为单端口 RAM、双端口 RAM、内容地址存储器(CAM)以及 FIFO 等常用存储结构。在实际应用中,芯片内部块 RAM 的数量也是选择芯片的一个重要因素。单片块 RAM 的容量为 18KB,也可以将多片块 RAM 级联起来形成更大的 RAM。

(5) 丰富的布线资源。

布线资源连通 FPGA 内部的所有单元,而连线的长度和工艺决定着信号在连线上的驱动能力和传输速度。FPGA 芯片内部的布线资源,根据工艺、长度、宽度和分布位置的不同而划分为 4 类不同的类别。第一类是全局布线资源,用于芯片内部全局时钟和全局复位/置位的布线;第二类是长线资源,用以完成芯片 Bank 间的高速信号和第二全局时钟信号的布线;第三类是短线资源,用于完成基本逻辑单元之间的逻辑互连和布线;第四类是分布式的布线资源,用于专有时钟、复位等控制信号线。

(6) 底层内嵌功能单元。

内嵌功能单元主要指 DLL(Delay Locked Loop)、PLL(Phase Locked Loop)、DSP 和 CPU 等软处理核(Soft Core)。现在越来越丰富的内嵌功能单元,使得单片 FPGA 成为系统级的设计工具,使其具备了软硬件联合设计的能力,逐步向 SoC(System on Chip)平台过渡。DLL 和 PLL 具有类似的功能,可以完成时钟高精度、低抖动的倍频和分频,以及占空比调整和移相等功能。Xilinx 公司生产的芯片上集成了 DLL,Altera 公司生产的芯片上集成了 PLL。PLL 和 DLL 可以通过 IP 核生成的工具方便地进行管理和配置。

(7) 内嵌专用硬核。

内嵌专用硬核是相对底层嵌入的软核而言的,指 FPGA 处理能力强大的硬核(Hard Core),等效于 ASIC 电路。为了提高 FPGA 性能,芯片生产商在芯片内部集成了一些专用的硬核,如图 9.4.4 所示。例如,主流的 FPGA 中都集成了专用乘法器,很多高端的 FPGA 内部都集成了串并收发器(SERDES),都可以达到数十 Gbps 的收发速度。Xilinx 公司的高端产品不仅集成了 Power PC 系列 CPU,还内嵌了 DSP Core 模块,其相应的系统级设计工具是 EDK 和 Platform Studio。通过 Power PC、Microblaze、Picoblaze 等平台,能够开发标准的 DSP 处理器及其相关应用,达到 SoC 的开发目的。

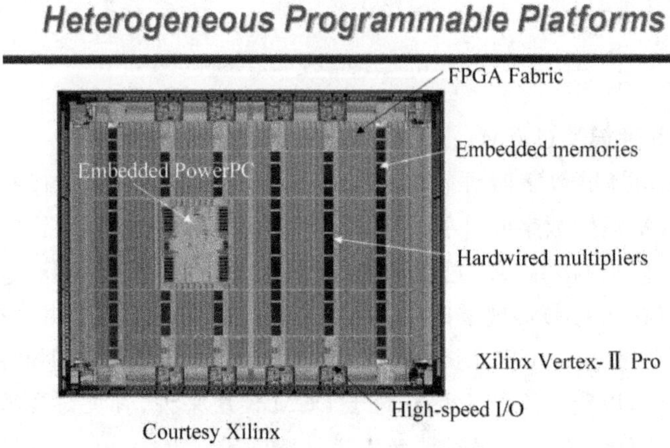

图 9.4.4 FPGA 内嵌专用硬核

9.4.2 FPGA 的加载

FPGA 器件的加载比 CPLD 复杂,因为 CPLD 器件内部含有 E^2PROM 或 Flash 结构,能够保存数据;而 FPGA 采用 RAM 结构,不具备保存数据功能,需要在上电后将配置数据写入,掉电后数据丢失,再次上电时需重新写入。一般对 FPGA 的加载分两种情况:一是保证 FPGA 通电的情况下采用下载电缆加载,此时需要 FPGA 芯片与 PC 机相连;二是将数据加载到带有记忆功能的专用的配置芯片中,再将配置芯片与 FPGA 连接在一起,在上电的瞬间,配置芯片中的数据会自动地读入 FPGA。

FPGA 的加载模式主要有以下几种:

(1) PS 模式(Passive Serial Configuration Mode),即被动串行加载模式。PS 模式适合于逻辑规模小、对加载速度要求不高的 FPGA 加载场合。在此模式下,加载所需的配置时钟信号 CCLK 由 FPGA 外部时钟源或外部控制信号提供。另外,PS 加载模式需要外部微控制器的支持。

(2) AS 模式(Active Serial Configuration Mode),即主动串行加载模式。在 AS 模式下,FPGA 主动从外部存储设备中读取逻辑信息来为自己进行配置,此模式的配置时钟信号

CCLK 由 FPGA 内部提供。

（3）PP 模式（Passive Parallel Configuration Mode），即被动并行加载模式。此模式适合于逻辑规模较大、对加载速度要求较高的 FPGA 加载场合。PP 模式下，外部设备通过 8 位并行数据线对 FPGA 进行逻辑加载，CCLK 信号由外部提供。

（4）BS 模式（Boundary Scan Configuration Mode），即边界扫描加载模式，也就是通常所说的 JTAG 加载模式。

所有的 FPGA 芯片都有三个或四个加载模式配置引脚，通过配置来选取不同的加载模式。下面重点介绍如何实现用 PC 对 FPGA 芯片的加载，即 PS 模式。

采用 PC 对 FPGA 芯片加载时，并口下载电缆 ByteBlaster 是进行在系统编程时常用的连接线。ByteBlaster 并口下载电缆通过标准并口与 PC 相连，实现在线系统配置。它的构成为：与 PC 并口相连的 25 针插座、与目标 PCB 板插座相连的 10 针插头和 25 针到 10 针的变换电路。ByteBlaster 编程电缆外形如图 9.4.5 所示。

下载时，将 ByteBlaster 下载电缆按图 9.4.5 所示连到 PCB 板上，就可以非常方便地实现在系统配置，大大方便了电路的调试。程序调试验证过程中多采用此种配置方式。

Altera 公司的 FPGA 产品采用 PS 模式加载时用到的引脚如下。

（1）CONFIG_DONE：加载完成指示输出信号，I/O 接口，高电平有效，实际使用中通过上拉电阻连接到 V_{CC}，使其默认状态为高电平，表示芯片已加载完毕，当 FPGA 正在加载时，会将其驱动为低电平。

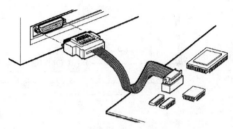

图 9.4.5 ByteBlaster 并口下载电缆连接示意图

（2）nSTATUS：芯片复位完成状态信号，I/O 接口，低电平有效，为低时表示可以接收来自外部的加载数据。实际使用中通过电阻上拉到 V_{CC}，使其默认状态为高，表示不接收加载数据。

（3）nCE：芯片使能引脚，输入信号，低电平有效，表示芯片被使能。当 nCE 为高电平时，芯片为去使能状态，禁止对芯片进行任何操作。对于单 FPGA 芯片单板，nCE 直接接 GND 即可，而对于多 FPGA 芯片单板，第一片芯片的 nCE 接 GND，下一芯片的 nCE 接上一芯片的 nCEO。

（4）nCEO：使能输出信号，当芯片加载完成时，该引脚输出为低电平，未加载完成时输出为高电平。对于单 FPGA 芯片单板，nCEO 悬空，对于多 FPGA 芯片单板，nCEO 接下一芯片的 nCE。

（5）nCONFIG：启动加载输入信号，低电平时表示外部要求 FPGA 需要重新加载，复位 FPGA 芯片，清空芯片中现有数据。实际使用中该引脚通过电阻上拉到 V_{CC}，使其默认状态为高。

（6）DCLK：加载数据参考时钟。PS 模式下为输入，AS 模式下为输出。

（7）DATA0：加载数据输入、输入信号。

（8）MSEL[0:3]：加载模式配置引脚，PS 模式时要求 MSEL1=0，MSEL0=0。

当设计的数字系统较大，需要不止一个 FPGA 芯片时，Altera 器件的 PS 模式支持同时对多个器件进行加载，具体连接方式如图 9.4.6 所示。

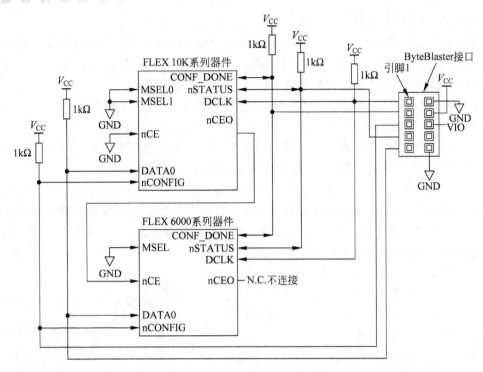

图 9.4.6　多 FPGA 芯片加载电路

本章小结

可编程逻辑器件(PLD)可以通过编程的方法设置其逻辑功能,具有集成度高、速度快、可靠性高和保密性好等特点,越来越受到人们的喜爱。到目前为止,人们已开发出 FPLA、PAL、GAL、EPLD、CPLD 和 FPGA 等产品。

其中,FPGA 是目前规模最大、密度最高的可编程逻辑器件。

双语对照

可编程逻辑阵列　Programmable Logic Array(PLA)
通用阵列逻辑　Generic Array Logic(GAL)
在系统可编程　In System Programming(ISP)
可擦除可编程逻辑器件　Erasable PLD(EPLD)
现场可编程门阵列　Field Programmable Gate Array (FPGA)

复杂可编程器件　Complex Programmable Device (CPLD)
单片可编程系统　System on Programmable Chip (SoPC)
逻辑宏单元结构　Output Logic Macro Cell(OLMC)

习题

1. 试分析图 9.1 的逻辑电路,并写出输出逻辑函数表达式。
2. 试写出由 PLA 组成的电路图(见图 9.2)中的 F_1 和 F_2 的表达式。

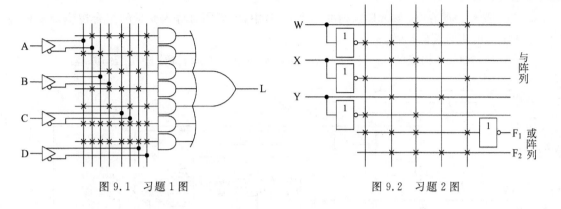

图 9.1　习题 1 图　　　　　　　　　　图 9.2　习题 2 图

3. 试分析图 9.3 所示电路，说明该电路的逻辑功能。

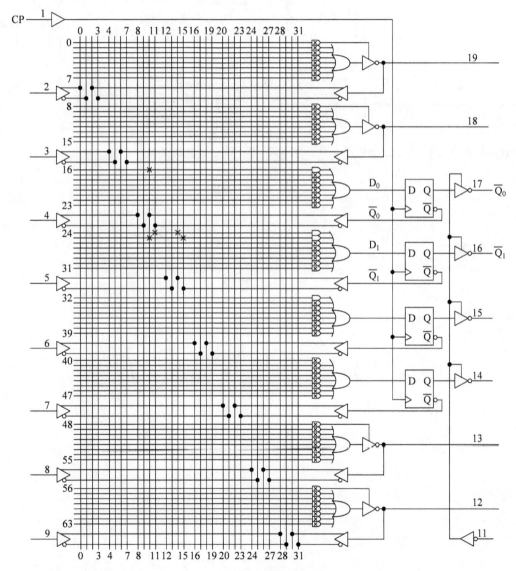

图 9.3　习题 3 图

4. 简要说明在 XC4000E 系列的 1 个 CLB 中,怎样同时输入变量的组合逻辑函数和一个 4 输入的组合逻辑函数。

5. 一个 CLB 构成的 32×1 位 RAM 电路如图 9.4 所示,试分析其工作原理。

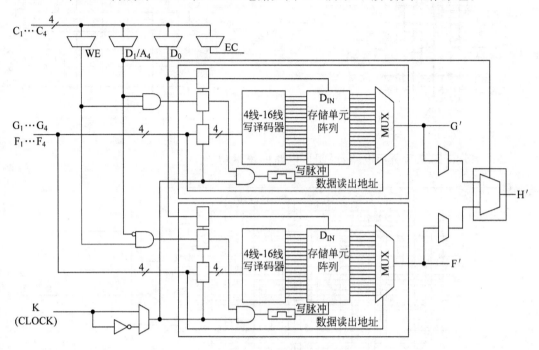

图 9.4　习题 5 图

第10章

数模与模数转换器

内容提要

- 权电阻网络、倒 T 型电阻网络 D/A 转换器电路结构及工作原理。
- 直接型、间接型 A/D 转换器结构及工作原理。
- D/A 转换器的分辨率、转换速度和转换精度。
- A/D 转换器的转换速度和转换精度。

10.1 概述

随着数字技术的飞速发展,在自动控制、自动检测以及许多其他领域中广泛应用数字计算机技术进行处理。由于自然界中存在的物理量大多是模拟量(如温度、压力、速度,位移等),必须首先将这些模拟信号转换为数字信号,才能送入数字系统进行处理,而经计算机分析、处理后输出的数字量也往往需要将其转换为模拟信号才能为执行机构所接收。由此可知,数字系统和模拟系统之间必须要有一种接口电路,即模拟电路到数字电路、数字电路到模拟电路的接口电路,模数转换器和数模转换器就是这种接口电路。

模拟信号到数字信号的转换过程称为模数转换,简称 A/D(Analog to Digital)转换,具有这种功能的电路称为 A/D 转换器,简称 ADC(Analog to Digital Converter);相反,数字信号到模拟信号的转换称为数模转换,即 D/A(Digital to Analog)转换,具有这种功能的电路称为 D/A 转换器,简称 DAC(Digital to Analog Converter)。

不同信号的处理对转换器的要求不同,故有标志转换器性能的指标,如转换速度、转换精度等。

常见的 D/A 转换器有权电阻网络 D/A 转换器、倒 T 型电阻网络 D/A 转换器、权电流型 D/A 转换器、权电容型网络 D/A 转换器及开关树型 D/A 转换器等几种。

常见的 A/D 转换器有逐次比较型和双积分型等直接型 A/D 转换器和间接型 Λ/D 转换器。

10.2 D/A 转换器

数模转换器简称 D/A 转换器,它是把数字量转换为模拟量的器件。D/A 转换器基本上是由 5 个部分组成的,即数码寄存器、模拟开关、解码(权电阻)网络、求和电路和基准电源。

　　数字量是用代码按数位组合起来表示的,对于有权码,每位代码都有一定的权重。为了将数字量转换为模拟量,必须将每一位的代码按其权的大小转换为相应的模拟量,然后将这些模拟量相加,即可得到与数字量成正比的总模拟量,从而实现数字-模拟转换。N 位 D/A 转换器的方框图如图 10.2.1 所示。

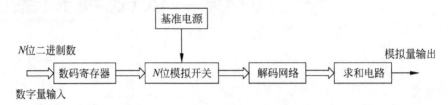

图 10.2.1　N 位 D/A 转换器的方框图

　　数字量以串行或并行方式输入并存储于数码寄存器中,数码寄存器的输出驱动对应数位上的模拟开关,并将在解码网络中获得的相应数位权值(与参考电压有关)送入求和电路。求和电路将各位权值相加便得到与数字量相对应的模拟量。

　　D/A 转换器按解码网络结构不同分为权电阻网络 D/A 转换器、倒 T 形电阻网络 D/A 转换器,权电流 D/A 转换器等。

10.2.1　权电阻网络 D/A 转换器

　　图 10.2.2 是 4 位权电阻(weighted resistor)网络 D/A 转换器的原理图,它由权电阻网络、4 个模拟开关、求和电路和基准电源组成,其功能如下。

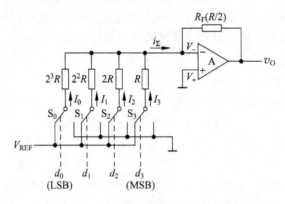

图 10.2.2　权电阻网络 D/A 转换器

1. 权电阻网络

　　二进制数码为有权码,第 i 位的权值为 2^i,如果一个 n 位二进制数用 $D_n = d_{n-1}d_{n-2}\cdots d_1 d_0$ 表示,则最高位到最低位的权将依次为 $2^{n-1}, 2^{n-2}, \cdots, 2^1, 2^0$。

2. 模拟开关

　　模拟开关是根据输入的高、低电平值,自动将输出端切换到两个不同的位置。图 10.2.2

中 S_3、S_2、S_1 和 S_0 是 4 个模拟电子开关,分别受输入代码 d_3、d_2、d_1 和 d_0 的数值控制。当输入代码为 1 时开关连接到参考电压 V_{REF} 上,代码为 0 时开关接地。故 $d_i = 1$ 时该支路相当于输入 V_{REF} 的电压,有支路电流 I_i 流向求和放大器,$d_i = 0$ 时该支路输入接地,该支路电流为零。

3. 求和放大器

求和放大器是一个接成负反馈的运算放大器。为了分析方便,可以把运算放大器近似地看成是理想运算放大器,则有 $V_- \approx V_+ = 0$(虚短和虚断)。

于是

$$v_O = -R_F i_\Sigma = -R_F(I_3 + I_2 + I_1 + I_0) \tag{10.2.1}$$

由于 $V_- \approx 0$,因而各支路电流分别为

$$I_3 = \frac{V_{REF}}{R}d_3 \quad (d_3 = 1,则\ I_3 = \frac{V_{REF}}{R},d_3 = 0,则\ I_3 = 0)$$

$$I_2 = \frac{V_{REF}}{2R}d_2$$

$$I_1 = \frac{V_{REF}}{2^2 R}d_1$$

$$I_0 = \frac{V_{REF}}{2^3 R}d_0$$

将它们代入式(10.2.1),并取 $R_F = \dfrac{R}{2}$,则得到

$$v_O = -\frac{V_{REF}}{2^4}(d_3 2^3 + d_2 2^2 + d_1 2^1 + d_0 2^0) \tag{10.2.2}$$

对于 n 位的权电阻网络 D/A 转换器,当反馈电阻取为 $R_F = R/2$ 时,输出电压的计算公式可以写成

$$v_O = -\frac{V_{REF}}{2^n}(d_{n-1}2^{n-1} + d_{n-2}2^{n-2} + \cdots + d_1 2^1 + d_0 2^0) = -\frac{V_{REF}}{2^n}D_n \tag{10.2.3}$$

由上式可知,输出的模拟电压正比于输入的数字量 D_n($D_n = (d_{n-1}2^{n-1} + d_{n-2}2^{n-2} + \cdots + d_1 2^1 + d_0 2^0)$),从而实现了从数字量到模拟量的转换。

当 $D_n = 0$ 时,$v_O = 0$,当 $D_n = 11\cdots 11$ 时,$v_O = -\dfrac{2^n - 1}{2^n}V_{REF}$,故 v_O 的最大变化范围是 0 到 $-\dfrac{2^n - 1}{2^n}V_{REF}$。

从式(10.2.3)中还可以看到,在 V_{REF} 为正电压时输出电压 v_O 始终为负值。要想得到正的输出电压,可以将 V_{REF} 取为负值,或再加一级反向比例放大器。

该电路的优点是结构比较简单,所用的电阻元件数很少。它的缺点是各个电阻的阻值相差较大,尤其在输入信号的位数较多时,各个电阻的差值相当大。在极宽的阻值范围内保证每个电阻都有很高的精度是十分困难的。为了克服这个缺陷,可以采用倒 T 型电阻网络 D/A 转换器。

10.2.2 倒 T 型电阻网络 D/A 转换器

图 10.2.3 所示电路即为倒 T 型电阻(inverted ladder resistor)网络 D/A 转换器。图中

电阻网络只有 R、$2R$ 两种阻值的电阻,这就给集成电路的设计和制作带来了很大的方便。运算放大器构成了反向求和电路,$R-2R$ 电阻解码网络呈倒 T 型。由于是理想运算放大器,$V_- \approx V_+ = 0$(虚短和虚断),所以无论模拟开关 S_3、S_2、S_1 和 S_0 合到哪一边,都相当于接到了"地"电位上,称为虚地,流过每个支路的电流也始终不变。

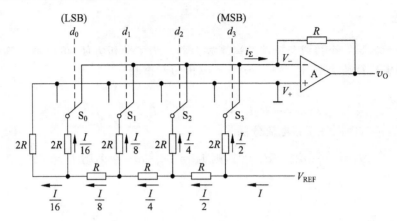

图 10.2.3　倒 T 型电阻网络 D/A 转换器

分析每个 $R-2R$ 电阻解码网络可以看出,从每个结点向左看过去的等效电阻都是 R,因此从参考电源流入倒 T 形电阻网络的总电流 $I = \dfrac{V_{REF}}{R}$,而每个支路的电流依次为 $I/2$、$I/4$、$I/8$ 和 $I/16$。

如果令 $d_i = 0$ 时开关 S_i 接地(接放大器的 V_+),而 $d_i = 1$ 的 S_i 接至放大器的输入端 V_-,则由图 10.2.3 可知:

$$i_\Sigma = \frac{I}{2}d_3 + \frac{I}{4}d_2 + \frac{I}{8}d_1 + \frac{I}{16}d_0$$

在求和放大器的反馈电阻阻值等于 R 的条件下,输出电压为:

$$v_O = -Ri_\Sigma = -\frac{V_{REF}}{2^4}(d_3 2^3 + d_2 2^2 + d_1 2^1 + d_0 2^0) \tag{10.2.4}$$

对于 n 位输入的倒 T 形电阻网络 D/A 转换器,在求和放大器的反馈电阻阻值为 R 的条件下,输出模拟电压的计算公式为:

$$v_O = -\frac{V_{REF}}{2^n}(d_{n-1} 2^{n-1} + d_{n-2} 2^{n-2} + \cdots + d_1 2^1 + d_0 2^0) = -\frac{V_{REF}}{2^n}D_n \tag{10.2.5}$$

上式说明输出的模拟电压与输入的数字量成正比,而且式(10.1.5)和权电阻网络 D/A 转换器输出电压的计算公式(式(10.2.3))具有相同的形式。

图 10.2.4 是采用倒 T 形电阻网络的单片集成 D/A 转换器 AD7520(CB7520)的原理图。它的输入为 10 位二进制数,采用 CMOS 电路构成模拟开关。

使用 CB7520 时需要外加运算放大器。运算放大器的反馈电阻可以使用 CB7520 内设的反馈电阻 R(如图 10.2.4 所示),也可以另选反馈电阻接到 I_{out1} 与 v_O 之间。外接的参考电压 V_{REF} 必须保证有足够的精度,才能确保应有的转换精度。

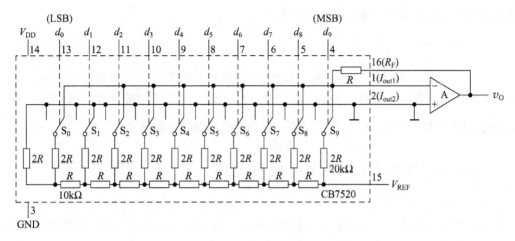

图 10.2.4 CB7520(AD7520)的电路原理图

10.2.3 D/A 转换器的性能指标

1. 分辨率

分辨率(resolution)是用于表征 D/A 转换器对输入微小量变化敏感程度的,它表示 D/A 转换器在理论上可以达到的精度。对于分辨率为 n 位的 D/A 转换器,从输出模拟电压的大小应能区分出输入代码从 $00\cdots00$ 到 $11\cdots11$ 全部 2^n 个不同的状态,给出 2^n 个不同等级的输出电压,由此可知,输入二进制数码的位数越多,划分的等级就越多,输出模拟量越精细。

通常分辨率用 D/A 转换器能够分辨出来的最小电压(此时输入数字代码只有最低有效位为 1,其余各位都是 0)与最大输出电压(此时输入数字代码所有位全是 1)之比来表示。例如 10 位 D/A 转换器的分辨率可以表示为:

$$\frac{1}{2^{10}-1} = \frac{1}{1023} \approx 0.001$$

即 10 位的 D/A 转换器,分辨率约为千分之一。

2. 转换精度

由于 D/A 转换器的各个环节在参数和性能上与理论值之间不可避免地存在着差异,所以实际能达到的转换精度(conversion precision)还与转换误差有关,例如比例系数误差、失调误差和非线性误差等。

通常用数字量的 LSB 的倍数表示转换误差。如果给出的误差小于 1LSB,则表明输出模拟电压与理论值之间存在的误差不超过输入为 $00\cdots01$ 时的输出电压。

为了获得高精度的 D/A 转换器,单纯依靠选用高分辨率的 D/A 转换器器件是不够的,还必须有高稳定度的参考电压源 V_{REF} 和低漂移的运算放大器与之配合使用,才可能获得较高的转换精度。

目前常见的集成 D/A 转换器器件有两大类,一类器件的内部只包含电阻网络(或恒流源电路)和模拟开关,而另一类器件内部还包含了运算放大器以及参考电压源的发生电路。在使用前一类器件时必须外接参考电压和运算放大器,这时应注意合理地确定对参考电压源的稳定度和运算放大器零点漂移的要求。

3. 转换速度

当 D/A 转换器输入的数字量发生变化时,输出的模拟量不是立即达到所对应的量值,而是需要一定的时间。通常输入数字量由全 0 变为全 1 或由全 1 变为全 0 时,输出电压达到 $\pm\frac{1}{2}$LSB 所需要的时间称为转换时间。转换速度用转换时间来表示。

10.2.4 集成 D/A 转换器应用举例

D/A 转换器在实际电路中应用很广,它不仅常作为接口电路用于微机系统,而且还可利用其电路结构特征和输入、输出电量之间的关系构成数控电流源、电压源、数字式可编程增益控制电路和波形产生电路等。下面以数字式可编程增益控制电路和波形产生电路为例说明它的应用。

1. 数字式可编程增益控制电路

如图 10.2.5 所示,电路中运算放大器接成普通的反相比例放大形式,AD7520 内部的反馈电阻 R 为运算放大器的输入电阻,由数字量控制的倒 T 形电阻网络为其反馈电阻。当输入数字量变化时,倒 T 形电阻网络的等效电阻便随之改变。这样,反相比例放大器在其输入电阻一定的情况便可得到不同的增益。

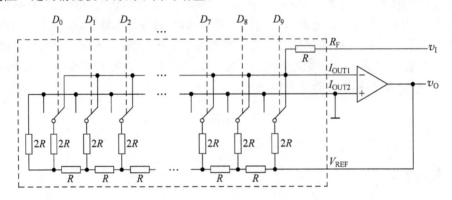

图 10.2.5 数字式可编程增益控制电路

根据运算放大器虚地原理,可以得到:

$$\frac{v_I}{R} = -\frac{v_O}{2^{10}R}(D^0 2^0 + D^1 2^1 + \cdots + D^9 2^9) \tag{10.2.6}$$

所以

$$A_V = \frac{v_O}{v_I} = \frac{-2^{10}}{D_0 2^0 + D_1 2^1 + \cdots + D_9 2^9} \tag{10.2.7}$$

2. DAC0832 和 51 单片机的接口电路

DAC0832 是一片 8 位的 D/A 转换器,很容易和 51 单片机进行接口连接。图 10.2.6

为 DAC0832 的内部结构图。

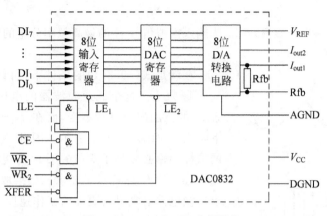

图 10.2.6　DAC0832 内部结构

若应用系统中只有一路 D/A 转换,或虽然是多路转换但并不要求同步输出时,则采用单缓冲方式接口电路,如图 10.2.7 便是 DAC0832 与 51 系列单片机接口电路(单缓冲方式)。对于多路 D/A 转换接口,要求同步进行 D/A 转换时,必须采用双缓冲方式接法,即采用两片 DAC0832,用 P2 口的两根线分别控制两个 DAC0832 的片选端即可,此处略。

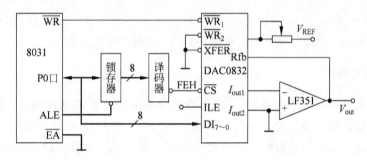

图 10.2.7　DAC0832 与单片机的接口(单缓冲方式)

10.3　A/D 转换器

10.3.1　A/D 转换器的工作原理

将模拟信号转换为数字量的电路,称为模-数转换器(简称 A/D 转换器)。

为将时间和幅值上连续的模拟信号转换为在时间和幅值上离散的数字信号,A/D 转换器只能在一系列选定的瞬间对输入的模拟信号进行取样,然后再把这些取样值转换成输出的数字量。所以一般来讲,A/D 转换要经过取样、保持、量化及编码 4 个过程。

1. 取样

取样是将时间连续变化的模拟量转换为时间上离散的模拟量。取样过程如图 10.3.1 所示。为了能正确无误地用取样信号 v_S 表示模拟信号 v_I,取样信号必须有足够高的频率。

可以证明,为了保证能从取样信号将原来的被取样信号恢复,必须满足

$$f_S \geqslant 2f_{i(max)} \tag{10.3.1}$$

式(10.3.1)中,f_S 为取样频率,$f_{i(max)}$ 为输入模拟信号 v_I 的最高频率分量的频率。式(10.3.1)就是所谓取样定理。

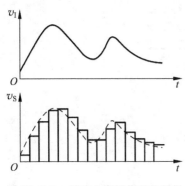

图 10.3.1　对输入模拟信号的取样

在满足式(10.3.1)的条件下,可以用低通滤波器将 v_S 还原为 v_I。这个低通滤波器的电压传输系数在低于 $f_{i(max)}$ 的范围内应保持不变,而在 $f_S - f_{i(max)}$ 以前应迅速下降为 0,如图 10.3.1 所示。因此 A/D 转换器工作时的取样频率必须高于式(10.3.1)所规定的频率,通常取 $f_S = (3\sim5)f_{i(max)}$ 已满足要求。如果取样频率过高,就要求转换电路必须具备更高的工作速度。

将取样电路每次取得的模拟信号转换为数字信号都需要一定的时间,为了给后续的量化编码过程提供一个稳定值,每次取得的信号还要保持一段时间。而取样和保持往往是通过取样-保持电路同时完成的。由于转换是在取样结束后的保持时间内完成的,所以转换结果所对应的模拟电压是每次取样结束时的 v_I 值。

取样-保持电路(sample-hold circuit)已有多种型号的集成电路产品,如双极型工艺的有 AD585、AD684、LF198;混合型工艺的 AD1154、SHC76 等。

2. 量化和编码

数字信号不仅在时间上是离散的,而且数值大小的变化也不是连续的。即任何一个数字量的大小只能是某个规定的最小数量单位的整数倍。在进行 A/D 转换时,必须把取样电压表示为这个最小单位的整数倍。这个转化过程叫做量化。所取的最小数量单位叫做量化单位,用 Δ 表示。显然,数字信号最低有效位(LSB)的 1 所代表的数量大小就等于 Δ。

把量化的结果用代码(可以是二进制,也可以是其他进制)表示出来,称为编码。这些代码就是 A/D 转换的输出结果。

由于模拟电压是连续的,所以它不一定能被 Δ 整除,因而量化过程不可避免地会引入误差,这种误差称为量化误差。将模拟电压信号划分为不同的量化等级时通常有图 10.3.2 所示的两种方法,它们的量化误差相差较大。

例如,要求把 0~1V 的模拟电压信号转换成 3 位二进制代码,则最简单的方法是取 $\Delta = \frac{1}{8}$V,并规定凡数值在 0~$\frac{1}{8}$V 之间的模拟电压都当做 0·Δ 对待,用二进制数 000 表示;凡数值在 $\frac{1}{8} \sim \frac{2}{8}$V 之间的模拟电压都当做 1·$\Delta$ 对待;用二进制 001 表示,以此类推,如图 10.3.2(a)所示。可以看出,这种量化方法可能带来的最大量化误差可达 Δ,即 $\frac{1}{8}$V。

为了减小量化误差,通常采用图 10.3.2(b)的改进方法划分量化电平。在这种划分量化电平的方法中,取量化电平 $\Delta = \frac{2}{15}$V,并将输出代码 000 对应的模拟电压范围规定为 0~

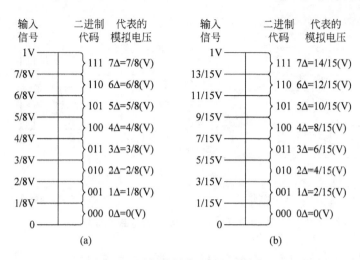

图 10.3.2 划分量化电平的两种方法

$\dfrac{1}{15}$V，即 $0\sim\dfrac{1}{2}\Delta$，这样可以将最大量化误差减小到 $\dfrac{1}{2}\Delta$，即 $\dfrac{1}{15}$V，所以最大量化误差不会超过 $\dfrac{1}{2}\Delta$。

3. 取样-保持电路

取样-保持电路的基本形式如图 10.3.3 所示。其中 T 为 N 沟道增强型 MOS 管，作为模拟开关使用。当取样控制信号 v_L 为高电平时 T 导通，输入信号 v_I 经电阻 R_1 和 T 向电容 C_H 充电。若 $R_1 = R_F$，并忽略运算放大器的输入电流，则充电结束后 $v_O = v_C = -v_I$。这里 v_C 为电容 C_H 上的电压。

当 v_L 返回低电平以后，MOS 管 T 截止。由于 C_H 上的电压在一段时间内基本保持不变，所以 v_O 也保持不变，取样结果被保存下来。C_H 的漏电越小，运算放大器的输入阻抗越高，v_O 保持的时间越长。

当然，在图 10.3.3 所示电路中，由于取样过程中需要输入电压经 R_1 和 T 向电容 C_H 充电，

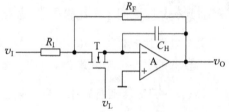

图 10.3.3 取样-保持电路的基本形式

这就限制了取样速度。同时，R_1 的阻值又不能无限减小，因为这样做必将降低电路的输入阻抗。

通常的做法是在电路的输入端增加一级隔离放大器。图 10.3.4 中给出了单片集成取样-保持电路 LF198 的电路，原理请读者自行分析。

输出电压下降率与外接电容 C_H 电容量大小和漏电情况有关。C_H 的容量越大、漏电越小，输出电压下降率越低。然而加大 C_H 的电容量会使获取时间变长，所以在选择 C_H 的电容量大小时应兼顾输出电压下降率和获取时间两方面的要求。

逻辑输入端(v_L)和参考输入端(V_{REF})都具有较高的输入电阻，可以直接用 TTL 电路或 CMOS 电路驱动。通过失调调整输入端 V_{OS} 可以调整输出电压的零点，使 $v_I = 0$ 时 $v_O = 0$。

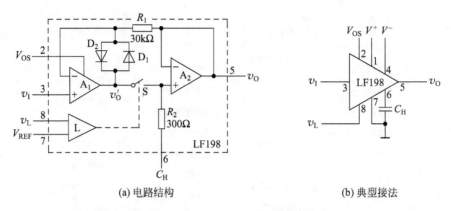

(a) 电路结构　　　　　　　　　　(b) 典型接法

图 10.3.4　集成取样-保持电路 LF198

V_{OS}的数值可以用电位器的滑动端调节,电位器的一个定端接电源 V^+,另一个定端通过电阻接地。

10.3.2　直接型 A/D 转换器

1. 并联比较型

并联比较型 A/D 转换器是一种直接型 A/D 转换器,它能把输入的模拟电压直接转换为输出的数字量而不需要经过中间变量。图 10.3.5 为并联比较型 A/D 转换器电路结构图,它由电压比较器、寄存器和代码转换电路三部分组成。输入为 $0 \sim V_{\mathrm{REF}}$ 间的模拟电压,输出为 3 位二进制数码 $d_2 d_1 d_0$。

采用如图 10.3.2(b)所示的量化电平方式,用电阻链把参考电压 V_{REF} 分压,得到从 $\dfrac{1}{15}V_{\mathrm{REF}}$ 到 $\dfrac{13}{15}V_{\mathrm{REF}}$ 之间 7 个比较电平,量化单位为 $\Delta = \dfrac{2}{15}V_{\mathrm{REF}}$。然后,把这 7 个比较电平分别接到 7 个电压比较器 $C_1 \sim C_7$ 的输入端,作为比较基准。同时,将输入的模拟电压同时加到每个比较器的另一个输入端上,与这 7 个比较基准进行比较。

若 $v_1 < \dfrac{1}{15}V_{\mathrm{REF}}$,则所有比较器的输出全是低电平,CP 上升沿到来后寄存器中所有的触发器($\mathrm{FF_1} \sim \mathrm{FF_7}$)都被置成 0 状态。

若 $\dfrac{1}{15}V_{\mathrm{REF}} \leqslant v_1 < \dfrac{13}{15}V_{\mathrm{REF}}$,则只有 C_1 输出为高电压,CP 上升沿到达后 $\mathrm{FF_1}$ 被置 1,其余触发器被置 0。

以此类推,可列出 v_1 为不同电压时寄存器的状态,如表 10.3.1 所示。不过寄存器输出的是一组 7 位的二值代码,还不是所要求的二进制数,因此必须进行代码转换。

代码转换器是一个组合逻辑电路,可以写出代码转换电路输出与输入之间的逻辑函数式如下:

$$d_2 = Q_4$$
$$d_1 = Q_6 + \overline{Q}_4 Q_2$$
$$d_0 = Q_7 + \overline{Q}_6 Q_5 + \overline{Q}_4 Q_3 + \overline{Q}_2 Q_1$$

$$(10.3.2)$$

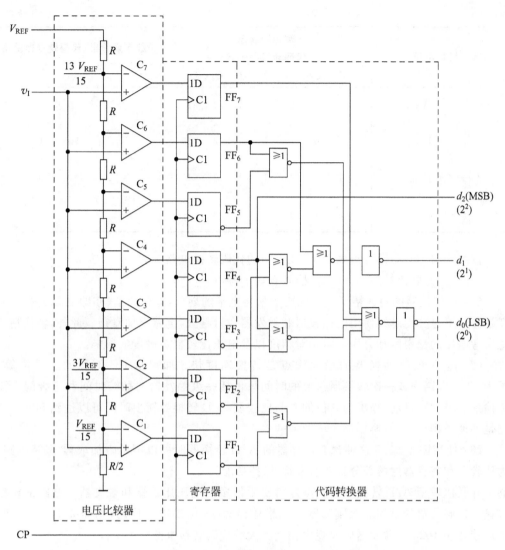

图 10.3.5　并联比较型 A/D 转换器

表 10.3.1　图 10.3.5 电路的代码转换表

输入模拟电压 v_I	寄存器状态（代码转换器输入）							数字量输出（代码转换器输出）		
	Q_7	Q_6	Q_5	Q_4	Q_3	Q_2	Q_1	d_2	d_1	d_0
$\left(0\sim\dfrac{1}{15}\right)V_{REF}$	0	0	0	0	0	0	0	0	0	0
$\left(\dfrac{1}{15}\sim\dfrac{3}{15}\right)V_{REF}$	0	0	0	0	0	0	1	0	0	1
$\left(\dfrac{3}{15}\sim\dfrac{5}{15}\right)V_{REF}$	0	0	0	0	0	1	1	0	1	0
$\left(\dfrac{5}{15}\sim\dfrac{7}{15}\right)V_{REF}$	0	0	0	0	1	1	1	0	1	1

续表

输入模拟电压 v_1	寄存器状态（代码转换器输入）							数字量输出（代码转换器输出）		
	Q_7	Q_6	Q_5	Q_4	Q_3	Q_2	Q_1	d_2	d_1	d_0
$\left(\frac{7}{15}\sim\frac{9}{15}\right)V_{REF}$	0	0	0	1	1	1	1	1	0	0
$\left(\frac{9}{15}\sim\frac{11}{15}\right)V_{REF}$	0	0	1	1	1	1	1	1	0	1
$\left(\frac{11}{15}\sim\frac{13}{15}\right)V_{REF}$	0	1	1	1	1	1	1	1	1	0
$\left(\frac{13}{15}\sim1\right)V_{REF}$	1	1	1	1	1	1	1	1	1	1

按照式(10.3.2)即可得到图 10.3.5 中的代码转换电路。

一般地，并联比较型 A/D 转换器具有如下特点：

(1) 该转换器的转换精度主要取决于量化电平的划分，分得越细(亦即 Δ 取得越小)，精度越高。不过分得越细使用的比较器和触发器数目越大，电路更加复杂。此外，转换精度还受参考电压的稳定度和分压电阻相对精度以及电压比较器灵敏度的影响。

(2) 这种 A/D 转换器的最大优点是转换速度快。如果从 CP 信号的上升沿算起，图 10.3.5 电路完成一次转换所需要的时间只包括一级触发器的翻转时间和三级门电路的传输延迟时间。目前，输出为 8 位的并联比较型 A/D 转换器转换时间可以达到 50ns 以下，这是其他类型 A/D 转换器都无法做到的。

(3) 使用图 10.3.5 这种含有寄存器的 A/D 转换器时可以不用附加取样-保持电路，因为比较器和寄存器这两部分也兼有取样-保持功能。

并联比较型 A/D 转换器的缺点是需要用很多的电压比较器和触发器。电路的规模随着输出代码位数的增加而急剧膨胀。如果输出为 10 位二进制代码，则需要 $2^{10}-1=1023$ 个比较器和 1023 个触发器以及规模相当庞大的代码转换电路。

2. 逐次逼近型 A/D 转换器

逐次逼近(successive approximation)型 A/D 转换器也称为逐次比较型 A/D 转换器。逐次逼近型 A/D 转换器是在计数型 A/D 转换器的基础上又产生的，其目的是为了提高转换速度。

逐次逼近型 A/D 转换器的工作原理可以用图 10.3.6 所示的框图来说明。这种转换器的电路包含比较器 C、D/A 转换器、逐次逼近寄存器、时钟脉冲源和控制逻辑等 5 个组成部分。

转换开始前先将寄存器清零，所以加给 D/A 转换器的数字量也全是 0。转换控制信号 v_L 变为高电平时开始转换，时钟信号首先将寄存器的最高位置成 1，使寄存器的输出为 100…00。这个数字量被 D/A 转换器转换成相应的模拟电压 v_O，并送到比较器与输入信号 v_1 进行比较。如果 $v_O>v_1$，说明数字过大，则这个 1 应去掉；如果 $v_O<v_1$，说明数字还不够，这个 1 应予以保留。然后，再按同样的方法将次高位置 1，并比较 v_O 与 v_1 的大小以确定

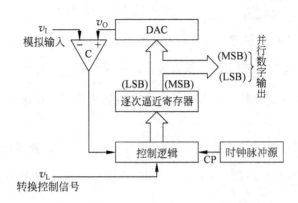

图 10.3.6 逐次逼近型 A/D 转换器的电路结构框图

这一位的 1 是否应当保留。这样逐位比较下去,直到最低位比较完为止。这时寄存器里所存的数码就是所求的输出数字量。

比较过程正如同用天平去称量一个未知重量的物体时所进行的操作一样,先从最重的砝码开始试放,与被称量物体进行比较,若物体重于砝码,则该砝码保留,否则移去。而使用的砝码一个比一个重量少一半。

常用的集成的逐次逼近型 A/D 转换器产品有 ADC0809(8 位)、AD575(10 位)、AD754A(12 位)等。

10.3.3　间接型 A/D 转换器 *

间接型模数转换器与直接型模数转换器相比,具有精度高、抗干扰性强等特点。常用低精度的间接型模数转换器分为电压-时间变换型和电压-频率变换型。

双积分型 A/D 转换器是将输入的模拟电压转换成与之成正比的时间 T,在 T 时间内对固定频率的时钟脉冲计数,计数的结果就是一个正比于输入电压的数字量。双积分型是属于 V-F 变换型,具有工作性能稳定、精度高、抗干扰能力强等优点,但转换时间较长,工作速度较低。高精度的间接型模数转换器大多属于 Σ-Δ 型。

现在已有多种单片集成的双积分型 A/D 转换器定型产品。只需外接少量的电阻和电容元件,用这些芯片就能很方便地接成 A/D 转换器,并且可以直接驱动 LCD 或 LED 数码管。例如 CB7106/7126、CB7107/7127、MC14433(3 位半 BCD 码)。

10.3.4　A/D 转换器的主要性能指标

1. A/D 转换器的转换精度

在单片集成的 A/D 转换器中也采用分辨率(又称分解度)和转换误差来描述转换精度。

分辨率是以输出二进制数或十进制数的位数表示的,它说明 A/D 转换器对输入信号的分辨能力。从理论上讲,n 位二进制数字输出的 A/D 转换器应能区分输入模拟电压的 2^n 个不同等级大小,能区分输入电压的最小差异为 $\frac{1}{2^n}$FSR(满量程输入的 $1/2^n$)。例如 A/D 转换器的输出为 10 位二进制数,最大输入信号为 5V,那么这个转换器的输出应能区分出输入

信号的最小差异为 $5V/2^{10} = 4.88mV$。

转换误差通常是以输出误差最大值的形式给出，它表示实际输出的数字量和理论上应有的输出数字量之间的差别，一般多以最低有效位的倍数给出。例如给出转换误差$< \pm \frac{1}{2}$LSB，这就表明实际输出的数字量和理论上应得到的输出数字量之间得误差小于最低有效位的半个字。

有时也用满量程输出的百分数给出转换误差。例如 A/D 转换器的输出为 BCD 码 $3\frac{1}{2}$ 位(即所谓三位半)，转换误差为$\pm 0.005\%$ FSR，则满量程输出为 1999，最大输出误差小于最低位的 1。

通常单片集成 A/D 转换器的转换误差已经综合地反映了电路内部各个元、器件及单元电路偏差对转换精度的影响。

2. A/D 转换器的转换速度

A/D 转换器的转换速度主要取决于转换电路的类型，不同类型 A/D 转换器的转换速度相差甚为悬殊。

并联比较型 A/D 转换器的转换速度最快。例如 8 位二进制输出的单片集成 A/D 转换器转换时间可以缩短至 50ns 以内。

逐次逼近型 A/D 转换器的转换速度次之。多数产品的转换时间都在 $10 \sim 100\mu s$ 之间。个别速度较快的 8 位 A/D 转换器转换时间不超过 $1\mu s$。

相比之下，间接型 A/D 转换器的转换速度要低得多。目前使用的双积分型 A/D 转换器转换时间多数在数十毫秒至数百毫秒之间。

此外，在组成高速 A/D 转换器时还应将采样-保持电路的获取时间(即采样信号稳定地建立起来所需要的时间)计入转换时间之内。一般单片集成采样-保持电路的获取时间在几微秒的数量级，和所选定的保持电容的电容量大小很有关系。

10.3.5　A/D 转换器的选用原则

A/D 转换器是数据采集系统前向通道中的一个重要环节，因此，在选择 A/D 转换器时，应遵循下述原则：

(1) 根据前向通道的总误差，选择 A/D 转换器的精度和分辨率。此时，应该将综合精度在各个环节上进行再分配，以确定对 A/D 转换器的精度要求。

(2) 根据信号对象的变化率以及转换速度要求，确定 A/D 转换速度，以保证系统的实时性要求。

(3) 根据环境条件选择 A/D 转换器的一些环境参数要求，如工作温度、功耗、可能性等级等性能。

(4) 根据计算机接口特性，考虑选择 A/D 转换器的输出状态，例如，A/D 转换器是并行输出还是串行输出，是二进制还是 BCD 码等。

(5) 还要考虑到芯片的成本、货源是否是主流芯片等诸多因素。

10.3.6 A/D 转换器与单片机接口电路

ADC0809 是一种逐次逼近型的 8 位 A/D 转换器。图 10.3.7 为逐次逼近型 ADC0809 引脚图,图 10.3.8 为 ADC0809 的内部结构。ADC0809 的转换速度由时钟频率决定,一般在几十微秒到上百微秒之间。例如,当时钟频率为 640kHz 时,转换时间为 64μs。

各引脚的功能如下:

- IN$_0$～IN$_7$ 模拟输入端。
- D$_0$～D$_7$ 为数字量输出端。
- START 为 A/D 转换启动端。
- EOC 为 A/D 转换结束端。
- CLK 为时钟输入端,最高为 640kHz。
- V$_{REF}$(＋)和 V$_{REF}$(－)为正负基准电压输入端。
- ADDA、ADDB、ADDC 为模拟量输入通道选择端。
- ALE 地址锁存允许。
- V$_{CC}$ 为 5V 工作电源。
- GND 为地。

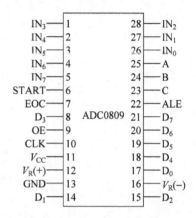

图 10.3.7 ADC0809 的引脚图

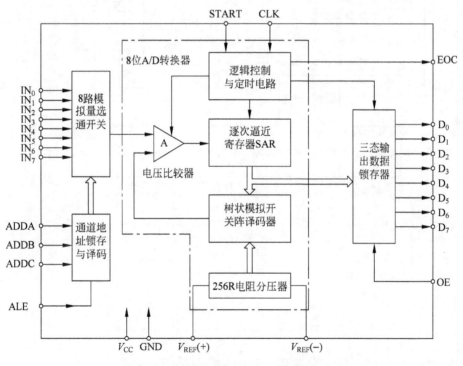

图 10.3.8 ADC0809 内部结构

由于 ADC0809 片内无时钟,可利用 51 单片机提供的地址锁存允许信号 ALE 经 D 触发器两次二分频后获得,ALE 引脚的频率是 51 单片机时钟频率的 1/6。若系统单片机的时钟频率采用 6MHz,则 ALE 引脚的频率为 1MHz,再用 74HC74 两次二分频后为 500kHz,

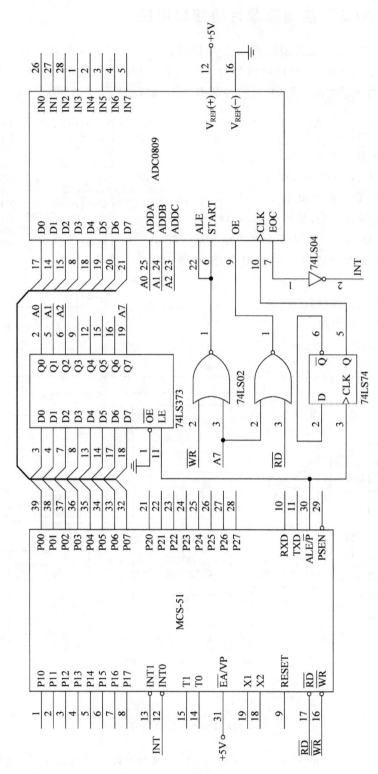

图 10.3.9 51 系列单片机与 ADC0809 接口

符和 ADC0809 对时钟频率的要求。由于 ADC0809 具有输出三态锁存器,故其 8 位数据输出引脚可直接与数据总线相连。地址译码引脚 A、B、C 分别与地址总线的低三位相连,以选通 $IN_0 \sim IN_7$ 中一个通道。将 P2.7(地址总线 A15)作为片选信号,再启动 A/D 转换时,由单片机的写信号和 P2.7 控制 ADC 的地址锁存和转换启动,由于 ALE 和 START 连在一起,因此 ADC0809 在锁存通道地址的同时,启动并进行转换。在读取转换结果时,用低电平的读信号和 P2.7 引脚经一级或非门后,产生的正脉冲作为 OE 信号,用以打开三态输出锁存器,电路连接图如图 10.3.9 所示。由系统的关系可知,P2.7 与 ADC0809 的 ALE、START 和 OE 之间有如下关系:

$$\text{ALE} = \text{START} = \overline{\overline{WR} + P2.7} \qquad OE = \overline{\overline{RD} + P2.7}$$

本章小结

D/A 转换器和 A/D 转换器是模拟系统与数字系统之间的接口电路,是组成电子系统的重要部件。

在 D/A 转换器将数字信号转换成与之成正比的模拟电压或电流信号,具体有权电阻网络型、倒 T 型电阻网络、权电流型等。集成的 D/A 转换器在使用时要关注器件内部是否包含运算放大器和参考电压源的发生电路,如果没有,则必须外接参考电压和运算放大器。

A/D 转换器是将模拟电压或电流信号转换成与之成正比的数字信号,通常经过采样、保持、量化和编码等 4 个部分实现。A/D 转换器可分为直接型和间接型两种,并联比较型和逐次逼近型为直接型,双积分型为间接型。直接型 A/D 转换器转换速度快,间接型 A/D 转换器精度高、抗干扰性强。

转换速度和转换精度为衡量 D/A 转换器和 A/D 转换器的技术指标,在使用时根据电路要求要合理地选用。

双语对照

模数转换　Analog to Digital(A/D)　　　　倒 T 型电阻　inverted ladder resistor

模数转换器　Analog to Digital Converter(ADC)　　分辨率　resolution

数模转换　Digital to Analog(D/A)　　　　转换精度　conversion precision

数模转换器　Digital to Analog Converter(DAC)　　逐次逼近　successive approximation

权电阻　weighted resistor　　　　　　　取样-保持电路　sample-hold circuit

习题

1. 一个 D/A 转换器应包含哪几部分? 它们的功能是什么?

2. 权电阻网络 D/A 转换器如图 10.1 所示,当 $R = R_f$ 时,试求:

(1) 输出电压的取值范围。

(2) 若要求输入数字量为 200H 时输出电压 $V_O = 5V$,V_{REF} 应如何取值?

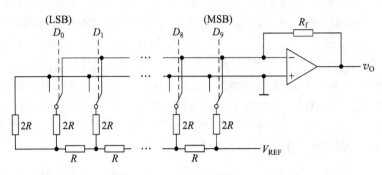

图 10.1　习题 2 图

3. n 位 D/A 转换器如图 10.2 所示,试完成以下工作:

(1) 试推导输出电压 v_o 与输入数字量的关系式。

(2) 如 $n=8$, $V_{REF}=-10V$, $R_f=\dfrac{1}{18}R$ 时,如输入数码为 20H,试求输出电压值。

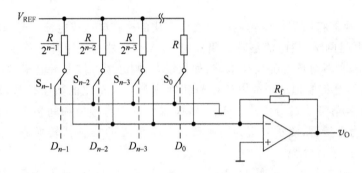

图 10.2　习题 3 图

4. 图 10.3 为一权电阻网络和 T 型网络相结合的 D/A 转换电路,试证明:

(1) 当 $r=8R$ 时,电路为 8 位的二进制码 D/A 转换器。

(2) 当 $r=4.8R$ 时,该电路为 2 位 BCD 码 D/A 转换器。

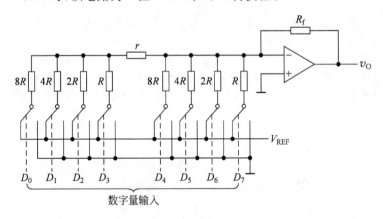

图 10.3　习题 4 图

5. 设满度输出电压为＋5V,问二进制 T 型网络需用多少位才能达到 1mV 的分辨率?

6. 已知 12 位二进制 D/A 转换器满度输出电压为 10V。试确定它的分辨率和对应一个最低位的电压。

7. 由 AD7520 组成双极性输出 D/A 转换器如图 10.4 所示,试完成以下工作:

(1) 根据电路写出输出电压 V_O 的表达式。

(2) 试问为实现 2 的补码,双极性输出电路应如何连接,电路中 V_{REF}、V_B 和片内的 R 应满足什么关系。

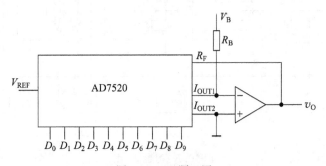

图 10.4 习题 7 图

8. 可编程放大器(数控可变增益放大器)电路如图 10.5 所示,试完成以下工作:

(1) 推导电路电压放大器放大倍数 $A_v = \dfrac{V_O}{V_I}$ 的表达式。

(2) 当输入编码为(001H)和(3FF)时,电压放大倍数 A_v 分别为多少?

(3) 试问当输入编码为(000H)时,运放 A_1 处于什么状态?

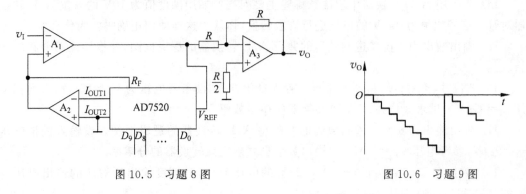

图 10.5 习题 8 图   图 10.6 习题 9 图

9. 试用 D/A 转换器 AD7520 和计数器 74161 组成如图 10.6 所示的 10 阶梯形波发生器,要求画出完整的逻辑电路图。

10. 一个计数型 A/D 转换器中如图 10.7 所示,试分析其工作原理。

11. 某双积分 A/D 转换器中,计数器为十进制计数器,其最大计数容量为(3000)D,已知计数时钟频率 $f_{cp} = 30\text{kHz}$,积分器中 $R = 100\text{k}\Omega$,$C = 1\mu\text{F}$,输入电压的变化范围 $0 \sim 5\text{V}$,求:

(1) 第一次积分时间 T_1。

(2) 求积分器的最大输出电压 $|V_{Omax}|$。

(3) 当 $V_{REF} = 10\text{V}$,第二次积分计数数值 $= (1500)_{10}$ 时,输入电压的平均值 V_I 为多少?

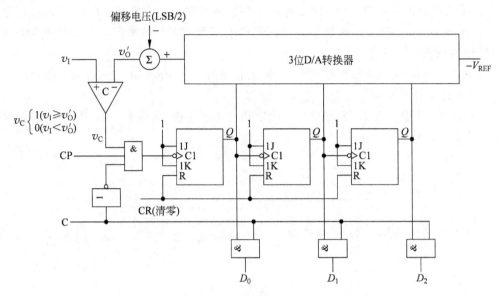

图 10.7　习题 10 图

12. 在双积分 A/D 转换器中,设时钟脉冲频率为 f_{cp},其分辨率为 n 位,写出最高的转换频率表达式。

13. 在双积分 A/D 转换器中,试回答以下问题:

(1) 输入电压 V_1 和参考电压 V_{REF} 在极性和数值上应满足什么关系?

(2) $|V_I| > |V_{REF}|$,电路能完成模数转换吗? 为什么?

14. 在应用 A/D 转换器中应注意哪些主要问题? 如用满度值为 10V 的 8 位 A/D 转换器对输入信号幅值为 0.5V 的电压进行模数转换,你认为这样使用正确吗? 为什么?

15. 画出输出为 4 位二进制数码的并行 A/D 转换器的逻辑框图,并推导编码电路的逻辑表达式。

16. 3 位并行 A/D 转换器采用有舍有入量化方式,设参考电压为 $V_R = 7V$,输入模拟电压 $v_1 = 3.4V$。试求 3 位并行 A/D 转换器的输出数码。

17. 画出输出为 8 位二进制数码的并串型 A/D 转换器的逻辑框图。设输入模拟电压 $v_1 = 9.4V$,参考电压 $V_R = 16V$。求输出数字量并确定该转换器的分辨率。

18. 要求 A/D 转换器能分辨 0.0025V 的电压变化,其满度输出所对应的输出电压为 9.9976V,问该转换器至少应有多少位?

19. 设逐次逼近型 A/D 转换器的参考电压为 8V,输入模拟电压为 2.25V。问转换器输出的 4 位码及 6 位码分别是什么?

附 录 A

芯片功能索引

A.1 TTL 系列

型 号	名 称	型 号	名 称
74LS00	四 2 输入端与非门	74LS33	QUAD 2-INPUT POSITIVE-NOR BUFFERS
74LS01	四 2 输入端与非门(OC)		
74LS02	四 2 输入端或非门	74LS37	QUAD 2-INPUT POSITIVE-NAND BUFFERS
74LS03	四 2 输入端与非门(OC)		
74LS04	六反相器	74LS38	QUAD 2-INPUT POSITIVE-NAND BUFFERS
74LS05	六反相器(OC)		
74LS06	六高压输出反相器(OC,30V)	74LS40	双 4 输入端与非缓冲器
74LS07	六高压输出缓冲,驱动器(OC,30V)	74LS42	4 线-10 线译码器
74LS08	四 2 输入端与门	74LS47	BCD 七段译码,驱动器
74LS09	四 2 输入端与门(OC)	74LS48	BCD-TO-SEVEN-SEGMENT DECODERS/DRIVERS
74LS10	三 3 输入端与非门		
74LS11	三 3 输入端与门	74LS49	BCD-TO-SEVEN-SEGMENT DECODERS/DRIVERS
74LS12	三 3 输入端与非门(OC)		
74LS13	双 4 输入端与非门	74LS51	2 路 3-3 输入,2 路 2-2 输入与或非门
74LS14	六反相器	74LS54	4 路 2-3-3-2 输入与或非门
74LS15	三 3 输入端与门(OC)	74LS55	2 路 4-4 输入与或非门
74LS16	六高压输出反相器(OC)	74LS56	FREQUENCY DIVIDERS
74LS17	六高压输出缓冲,驱动器(OC)	74LS57	FREQUENCY DIVIDERS
74LS19A	HEX SCHMITT-TRIGGER INVERTERS	74LS68	DUAL 4-BIT DECADE OR BINARY COUNTERS
74LS20	双 4 输入端与非门	74LS69	DUAL 4-BIT DECADE OR BINARY COUNTERS
74LS21	双 4 输入端与门		
74LS22	双 4 输入端与非门(OC)	74LS73A	DUAL J-K FLIP-FLOPS WITH CLEAR
74LS24A	施密特与非门/变换器	74LS74A	双上升沿 D 型触发器
74LS26	四 2 输入端高压输出与非缓冲器	74LS75	QUAD BISTABLE LATCHES
74LS27	三 3 输入端或非门	74LS76A	单 D 型触发器
74LS28	四 2 输入端或非缓冲器	74LS78A	双 D 型触发器
74LS30	8 输入端与非门	74LS85	4 位数值比较器
74LS31	HEX GENERATING DELAY LINES	74LS86A	四二进制原码/反码,0/1 单元
74LS32	四 2 输入端或门	74LS90	DECADE COUNTER

型　号	名　　称	型　号	名　　称
74LS91	8 位移位寄存器	74LS173A	4 位 D 型寄存器
74LS92	DIVIDE-BY-TWELVE DECADE COUNTER	74LS174	六上升沿 D 型触发器
		74LS175	四上升沿 D 型触发器
74LS93	4-BIT BINARY COUNTERS	74LS181	4 位算术逻辑单元/函数发生器
74LS95B	4 位移位寄存器	74LS183	DUAL CARRY-SAFE FULL ADDERS
74LS96	四 2 输入端与非门	74LS190	十进制加/减计数器
74LS107A	双 JK 触发器	74LS191	4 位二进制加/减计数器
74LS109A	4 位移位寄存器	74LS192	十进制加/减计数器(双时钟)
74LS112A	双下降沿 JK 触发器	74LS193	4 位二进制加/减计数器(双时钟)
74LS114A	双 JK 触发器	74LS194A	4 位双向移位寄存器
74LS122	RETRIGGERABLE MONOSTABLE MULTIVIBRATOR	74LS195A	4 位移位寄存器
74LS123	可重触发双稳态触发器	74LS196	50/30/100-MHz 可预置二-五-十进制计数器
74LS125A	四总线缓冲器	74LS197	二-八-十六进制计数器
74LS126A	四总线缓冲器	74LS221	双单稳态触发器
74LS132	四 2 输入端与非门	74LS222A	16×4 同步先入,先出存储器
74LS136	QUAD 2-INPUT EXCLUSIVE-OR GATES	74LS224A	16×4 SYNCHRONOUS FIFO MEMORY
74LS137	地址锁存,3 线-8 线译码器	74LS228	16×4 同步先入,先出存储器(OC)
74LS138	3 线-8 线译码器	74LS240	八反相缓冲/线驱动/线接收器
74LS139A	双 2 线-4 线译码器	74LS241	八缓冲/线驱动/线接收器
74LS145	BCD-TO-DECIMAL DECODERS/DRIVERS	74LS242	四总线收发器
		74LS243	四总线收发器
74LS147	10 线-4 线优先编码器	74LS244	八缓冲/线驱动/线接收器
74LS148	8 线-3 线优先编码器	74LS245	八双向总线发送/接发器
74LS151	8 选 1 数据选择器	74LS247	4 线-7 段译码/高压输出驱动器
74LS153	双 4 选 1 数据选择器	74LS248	4 线-7 段译码/驱动器
74LS155A	双 2 线-4 线译码器	74LS251	8 选 1 数据选择器
74LS156	双 2 线-4 线译码器 OC	74LS253	双 4 选 1 数据选择器
74LS157	四 2 选 1 数据选择器	74LS257B	四 2 选 1 数据选择器
74LS158	四 2 选 1 数据选择器(反码输出)	74LS258B	四 2 选 1 数据选择器
74LS160A	十进制同步计数器	74LS259B	8 位可寻址锁存器
74LS161A	4 位二进制同步计数器	74LS261	2 BY 4 BIT PARALLEL BINARY MULTIPLIER
74LS162A	十进制同步计数器		
74LS163A	4 位二进制同步计数器	74LS266	QUAD 2-INPUT EXCLUSIVE-NOR GATES
74LS164	8 位移位寄存器		
74LS165A	8 位移位寄存器	74LS273	八 D 触发器
74LS166A	8 位移位寄存器	74LS279A	QUAD /S-/R LATCHES
74LS169B	4 位二进制同步加/减计数器	74LS280	9 位奇偶产生器/校验器
74LS170	4-BY-4 REGISTER FILES	74LS283	4 位二进制超位全加器
74LS171	QUADRUPLE D-TYPE FLIP-FLOPS WITH CLEAR	74LS290	ASYNCHRONOUS DECADE COUNTERS

型 号	名 称	型 号	名 称
74LS292	可编程频率分配器/数字定时器	74LS385	QUAD SERIAL ADDERS/SUBTRACTORS
74LS293	4 位二进制计数器		
74LS294	可编程频率分配器/数字定时器	74LS386A	四 2 输入端异或门
74LS295B	4 位 RIGHT-SHIFT LEFT-SHIFT REGISTERS	74LS390	双十进制计数器
		74LS393	双 4 位二进制计数器
74LS297	DIGITAL PHASE-LOCKED-LOOP FILTERS	74LS395A	CASCADABLE SHIFT REGISTERS
		74LS396	OCTAL STORAGE REGISTERS
74LS298	QUADRUPLE 2-INPUT MULTIPLEXERS	74LS399	QUADRUPLE 2-INPUT MULTIPLEXERS
74LS299	8 位双向通用移位/存储寄存器	74LS422	可再触发单稳态多频振荡器
74LS320	CRYSTAL-CONTROLLED OSCILLATORS	74LS423	双可再触发单稳态多频振荡器
		74LS440	QUAD TRIDIRECTIONAL BUS TRANSCEIVERS
74LS321	CRYSTAL-CONTROLLED OSCILLATOR	74LS441	QUAD TRIDIRECTIONAL BUS TRANSCEIVERS
74LS322A	8 位 SHIFT REGISTERS WITH SIGN EXTEND	74LS442	QUAD TRIDIRECTIONAL BUS TRANSCEIVERS
74LS323	UNIVERSAL SHIFT/STORAGE REGISTERS	74LS444	QUAD TRIDIRECTIONAL BUS TRANSCEIVERS
74LS348	8 线-3 线优先编码器	74LS445	BCD-TO-DECIMAL DECODERS/ DRIVERS
74LS352	双 4 选 1 数据选择器/多路(复用)器		
74LS353	双 4 选 1 数据选择器/多路(复用)器		
74LS354	8 选 1 数据选择器/多路(复用)器/ 寄存器	74LS446	QUADRUPLE BUS TRANSCEIVERS
74LS355	8 选 1 数据选择器/多路(复用)器/ 寄存器(OC)	74LS449	QUADRUPLE BUS TRANSCEIVERS
74LS356	8 选 1 数据选择器/多路(复用)器/ 寄存器	74LS465	OCTAL BUFFERS WITH 3-STATE OUTPUTS
74LS365A	六总线驱动器	74LS466	OCTAL BUFFERS
74LS366A	六反相总线驱动器	74LS467	OCTAL BUFFERS
74LS367A	六总线驱动器	74LS468	OCTAL BUFFERS
74LS368A	六反相总线驱动器	74LS490	ASYNCHRONOUS DECADE COUNTERS
74LS373	六 D 型锁存器		
74LS374	六上升沿 D 型触发器	74LS540	8 三态缓冲器(反相)
74LS375	QUAD BISTABLE LATCHES	74LS541	OCTAL BUFFERS AND LINE DRIVERS
74LS377	六上升沿 D 型触发器		
74LS378	HEX D-TYPE FLIP-FLOPS	74LS590	8 位 BINARY COUNTERS
74LS379	QUAD D-TYPE FLIP-FLOPS	74LS591	8 位 BINARY COUNTERS
74LS381A	算术逻辑单元/函数发生器	74LS592	8 位 BINARY COUNTERS
74LS382A	算术逻辑单元/函数发生器	74LS593	8 位 BINARY COUNTERS
74LS384	8 BY 1 TWO'S-COMPLEMENT MULTIPLIERS	74LS594	SERIAL-IN SHIFT REGISTERS
		74LS595	SERIAL-IN SHIFT REGISTERS

型　号	名　　称	型　号	名　　称
74LS596	SERIAL-IN SHIFT REGISTERS	74LS646	OCTAL BUS TRANSCEIVERS AND REGISTERS
74LS597	SERIAL-OUT SHIFT REGISTERS		
74LS598	SHIFT REGISTERS WITH INPUT LATCHES	74LS647	OCTAL BUS TRANSCEIVERS AND REGISTERS
74LS599	8 位 SHIFT REGISTERS	74LS648	OCTAL BUS TRANSCEIVERS AND REGISTERS
74LS600A	MEMORY REFRESH CONTROLLERS		
74LS601A	MEMORY REFRESH CONTROLLERS	74LS649	OCTAL BUS TRANSCEIVERS AND REGISTERS
74LS603A	MEMORY REFRESH CONTROLLERS	74LS651	OCTAL BUS TRANSCEIVERS AND REGISTERS
74LS604	OCTAL 2-INPUT MULTIPLEXED LATCHES	74LS652	OCTAL BUS TRANSCEIVERS AND REGISTERS
74LS606	OCTAL 2-INPUT MULTIPLEXED LATCHES	74LS653	OCTAL BUS TRANSCEIVERS AND REGISTERS
74LS607	OCTAL 2-INPUT MULTIPLEXED LATCHES	74LS668	SYNCHRONOUS UP/DOWN DECADE COUNTERS
		74LS669	可预置同步加减二进制计数器
74LS620	八总线收发器	74LS670	4-BY-4 REGISTER FILES
74LS621	八总线收发器	74LS671	4 位通用移位寄存器/锁存器
74LS623	八总线收发器	74LS672	4 位通用移位寄存器/锁存器
74LS624	电压控制振荡器	74LS673	SERIAL-IN SHIFT REGISTERS
74LS625	双电压控制振荡器	74LS674	SERIAL-OUT SHIFT REGISTERS
74LS626	双电压控制振荡器	74LS681	4 位 PARALLEL BINARY ACCUMULATOR
74LS627	DUAL VOLTAGE-CONTROLLED OSCILLATORS		
		74LS682	8 位二进制或 BCD 大小比较器
74LS628	电压控制振荡器	74LS684	8 位二进制或 BCD 大小比较器
74LS629	双电压控制振荡器	74LS685	8 位二进制或 BCD 大小比较器
74LS630	16 位平行误差检测修正电路	74LS686	8 位 MAGNITUDE/IDENTITY COMPARATORS
74LS638	OCTAL BUS TRANSCEIVERS		
74LS639	OCTAL BUS TRANSCEIVERS	74LS687	8 位二进制或 BCD 大小比较器
74LS640	OCTAL BUS TRANSCEIVERS	74LS688	8 位数据等值比较器
74LS640-1	OCTAL BUS TRANSCEIVER/IOL= 48MA 3-STATE	74LS690	十进制同步计数器
		74LS691	二进制同步计数器
74LS641	OCTAL BUS TRANSCEIVERS	74LS693	4 位二进制同步计数器
74LS642	OCTAL BUS TRANSCEIVERS	74LS696	同步加/减计数器
74LS644	OCTAL BUS TRANSCEIVERS	74LS697	4 位二进制同步加/减计数器
74LS645	OCTAL BUS TRANSCEIVERS	74LS699	4 位二进制同步加/减计数器

A.2 CMOS 系列

型 号	名 称	型 号	名 称
CD4000	双 3 输入端或非门＋单非门	CD4044	四三态 R-S 锁存触发器（"0"触发）
CD4001	四 2 输入端或非门	CD4046	锁相环
CD4002	双 4 输入端或非门	CD4047	无稳态/单稳态多谐振荡器
CD4006	18 位串入/串出移位寄存器	CD4048	4 输入端可扩展多功能门
CD4007	双互补对加反相器	CD4049	六反相缓冲/变换器
CD4008	4 位超前进位全加器	CD4050	六同相缓冲/变换器
CD4009	六反相缓冲/变换器	CD4051	八选一模拟开关
CD4010	六同相缓冲/变换器	CD4052	双 4 选 1 模拟开关
CD4011	四 2 输入端与非门	CD4053	三组二路模拟开关
CD4012	双 4 输入端与非门	CD4054	液晶显示驱动器
CD4013	双主-从 D 型触发器	CD4055	BCD-7 段译码/液晶驱动器
CD4014	8 位串入/并入-串出移位寄存器	CD4056	液晶显示驱动器
CD4015	双 4 位串入/并出移位寄存器	CD4059	"N"分频计数器
CD4016	四传输门	CD4060	14 级二进制串行计数/分频器
CD4017	十进制计数/分配器	CD4063	4 位数字比较器
CD4018	可预制 1/N 计数器	CD4066	四传输门
CD4019	四与或选择器	CD4067	16 选 1 模拟开关
CD4020	14 级串行二进制计数/分频器	CD4068	八输入端与非门/与门
CD4021	08 位串入/并入-串出移位寄存器	CD4069	六反相器
CD4022	八进制计数/分配器	CD4070	四异或门
CD4023	三 3 输入端与非门	CD4071	四 2 输入端或门
CD4024	7 级二进制串行计数/分频器	CD4072	双 4 输入端或门
CD4025	三 3 输入端或非门	CD4073	三 3 输入端与门
CD4026	十进制计数/7 段译码器	CD4075	三 3 输入端或门
CD4027	双 JK 触发器	CD4076	四 D 寄存器
CD4028	BCD 码十进制译码器	CD4077	四 2 输入端异或非门
CD4029	可预置可逆计数器	CD4078	8 输入端或非门/或门
CD4030	四异或门	CD4081	四 2 输入端与门
CD4031	64 位串入/串出移位存储器	CD4082	双 4 输入端与门
CD4032	三串行加法器	CD4085	双 2 路 2 输入端与或非门
CD4033	十进制计数/7 段译码器	CD4086	四 2 输入端可扩展与或非门
CD4034	8 位通用总线寄存器	CD4089	二进制比例乘法器
CD4035	4 位并入/串入-并出/串出移位寄存	CD4093	四 2 输入端施密特触发器
CD4038	三串行加法器	CD4094	8 位移位存储总线寄存器
CD4040	12 级二进制串行计数/分频器	CD4095	3 输入端 JK 触发器
CD4041	四同相/反相缓冲器	CD4096	3 输入端 JK 触发器
CD4042	四锁存 D 型触发器	CD4097	双路八选一模拟开关
CD4043	四三态 R-S 锁存触发器（"1"触发）	CD4098	双单稳态触发器

续表

型　号	名　称	型　号	名　称
CD4099	8 位可寻址锁存器	CD4516	可预置 4 位二进制加/减计数器
CD40100	32 位左/右移位寄存器	CD4517	双 64 位静态移位寄存器
CD40101	9 位奇偶校验器	CD4518	双 BCD 同步加计数器
CD40102	8 位可预置同步 BCD 减法计数器	CD4519	4 位与或选择器
CD40103	8 位可预置同步二进制减法计数器	CD4520	双 4 位二进制同步加计数器
CD40104	4 位双向移位寄存器	CD4521	24 级分频器
CD40105	先入先出 FI-FD 寄存器	CD4522	可预置 BCD 同步 1/N 计数器
CD40106	六施密特触发器	CD4526	可预置 4 位二进制同步 1/N 计数器
CD40107	双 2 输入端与非缓冲/驱动器	CD4527	BCD 比例乘法器
CD40108	4 字×4 位多通道寄存器	CD4528	双单稳态触发器
CD40109	四低-高电平位移器	CD4529	双四路/单八路模拟开关
CD40110	十进制加/减,计数,锁存,译码驱动	CD4530	双 5 输入端优势逻辑门
CD40147	10-4 线编码器	CD4531	12 位奇偶校验器
CD40160	可预置 BCD 加计数器	CD4532	8 位优先编码器
CD40161	可预置 4 位二进制加计数器	CD4536	可编程定时器
CD40162	BCD 加法计数器	CD4538	精密双单稳
CD40163	4 位二进制同步计数器	CD4539	双四路数据选择器
CD40174	六锁存 D 型触发器	CD4541	可编程序振荡/计时器
CD40175	四 D 型触发器	CD4543	BCD 七段锁存译码,驱动器
CD40181	4 位算术逻辑单元/函数发生器	CD4544	BCD 七段锁存译码,驱动器
CD40182	超前位发生器	CD4547	BCD 七段译码/大电流驱动器
CD40192	可预置 BCD 加/减计数器(双时钟)	CD4549	函数近似寄存器
CD40193	可预置 4 位二进制加/减计数器	CD4551	四 2 通道模拟开关
CD40194	4 位并入/串入-并出/串出移位寄存器	CD4553	3 位 BCD 计数器
CD40195	4 位并入/串入-并出/串出移位寄存器	CD4555	双二进制 4 选 1 译码器/分离器
CD40208	4×4 多端口寄存器	CD4556	双二进制 4 选 1 译码器/分离器
CD4501	4 输入端双与门及 2 输入端或非门	CD4558	BCD 八段译码器
CD4502	可选通三态输出六反相/缓冲器	CD4560	"N"BCD 加法器
CD4503	六同相三态缓冲器	CD4561	"9"求补器
CD4504	六电压转换器	CD4573	四可编程运算放大器
CD4506	双二组 2 输入可扩展或非门	CD4574	四可编程电压比较器
CD4508	双 4 位锁存 D 型触发器	CD4575	双可编程运放/比较器
CD4510	可预置 BCD 码加/减计数器	CD4583	双施密特触发器
CD4511	BCD 锁存,7 段译码,驱动器	CD4584	六施密特触发器
CD4512	八路数据选择器	CD4585	4 位数值比较器
CD4513	BCD 锁存,7 段译码,驱动器(消隐)	CD4599	8 位可寻址锁存器
CD4514	4 位锁存,4 线-16 线译码器	CD22100	4×4×1 交叉点开关
CD4515	4 位锁存,4 线-16 线译码器		

参 考 文 献

［1］ 阎石.数字电子技术基本教程.北京：清华大学出版社，2010
［2］ 阎石.数字电子技术基础(第5版).北京：清华大学出版社，2006
［3］ 康华光.电子技术基础(数字部分)(第5版).北京：高等教育出版社，2006
［4］ 韩桂英.数字电路与逻辑设计实用教程.北京：国防工业出版社，2008
［5］ John F Wakerly. Digital Design&Practices. 3rd edition. Beijing：Higher Education Press and Pearson Education North Asia Limited，2001(高等教育出版社影印版)
［6］ Nigel P. Cook 著，施惠琼译. Practical Digital Electronics(实用数字电子技术). 北京：清华大学出版社，2006
［7］ 白中英.数字逻辑与数字系统(第4版).北京：科学出版社，2007
［8］ 王冠华.Multisim 10电路设计及应用.北京：国防工业出版社，2008
［9］ 蒋汉荣.数字电子技术与逻辑设计.北京：清华大学出版社，2008
［10］ 余志新.数字电子技术.广州：华南理工大学出版社，2007
［11］ 郭永贞.数字电子技术(第2版).西安：西安电子科技大学出版社，2005
［12］ 姚娅川.数字电子技术.重庆：重庆大学出版社，2006

21 世纪高等学校数字媒体专业规划教材

以上教材样书可以免费赠送给授课教师,如果需要,请发电子邮件与我们联系。

教学资源支持

敬爱的教师:

感谢您一直以来对清华版计算机教材的支持和爱护。为了配合本课程的教学需要,本教材配有配套的电子教案(素材),有需求的教师可以与我们联系,我们将向使用本教材进行教学的教师免费赠送电子教案(素材),希望有助于教学活动的开展。

相关信息请拨打电话 010-62776969 或发送电子邮件至 weijj@tup.tsinghua.edu.cn 咨询,也可以到清华大学出版社主页(http://www.tup.com.cn 或 http://www.tup.tsinghua.edu.cn)上查询和下载。

如果您在使用本教材的过程中遇到了什么问题,或者有相关教材出版计划,也请您发邮件或来信告诉我们,以便我们更好地为您服务。

地址:北京市海淀区双清路学研大厦 A 座 707　　　计算机与信息分社魏江江　收
邮编:100084　　　　　　　　　　　电子邮件:weijj@tup.tsinghua.edu.cn
电话:010-62770175-4604　　　　　邮购电话:010-62786544

《网页设计与制作(第2版)》目录

ISBN 978-7-302-25413-3　　梁　芳　主编

图书简介:

Dreamweaver CS3、Fireworks CS3 和 Flash CS3 是 Macromedia 公司为网页制作人员研制的新一代网页设计软件,被称为网页制作"三剑客"。它们在专业网页制作、网页图形处理、矢量动画以及 Web 编程等领域中占有十分重要的地位。

本书共 11 章,从基础网络知识出发,从网站规划开始,重点介绍了使用"网页三剑客"制作网页的方法。内容包括了网页设计基础、HTML 语言基础、使用 Dreamweaver CS3 管理站点和制作网页、使用 Fireworks CS3 处理网页图像、使用 Flash CS3 制作动画和动态交互式网页,以及网站制作的综合应用。

本书遵循循序渐进的原则,通过实例结合基础知识讲解的方法介绍了网页设计与制作的基础知识和基本操作技能,在每章的后面都提供了配套的习题。

为了方便教学和读者上机操作练习,作者还编写了《网页设计与制作实践教程》一书,作为与本书配套的实验教材。另外,还有与本书配套的电子课件,供教师教学参考。

本书可作为高等院校本、专科网页设计课程的教材,也可作为高职高专院校相关课程的教材或培训教材。

目　　录: